Die Irrengesetzgebung in Deutschland

nebst einer vergleichenden Darstellung des Irrenwesens in Europa

(Für Ärzte, Juristen und gebildete Laien)

von

Professor Dr. E. Rittershaus

Hamburg-Friedrichsberg

Berlin und Leipzig 1927

Verlag von Walter de Gruyter & Co.

vormals G. J. Göschen'sche Verlagshandlung — J. Guttentag, Verlagsbuchhandlung — Georg Reimer — Karl J. Trübner — Veit & Comp.

Sonderdruck aus
Allgem. Zeitschrift für Psychiatrie Band 86 (1927)

Inhaltsübersicht.

I. Einleitung.

Trotzdem der augenblicklich den preußischen gesetzgebenden Faktoren vorliegende Entwurf eines Irrenfürsorgegesetzes wahrscheinlich in ziemlich unveränderter Form die Zustimmung der Volksvertretung finden wird und möglicherweise bei Erscheinen der nachstehenden Ausführungen schon Gesetz geworden ist [1]), dürfte es doch vielleicht nicht überflüssig sein, die ganze Frage noch einmal zusammenhängend darzustellen.

Der vorliegende preußische Gesetzesentwurf erfüllt auf der einen Seite keineswegs alle Wünsche der Fachleute, auf der anderen Seite wird er von allen Anhängern der sogenannten „Irrenrechtsreformbewegung" als ganz ungenügend auf das heftigste bekämpft, sodaß die Bestrebungen nach einer Änderung des Gesetzes wohl sobald nicht verstummen werden. Ferner wird voraussichtlich ein heftiger Kampf einsetzen um die Ausführungsbestimmungen zu diesem Gesetze, die bei der zum Teil recht dehnbaren Fassung desselben je nach ihrer Einstellung zu der ganzen Frage die praktische Anwendung vieler Paragraphen in entscheidender Weise beeinflussen könnten. Vor allem aber steht zu erwarten, daß andere Länder dem preußischen Beispiele folgen und ihre Gesetzgebung der preußischen Regelung anzugleichen suchen, bzw. daß sie, wo kein Gesetz vorhanden ist, ihre seither bestehenden diesbezüglichen verwaltungsrechtlichen Verfügungen durch eine gesetzliche Regelung im Sinne des preußischen Vorbildes ersetzen werden, da nach der Reichsverfassung Artikel 114 die Beeinträchtigung oder Entziehung der Freiheit der Person nur auf Grund von Gesetzen zulässig ist [2]).

Und schließlich muß mit der Möglichkeit gerechnet werden, daß in absehbarer Zeit auf Drängen der Volksvertretung ein einheitliches Reichsgesetz alle die zum Teil recht verschiedenen einzelstaatlichen Regelungen ablöst.

---

[1]) Vergl. jedoch S. 148.

[2]) Art. 114 Abs. I der Reichsverfassung lautet: „Die Freiheit der Person ist unverletzlich. Eine Beeinträchtigung oder Entziehung der persönlichen Freiheit durch die öffentliche Gewalt ist nur auf Grund von Gesetzen zulässig." — (Vgl. auch Teil VII.)

Bei einer derartigen Entwicklung der Dinge wären nun eine ganze Reihe von Einzelstaaten nicht unerheblich benachteiligt, da sie jetzt schon eine teils gesetzliche, teils administrative Regelung des Problems besitzen, die weit besser, großzügiger, liberaler und moderner ist, als der jetzt vorliegende preußische Gesetzesentwurf. Diese Staaten, es seien nur genannt: Sachsen, Württemberg, Hessen, Mecklenburg, die Hansestädte u. a., würden mit einer derartigen Verschlechterung wohl nicht ohne weiteres einverstanden sein.

Das preußische Gesetz ist ein Kompromiß, mit dem naturgemäß keine der beiden sich bekämpfenden Parteien ganz zufrieden ist, die sachverständigen Fachärzte auf der einen und die Laien, insbesondere die später noch näher zu charakterisierenden Irrenrechtsreformler auf der anderen Seite; es fragt sich eben nur, auf welcher Seite diejenigen sachlichen Gründe liegen, die das größte Gewicht haben. Und wenn die preußischen Irrenärzte diesem Gesetze zunächst zustimmen, weil sie glauben, daß unter den gegenwärtigen Verhältnissen nichts Besseres zu erreichen sei, so kann dies kein Grund dafür sein, nicht doch noch eine idealere Lösung anzustreben.

Die Widerstände gegen eine solche bessere Lösung beruhen zum Teil natürlich auf Vorurteilen und auf einer rein gefühlsmäßigen Einstellung, und diese Gegner zu überzeugen, wäre selbstverständlich ein vergebliches Unterfangen. Bei einer großen Reihe von Männern jedoch, die aus innerster Überzeugung für ein derartiges Gesetz eintreten, und denen vielleicht der vorliegende preußische Entwurf ebenfalls noch lange nicht weit genug geht, liegt der Grund für ihre Stellungnahme in einer durchaus entschuldbaren Unkenntnis der Sachlage und ist letzten Endes nichts anderes als der Ausdruck der allgemeinen Volksmeinung, die in diesem Falle wirklich nicht beanspruchen kann, eine vox dei zu sein.

Also auch an alle diese Kreise, insbesondere auch an Juristen und gebildete Laien wenden sich die nachfolgenden Zeilen; es soll versucht werden, an Hand des vorliegenden Materials de papa male informato ad papam melius informandum zu appellieren und so vielleicht für diejenigen Länder, die eine modernere Regelung des Irrenwesens besitzen, diese zu erhalten, vielleicht aber auch, und das wäre der schönste Erfolg dieser Darlegungen, einem wirklich großzügigen, vorurteilsfreien Reichsgesetze den Weg zu bereiten.

In Teil IX konnte leider aus äußeren Gründen nur eine kleine Auswahl der diesen Ausführungen zugrunde liegenden gesetzlichen Bestimmungen und administrativen Verfügungen wiedergegeben werden. Allen Dienststellen, die zu dieser Sammlung ihr Material zur Verfügung gestellt haben, sei auch an dieser Stelle mein verbindlichster Dank ausgesprochen.

Im übrigen braucht wohl nicht besonders betont zu werden, daß in den folgenden Zeilen das Wort „Irrenrecht“, bzw. „Irrengesetzgebung“ stets nur in dem engeren Sinne gemeint ist, in dem es allgemein gebraucht zu werden pflegt, und daß alle die in den großen Gesetzbüchern des Reiches (B. G. B., Z. Pr. O., St. G. B., Str. Pr. O.) geregelten Fragen des Irrenrechtes im weiteren Sinne hier nicht in den Kreis der Betrachtungen gezogen sind [1]).

In Deutschland wird nun seit Jahren von den weitesten Kreisen nach einer gesetzlichen Regelung des Irrenwesens verlangt; im Hintergrunde dieses Verlangens steht immer wieder die Forderung nach dem Schutze geistig gesunder Personen gegen eine widerrechtliche Internierung in einer Irrenanstalt sowie die Vorstellung, daß derartige Ungeheuerlichkeiten nicht nur häufig schon vorgekommen seien, sondern auch heutzutage noch durchaus in das Bereich der Möglichkeiten gehörten, — eine Meinung, die jeder sachlichen Grundlage entbehrt [2]), die aber immer wieder mit außerordentlicher Leidenschaftlichkeit vertreten wird und leider immer wieder gläubige Anhänger findet.

Sicher ist dabei jedenfalls, daß die ganze historische Entwicklung des Problems sehr viel zu dieser Zuspitzung der Lage beigetragen hat, und es ist wohl infolgedessen nicht unangebracht, zunächst einmal einen kurzen Rückblick auf die Entwicklung der Dinge zu werfen, auf die zahlreichen Strömungen, die auf die Entstehung, namentlich des letzten, jetzt glücklicherweise wieder zurückgezogenen Entwurfes eines Reichsirrengesetzes [3]) und auf seine Gestaltung ganz wesentlich eingewirkt, und die es vermocht haben, jene Atmosphäre zu schaffen, die allein das Zustandekommen eines solchen Entwurfes überhaupt erklärt.

---

[1]) Es ist selbstverständlich, daß auch innerhalb dieses engeren Rahmens nicht jede Einzelheit aus der Fülle der auftauchenden Fragen ausführlich besprochen werden konnte, namentlich nicht bei der Übersicht über die Gesetze der außerdeutschen Länder, sollte nicht dieser Abschnitt einen allzugroßen Umfang annehmen. Doch ist hier jeweils durch Literaturnachweis die Möglichkeit gegeben, über alles Wissenswerte sich eingehender zu unterrichten.

[2]) Vergl. auch Nachtrag S. 257.

[3]) Vgl. Teil V.

II. Die Vorgeschichte der letzten Gesetzesentwürfe in Deutschland.

Die Vorgeschichte der ganzen Frage reicht weit zurück. Die nachstehenden Darlegungen folgen für die ältere Zeit im wesentlichen den vorzüglichen Ausführungen in dem Werke von *Bernhard Beyer* [1]), ein Buch, das eigentlich jeder gelesen haben sollte, der sich mit diesen Fragen näher befaßt.

In älterer Zeit, etwa vor 100 Jahren und noch früher, waren die Irrenanstalten, wie auch heute noch in manchen Ländern, nichts als eine Konsequenz aus dem Egoismus der Massen, geschaffen allein zu dem Zwecke, sich unbequemer und unsozialer Elemente zu entledigen. Sie waren Verwahrungshäuser, meist räumlich verbunden mit Zuchthäusern und Strafanstalten, oder doch vielfach aus solchen hervorgegangen.

Im Laufe des letzten Jahrhunderts trat hier aber allmählich eine vollkommene Umstellung ein. Die Irrenanstalten sind heute Krankenhäuser, geschaffen und unterhalten in erster Linie aus altruistischen Motiven: man pflegt dort die Kranken um ihrer selbst, um der Krankheit willen, um sie zu behandeln und zu heilen.

Diese Umstellung umfaßte alle Zweige der Irrenheilkunde, von der psychologischen Vertiefung der Krankheitsbilder und den Fortschritten der klinischen Erkenntnis bis zur modernsten serologischen und experimental-psychologischen Diagnostik; ferner, noch mehr in die Augen springend, die ganze Umstellung der Behandlungsweise: die grundsätzliche Durchführung des No-restraint-Systemes, der Vermeidung jeglichen äußeren Zwanges, sodann die Bettbehandlung, die ganze moderne physikalische und medikamentöse Heilbehandlung, insbesondere auch neuerdings Luft- und Sonnenbäder, Höhensonne, Turnübungen u. a. m., die Reizkörper- und die Malariatherapie, und schließlich die ganze moderne Psychotherapie mit Hypnose und gegebenenfalls Psychoanalyse.

---

[1]) *Bernhard Beyer*, „Die Bestrebungen zur Reform des Irrenwesens". Material zu einem Reichsirrengesetze. Für Laien und Ärzte. (C. Marhold, Halle 1912.)

Die Konsequenz dieser vollkommenen Umstellung war zunächst eine außerordentliche Ausdehnung des Kreises derjenigen Kranken, denen eine Anstaltsbehandlung zuteil wurde, und damit als weitere Folge eine außerordentliche Zunahme der in den Anstalten verpflegten Kranken, eine scheinbare Zunahme der Geisteskrankheiten überhaupt.

Diese scheinbare Zunahme wurde zu einer wirklichen nicht zuletzt auch dadurch, daß, statistisch nachgewiesen, die Lebensdauer vieler Kranken durch eine geordnete Anstaltspflege nicht unwesentlich verlängert wurde. Man mag das theoretisch, von volkswirtschaftlichem Standpunkt aus, bedauern, — rein ärztlich bedeutet es einen außerordentlichen Erfolg, auf den die Irrenärzte ein Recht haben, stolz zu sein, und für den ihnen wohl die Mehrzahl aller derjenigen danken wird, die das Unglück haben, einen ihrer Angehörigen der Anstaltspflege übergeben zu müssen. In der Praxis sind eben diese affektiven Bindungen, diese Bande des Blutes doch stärker als alle noch so schönen volkswirtschaftlichen Überlegungen, und die alte warmherzige Ethik des ärztlichen Berufes hat sich bis jetzt noch als stärker erwiesen als alles kühl rechnende Verlangen nach der Vernichtung „lebensunwerten Lebens". Dazu kommen die beständigen Fortschritte der Wissenschaft, die u. U. plötzlich ein Heilmittel findet für seither für unheilbar gehaltene Erkrankungen [wie noch kürzlich die bereits erwähnte Malariabehandlung der Paralyse], ein Umstand, der bei allen jenen Fragen sehr ins Gewicht fällt.

Aber ganz abgesehen von allen diesen theoretischen Erwägungen — die Tatsache selbst besteht, daß die Zahl der in Irrenanstalten verpflegten Geisteskranken außerordentlich anstieg. Eine notwendige Folgeerscheinung von alledem war eine Zunahme der Irrenanstalten in Deutschland, und man kann sagen, daß vielleicht 90 % sämtlicher jetzt in Deutschland bestehenden Anstalten im Laufe der letzten 40 Jahre entweder ganz neu gebaut oder doch durch weitgehende Neu- oder Umbauten von Grund auf umgestaltet wurden, und daß man auch bei den übrigen nach Möglichkeit versuchte, sie den neuen Grundsätzen anzupassen. Das Ergebnis dieser großzügigen Reorganisation ist derartig, daß Deutschland in seinen Anstaltsbauten nicht nur den Vergleich mit sämtlichen Ländern der alten und neuen Welt nicht zu scheuen hat, sondern in seinem Irrenwesen vielleicht an der Spitze aller Nationen marschiert, jedenfalls aber in diesem wichtigen kulturellen Punkte, der ein feiner Gradmesser für den Stand einer Kultur überhaupt ist, die meisten Länder unserer Feinde im Weltkriege, so namentlich Rußland, Frankreich, Belgien und Italien, weit übertrifft.

Es sei hier nur verwiesen auf die eingehende Schilderung von Bresler: „Deutsche Heilanstalten in Wort und Bild“, auf den „Sammelatlas über den Bau von Irrenanstalten“ [1]) sowie auf die Zusammenstellung von *Pandy*: „Die Irrenfürsorge in Europa“ [2]) und auf die „Fortschritte des Irrenwesens“ von *Werner* [3]) u. a. m.

Diese ganze Entwicklung ging aber nun gewissermaßen unter dem Ausschlusse der Öffentlichkeit vor sich. Vielleicht ist es eine tragische Schuld der deutschen Irrenärzte, daß sie nicht mehr mit diesen Fortschritten in die Öffentlichkeit hinausgetreten sind und, ganz vulgär ausgedrückt, nicht genügend Reklame für sich gemacht haben. Es war sicherlich vornehme Zurückhaltung und Bescheidenheit mit der Grund, daß sie in dieser Weise unbewußt den Anschluß an die Volksmeinung versäumt haben; die Fülle der neuen Aufgaben ließ ihnen wohl auch keine Zeit dazu.

Vielleicht kommt hier noch ein Umstand hinzu, auf den man unseres Wissens seither noch nicht genügend geachtet hat. Die alten Irrenanstalten zu Beginn des 19. Jahrhunderts und früher, aber auch später, kurz vor und während der Umstellung, waren, an unseren heutigen Begriffen gemessen, tatsächlich Orte des Schreckens; man braucht nur an die Darstellungen von *Kaulbach*, *Goya* und anderen zu denken. Aber auch damals kamen schon — und zwar sicherlich in steigender Zahl — Kranke in die Anstalt, bei denen kein Zerfall der geistigen Persönlichkeit eingetreten — wir sagen heute „homonome“ Erkrankungen —, heilbare Fälle, — Manische, — agitierte, verwirrte Melancholien, — psychogene Erregungszustände u. a. m., — Kranke, die nach ihrer Heilung und Entlassung den „Makel“ einer solchen Anstaltsbehandlung doppelt schwer empfanden, die sich — und nicht mit Unrecht — über das in der Anstalt Erlebte entsetzten und durch ihre Schilderungen und ihre Angst vor einer nochmaligen Anstaltsaufnahme im Falle einer erneuten Erkrankung sicherlich viel zu den Vorstellungen beigetragen haben, die man sich von einer Irrenanstalt machte. Alles das klingt sicherlich heute noch im Volke nach, verhindert die gerechte Würdigung der inzwischen eingetretenen grundlegenden Änderung und gibt den alten, heute nicht mehr berechtigten Meinungen ihre zähe Kraft. —

---

[1]) Beide bei Marhold, Halle 1910, 1912, 1914.

[2]) Berlin, G. Reimer, 1908.

[3]) *G. Werner*, „Über Fortschritte des Irrenwesens“. Psych-neur. Wochenschr. Bd. 13, S. 297ff.

Tatsache ist jedenfalls, daß das Verständnis des großen Publikums mit der ganzen Entwicklung nicht Schritt gehalten hat; auch heute gilt nur der als psychisch krank, der entweder tobsüchtig oder gemeingefährlich oder vollkommen verblödet ist, ganz entsprechend der Volksmeinung vor etwa 200 oder 300 Jahren; alles andere wird euphemistisch als „nur nervös" bezeichnet und gehört nach Meinung weiter Kreise nicht in eine Anstalt, in die Anstalt, wie man sie sich denkt. —

Auf diesem Boden erwuchs nun eine ausgedehnte antipsychiatrische Bewegung, über deren Schilderung man das Motto setzen könnte: „Calumniare audacter, semper aliquid haeret!"

Zunächst ergoß sich über Deutschland in den 80er Jahren des letzten Jahrhunderts und später, vereinzelt aber auch schon vorher, eine Fülle von Broschüren querulierender Geisteskranker, die glaubten, zu unrecht entmündigt oder in einer Anstalt zurückgehalten worden zu sein; ferner beteiligten sich an dieser Literatur „weltfremde Phantasten" oder „sensationslüsterne Geschäftsmacher". *Beyer* hat sich in seinem erwähnten Buche der großen und verdienstvollen Aufgabe unterzogen, alle derartigen ihm zugänglichen Schriften aktenmäßig nachzuprüfen, und es ist geradezu erschreckend, welche Fülle von objektiven Unrichtigkeiten, Entstellungen und mehr oder weniger bewußten Fälschungen in diesen Broschüren enthalten ist. Alle die Namen, die später in der ganzen antipsychiatrischen Bewegung eine Rolle spielen, sind hier im Lichte der Wahrheit beleuchtet und gewinnen so plötzlich ein ganz anderes Aussehen: die „Irrenrechtsreformer" Schröder, Brücker, Kretzschmer, Burkhardt, Moll u. a. m. sowie die „widerrechtlich Internierten", von Julius Robert Meyer angefangen über Krauß, Beckmann, Morris de Jonge, Fürst Sulkowski bis zu Krüner und wie sie alle heißen mögen, werden besprochen und ihre „Fälle" aktenmäßig dargestellt. Es würde zu weit führen, auf den Wust von Unwahrheit und Verleumdung, der in diesen Broschüren enthalten ist, hier näher einzugehen. Es sei auf die Darlegungen von *Beyer* verwiesen.

Auch das ganze Heer der Naturheilkundigen, Kurpfuscher und Impfgegner stürzte sich natürlich mit Freuden auf dies dankbare Gebiet.

Eine Entgegnung auf alle diese Verleumdungen war sehr schwer, einmal hinderte das ärztliche Berufsgeheimnis, der § 300 StGB., die beamteten Ärzte waren auch durch ihre Amtsverschwiegenheit gebunden. Zum Teil war es auch sicherlich ein gutes Gewissen und eine falsche Vornehmheit, die die Gefahren zu gering achten ließen, vielleicht mag auch die Scheu vor der Presse und ihrer Gehässigkeit mitgespielt haben.

Gerichtliche Beleidigungsklagen erwiesen sich meist als zwecklos, entweder wurden die Verleumder selbst wegen Geisteskrankheit freigesprochen oder es wurde ihnen wenigstens Wahrung berechtigter Interessen und guter Glaube zugebilligt, auch wenn ihre Behauptungen sich vor Gericht als objektiv unrichtig erwiesen hatten; und schließlich wurde dann häufig noch ein derartiger Freispruch in der Presse in entstellter Weise als Triumph der Ärztegegner ausgebeutet, und der Kampf gegen die Hydra konnte von neuem beginnen.

Wichtiger aber als alles das war eine ausgedehnte parlamentarische Aktion, die bald darauf einsetzte. Am 16. III. 92. hatte der Abgeordnete Dr. *Langerhans* Gelegenheit genommen, im Preußischen Abgeordnetenhause eine derartige falsche Pressemeldung richtigzustellen. Im Anschluß daran erhob sich jedoch der Abgeordnete Hofprediger Dr. *Stöcker* und richtete heftige Angriffe gegen das deutsche Irrenwesen. „Viele Fälle", so behauptete er, seien ihm bekannt, in denen geistig gesunde Menschen widerrechtlich in Irrenanstalten zurückgehalten würden, worauf ihm allerdings *Virchow* erwiderte, wenn er sich auf Pressemeldungen stütze, so sei das wohl ähnlich wie die vielen Fälle von „lebendig begraben werden" Scheintoter, von denen noch nie ein einziger objektiv nachgewiesen sei. Doch mit Emphase erklärte *Stöcker*, es seien „ernste wissenschaftliche Werke", deren „Studium" ihn zu seiner Frage in dieser Stellung gebracht hätte, und er sei also doch wohl besser orientiert als *Virchow*. Er war aber dann so unvorsichtig, seine Quelle zu nennen, nämlich das Buch von „Prof. *Schröder*". *Schröder* war zwar kein Professor, wohl aber der Verfasser einer absolut kritiklosen Broschüre, voller Entstellungen und voll der tollsten logischen Entgleisungen, sowie von einer geradezu rührenden Naivität den wirklichen Verhältnissen gegenüber. *Beyer* hat sich auf 26 Seiten seines erwähnten Buches und auch sonst noch an vielen Stellen ausführlich mit diesem Pamphlet auseinandergesetzt und es entsprechend beleuchtet, so daß dorthin verwiesen werden kann [1]). *Beyer* fand dann aber bei dem Studium der Akten auch eine Postkarte, die *Stöcker* an den oben erwähnten Krüner geschrieben hatte. Krüner war ein schwer geisteskranker Querulant, der mit der Wahrheit sehr auf dem Kriegsfuße lebte und dessen Fall *Beyer* ebenfalls ausführlich beleuchtet (S. 365 ff.). Diese Karte lautete:

---

[1]) S. 60 u. a.

„Offenbach, 17. 5. 92.

An Herrn Ewald Krüner, Mettmann, Rheinland.

Ihren Brief habe ich mit der größten Teilnahme gelesen. Ich hoffe noch in dieser Session des Landtages in der Sache etwas tun zu können und würde ganz gerne auch Ihren Fall näher kennenlernen, doch würde ich es lieber sehen, wenn Sie mir denselben genau darstellten, das ist für mich bequemer. Zum Nachstudieren der Akten ist in den vielen Fällen, um die es sich handelt, keine Zeit[1]).

Mit den besten Wünschen Hofprediger Dr. *Stöcker*[2]).“

So sah das Material dieses wichtigen Psychiatergegners aus!

Es folgte der bekannte Aufruf der Kreuzzeitung vom 9. VII. 92[3]), an dessen Fassung *Stöcker* sicherlich wesentlichen Anteil hatte[4]), und der mit den Worten begann: „Auf keinem Gebiete unseres Rechtslebens ist dem Irrtum, der Willkür und der bösen Absicht ein solcher Spielraum gewährt als auf dem der Irrsinnserklärung.“ Der Aufruf behauptete dann, daß zahlreiche widerrechtliche Internierungen vorgekommen seien, und bezieht sich dabei fast ausschließlich auf solche Fälle, die von *Beyer* später eingehend und aktenmäßig widerlegt worden sind. — „Den als geisteskrank Angeschuldigten ist die Verteidigung so gut wie unmöglich gemacht, dem im Irrenhause Begrabenen ist sie vollständig genommen“, und es wird verlangt, daß die Entscheidung über jede Entmündigung wegen Geisteskrankheit (es war dies vor Einführung des BGB., dieser Ausdruck hat also nicht die dort gebrauchte juristische Bedeutung) „und über jede Internierung in einer Irrenanstalt, sofern es sich nicht um plötzliche gefahrdrohende Fälle handelt, in die Hand einer Kommission unabhängiger Männer gelegt wird, die das Vertrauen ihrer Mitbürger besitzen.“ Diesem letzteren Verlangen, daß eine Art Schöffengericht über die Entmündigung zu entscheiden habe, wurde allerdings bekanntlich in der Gesetzgebung nicht entsprochen.

Der Aufruf trug 111 Unterschriften von zum Teil recht bedeutenden Männern, aber wohl keiner von ihnen hatte auch nur daran gedacht, die aufgestellten Behauptungen einmal objektiv nachzuprüfen, es war

---

1) Im Original natürlich nicht hervorgehoben.

2) *Beyer*, S. 413.

3) Vgl. S. 236.

4) Allerdings auch der geisteskranke Querulant de Jonge, dessen Fall *Beyer* ausführlich klarlegt; vgl. auch *Laehr*, Dtsch. med. Wochenschr. 1893, S. 829.

wie eine Art Massensuggestion. — Die sachlichen Darlegungen *Laehrs* [1]) drangen nicht in die weitere Öffentlichkeit. —

Als offenbar von den gleichen Kreisen ausgehend, wäre hier zu erwähnen die Zusammenkunft einer Anzahl „unabhängiger Männer" in Göttingen am 21. XI. 94, die eine Reihe von Leitsätzen aufstellten, und die zwei aus ihrer Mitte, Prof. Dr. *v. Kirchenheim* und Rechtsanwalt *Reinartz* beauftragten, dieselben zu begründen. Das Ergebnis war eine Broschüre „Zur Reform des Irrenrechts", die ebenfalls trotz ihrer Autoren auf jede aktenmäßige Nachprüfung des Materials verzichtete. Zum Teil erschienen immer wieder die gleichen Fälle querulierender Geisteskranker, zum Teil sind es ausländische Fälle, zum Teil sogar anonyme, die natürlich nicht nachgeprüft werden konnten, und schließlich der gleich zu erwähnende Fall Forbes. — Diesem Aufruf erwiderte sehr scharf in der Sitzung des Preußischen Herrenhauses vom 9. VII. 95 der Vertreter des Justizministers, Geheimrat *Vierhaus*, daß kein einziger Fall zur Kenntnis des preußischen Justizministers gekommen sei, und daß, wenn die Herren nicht ganz schlagendes Beweismaterial hinter sich hätten, er die Vorwürfe als ungerechtfertigt zurückweise und nur lebhaft bedauern müsse, daß die Herren ihr Material nicht der Stelle unterbreitet hätten, die allein befugt und in der Lage sei, davon entsprechenden Gebrauch zu machen! [2]) Dieser Aufforderung wurde selbstverständlich nicht entsprochen; trotzdem ging die Hetze weiter.

Schon vorher hatte sich der Deutsche Verein für Psychiatrie auf seiner Tagung in Frankfurt a. M. am 25. und 26. III. 93 im Anschluß an ein Referat von *Zinn* [3]), Eberswalde in einer ausführlichen Widerlegung mit diesen schweren Vorwürfen befaßt und sie in würdiger und sachlicher Weise zurückgewiesen durch einstimmige und diskussionslose Annahme der von den Referenten vorgeschlagenen Thesen [4]). Zugleich forderte der Verein reichsgesetzliche Regelung der Aufnahmebedingungen. In der gleichen Tagung wurde aber noch ein zweites Referat erstattet von *Zinn* und von *Siemens*, Lauenburg [5]) über „Psychiatrie und Seelsorge"; hier wurden die tieferen Motive von

---

[1]) „Zur Reform des Irrenwesens in Preußen." Dtsch. med. Wochenschr. 1893, S. 829 ff.

[2]) Allg. Zeitschr. f. Psych. Bd. 52, S. 833.

[3]) Ebenda, Bd. 50, S 344.

[4]) Ausführlich erschienen: „Bericht des Vereins der deutschen Irrenärzte." I. F. Lehmann, München, 1893.

[5]) Allg. Zeitschr. f. Psych. Bd. 50, S. 335.

Stöcker und den hinter ihm stehenden Kreisen (*Bodelschwingh*, *Hafner*, *Knodt* u. a.) aufgedeckt. Man wolle „nach Abschaffung der Wissenschaft die dem Irresein zugrunde liegenden krankhaften Zustände des Zentralnervensystems auf den Begriff der Sünde und des Besessenseins zurückführen und die Irrenanstalten an die Kirche oder die innere Mission, und zwar an den auf dem extremsten Standpunkte stehenden Teil derselben, überliefern" [1]). „Der Verbrecher ist satanisch, der Geisteskranke dämonisch krank". *Bodelschwingh* selbst äußerte einmal: er wolle die ärztliche Hilfe „nur soweit in Anspruch nehmen, als dieselbe für die mit den Seelenkrankheiten verbundenen leiblichen Krankheiten nötig ist". Ferner wurde berichtet über einen Versuch evangelischer Geistlicher in Heidreege bei Uetersen, Kr. Pinneberg, bei einer hysterischen Geisteskranken durch stundenlange Beschwörungen den Teufel auszutreiben, während die übrigen Anwesenden Choräle sangen. Es war dies im Herbst 1892 [2]). —

Am Rhein hatten inzwischen katholische Kreise ähnliche Bestrebungen entwickelt. Der im Aachener Alexianerprozeß auftretende Arzt der dortigen Anstalt, Dr. *Cappelmann*, hatte z. B. die Hypnose abgelehnt, weil sie ein Produkt von Dämonen sei [3]). — Schon zahlreiche Kranke waren dort in klösterlichen Anstalten ohne entsprechende fachärztliche Behandlung untergebracht — die Klöster waren wesentlich billiger als die staatlichen Irrenanstalten.

Es wurde in jener Tagung des Deutschen Vereins für Psychiatrie ausdrücklich darauf hingewiesen, daß in diesen Klöstern zahlreiche Zwangsmaßnahmen und Mißhandlungen vorgekommen seien [4]).

Der Deutsche Verein für Psychiatrie wandte sich darauf in einer Entschließung scharf gegen alle Anstalten, die nicht unter ärztlicher Leitung und Verantwortung stünden [5]).

Diese ernste Warnung wurde jedoch von der Regierung nicht beachtet, und es kam, was kommen mußte. Aufmerksam auf die hier gebrandmarkten Mißstände wurde die breiteste Öffentlichkeit dann durch den sattsam bekannten Alexianerprozeß in Aachen. Es handelte sich ebenfalls um eine klösterliche Anstalt, die ohne jede fachärztliche

---

[1]) Vgl. *Sommer*, Zentralbl. f. Nervenheilk. u. Psych. 1893. Bericht über die dritte Konferenz deutscher evang. Irrenseelsorger (zitiert nach *Beyer*, S. 428).

[2]) Allg. Zeitschr. f. Psych. Bd. 50, S. 339.

[3]) Allerdings nach der Behauptung von *Lenzmann*, die nicht nachgeprüft werden konnte. Vgl. *Beyer*, S. 475.

[4]) Allg. Zeitschr. f. Psych. Bd. 50, S. 342.

[5]) Ebenda, S. 335.

Leitung war, (Dr. *Cappelmann*, dessen psychiatrische Fähigkeiten oben bereits angedeutet wurden, wohnte überhaupt nicht in der Anstalt), und so kam es dort zu zahlreichen, gerichtlich festgestellten schweren Mißhandlungen von Geisteskranken. Unter diesen befand sich auch ein angeblich widerrechtlich internierter englischer Geistlicher namens Forbes. Die Frage, ob dieser tatsächlich nicht anstaltsbedürftig war, bleibe offen; sicherlich war er ein schwer psychopathischer Mensch, wahrscheinlich auch schwerer Alkoholiker, vielleicht Epileptiker (vgl. *Beyer* S. 449/50). Das alles ändert aber natürlich nichts an der Tatsache der Mißhandlungen und an dem ganzen System. Bedauerlich ist nur, — aber auch charakteristisch, —, daß dieser Fall immer und immer wieder den Irrenärzten in die Schuhe geschoben wird, trotzdem er mit der deutschen Psychiatrie so wenig zu tun hat wie etwa der Schäfer Ast mit der „Schulmedizin". Der Deutsche Verein für Psychiatrie wies in seiner Tagung vom 13. IX. 95 [1]) nochmals auf seine frühere Warnung hin — umsonst, das Unheil nahm weiter seinen Lauf.

Am 16. I. 97 brachte der Abgeordnete *Lenzmann*, der Verteidiger in dem Alexianerprozesse, einen Antrag im Reichstag ein auf reichsgesetzliche Regelung der Aufnahme von Geisteskranken in Irrenanstalten, ein Antrag, der an sich mit der Forderung des Deutschen Vereins für Psychiatrie vollkommen übereinstimmte. Die Begründung jedoch war voll der gehässigsten Angriffe gegen die deutsche Irrenheilkunde. Er zitierte *Kirchenheim* und *Reinartz* und hielt ersteren für einen Psychiater, trotzdem dieser noch nicht einmal Arzt, geschweige denn Irrenarzt war. Er behauptete, die dort angeführten 84 Fälle hätten sich in ganz kurzer Zeit ereignet — in Wirklichkeit verteilten sie sich über 43 Jahre —; er gab zu, daß doch recht viele von diesen geisteskrank gewesen seien, was ihn allerdings nicht veranlaßte, auch bei den übrigen skeptisch zu sein und nachzuprüfen. Er behauptete zwar, er habe sich die Fälle kommen lassen und sich mit ihnen unterhalten, „soweit es möglich war". Dies können aber nur ganz wenige gewesen sein; viele waren schon längst tot oder wieder in Irrenanstalten interniert, oder im Auslande, oder anonym; trotz alledem wagte er es, so den Eindruck der Objektivität und der eigenen Nachprüfung zu erwecken. Als typisch sei nur ein einziger Fall hier herausgegriffen, eine Frau F., von der er behauptete, sie sei deshalb in einer Anstalt interniert worden, weil sie auf den Gedanken gekommen sei, Medizin zu studieren. „Es gelang ihr aber, nach Zürich zu entfliehen, sie

---

[1]) Allg. Zeitschr. f. Psych. Bd. 52, S. 818 ff.

studierte dort Medizin, legte ein glänzendes Staatsexamen ab und praktiziert, wenn sie nicht mittlerweile gestorben ist, jetzt noch als eine sehr gesuchte und renommierte Ärztin." In Wirklichkeit war diese Patientin schwer geisteskrank, hat nie im Ernste daran denken können, Medizin zu studieren, geschweige denn ein Examen zu machen oder zu praktizieren, und war damals, als der Abgeordnete *Lenzmann* seine Behauptung von der Tribüne des Reichstags herab in die Welt schleuderte, schon wieder seit 12 Jahren ununterbrochen in einer Irrenanstalt, nachdem man sie zuletzt, von Schmutz und Ungeziefer starrend, dem Alkohol und der Prostitution ergeben, aufgegriffen hatte, in einem Hause, in dem der Schmutz fußhoch lag (*Beyer*, S. 274/79, S. 459 und 618).

Weiterhin leistete sich *Lenzmann* Tiraden wie: „Was in Rußland im Wege der Verbannung nach Sibirien gemacht wird, was in früheren Jahrhunderten auf dem Wege der lettres de cachet zustande gebracht wurde, kann man heute in Deutschland nicht mehr durch Verbannung und Gefängnis erreichen, wohl aber dadurch, daß man für unbequeme Personen die Pforten des Irrenhauses öffnet." Und schließlich behauptete er sogar, die Zunahme der in Irrenanstalten befindlichen Kranken (vgl. oben S. 5), sei so erschreckend, daß sich darunter unbedingt viele geistig Gesunde befinden müßten! — *Lenzmann* bestritt sogar einmal die Berechtigung, selbstmordverdächtige Kranke in eine Irrenanstalt aufzunehmen, da der Selbstmord keine „strafbare Handlung" sei, — als ob das psychiatrische Krankenhaus eine Strafanstalt wäre, — ganz abgesehen davon, daß derartige Kranke erfahrungsgemäß nicht selten auch anderen gefährlich werden können.

Der Abgeordnete *Stadthagen* ging in seinen Ausführungen sogar so weit, zu behaupten, 50 % aller Kranken in den Anstalten seien widerrechtlich interniert; allerdings meinte er an anderer Stelle, es dürften überhaupt nur „Gemeingefährliche" interniert werden und solche, die selbst damit einverstanden seien.

Es wurde dann ein äußerlich etwas weitgehender, aber sachlich milderer Antrag *Kruse* angenommen, der eine reichsgesetzliche Regelung der Grundzüge forderte und das Übrige dem Verordnungswege überlassen wollte. Der Deutsche Verein für Psychiatrie erklärte sich in seiner Tagung im Jahre 1897 im Anschluß an ein ausführliches Referat von Prof. *Jolly*, der die Unrichtigkeiten *Lenzmanns* im einzelnen zurückwies [1]), mit diesem Antrag einverstanden in folgender, einstimmig angenommenen Erklärung:

[1]) *Beyer*, S. 531.

„Der Verein der deutschen Irrenärzte hat mit Bedauern davon Kenntnis genommen, daß in der Verhandlung des Reichstags vom 16. Januar 1897 eine den Tatsachen nicht entsprechende Kritik an den in deutschen Irrenanstalten herrschenden Zuständen geübt wurde, und daß die Kritik ohne Widerspruch von seiten der Regierung geblieben ist. Der Verein ist mit dem in jener Sitzung angenommenen Antrag auf reichsgesetzliche Regelung der Grundzüge über die Aufsicht des Irrenwesens einverstanden, er hält es aber für seine Pflicht, erneut darauf hinzuweisen, daß die wichtigste Reform in der Schaffung selbständiger, direkt dem Minister untergeordneter Aufsichtsbehörden bestehen würde, an deren Spitze ein diese Stellung im Hauptamt bekleidender Fachmann steht.“ —

Am 1. II. 98 kam *Lenzmann* im Reichstage dann noch einmal auf diese Resolution und auf eine etwas temperamentvolle Entgegnung *Pelmans* zurück, es war aber ein mehr persönlich gehaltenes Rückzugsgefecht, wiederum voll der kühnsten Unwahrheiten, und vor allem voll der tollsten Widersprüche mit seiner früheren Rede, Widersprüche, die *Beyer* im einzelnen festnagelt (S. 543, 546/47, 551, 555, 580/83). Es folgten Erwiderungen der Abgeordneten Dr. *Kruse* und *Langerhans*. *Prinz zu Schönaich-Carolath* beschränkte die Frage auf die beiden sachlichen Punkte der Einführung einer Beschwerdekommission, gegebenenfalls in Verbindung mit dem Gericht, und besserer Beaufsichtigung der Privatanstalten. *Graf Stolberg-Wernigerode* meinte jedoch — und er dürfte wohl die damaligen Ansichten der Allgemeinheit sowohl wie der Mehrheit der Abgeordneten ausgesprochen haben —, die Ausführungen *Lenzmanns* seien vielleicht manchmal übertrieben, aber es gebe doch wohl keinen Rauch ohne Feuer. Er hätte ebensogut auch sagen können: „semper aliquid haeret“.

Die Irrenärzte entschlossen sich, wohl auf Grund des § 300 StGB., nicht dazu, den Abgeordneten *Kruse* und *Langerhans* ihr Aktenmaterial zur Verfügung zu stellen, die Regierung schwieg zunächst wiederum, und die ganze antipsychiatrische Bewegung war nun von dem Reichstage sozusagen amtlich sanktioniert.

Erst am 30. März desselben Jahres gab dann *Graf Posadowsky* eine ausführliche Ehrenerklärung für die deutschen Irrenärzte im Reichstage ab. —

Der Abgeordnete *Lenzmann* wiederholte dann alljährlich seinen Antrag und versuchte am 1. Februar 1902 nochmals einen neuen heftigen Angriff auf die Irrenärzte; jetzt aber trat ihm *Posadowsky*, inzwischen etwas besser gerüstet, entgegen und widerlegte die krassen Unwahrheiten *Lenzmanns*. Dieser hatte, um hier nur eines wieder herauszugreifen, seinerzeit behauptet, in einem Falle sei ein junger

Mann widerrechtlich in einer Irrenanstalt interniert worden, weil er seine älteren Geschwister des Vatermordes beschuldigt habe, tatsächlich aber hätten diese Geschwister den Vater ermordet und seien dann zum Tode verurteilt worden (*Beyer*, S. 553). *Posadowsky* wies nun nach, daß der betreffende Patient schon lange vor dem Tode seines Vaters auf dessen eigenen Antrag hin in einer Anstalt gewesen sei; nach dem Tode des Vaters beschuldigte er seine Geschwister des Mordes und war dann auch später noch mehrmals wegen schwerer Geisteskrankheit in der Irrenanstalt. Die Leiche des Vaters hatte bei der gerichtlichen Untersuchung nicht die geringsten Spuren eines gewaltsamen Todes gezeigt, und eine Anklage wegen Vatermordes war überhaupt nie erhoben worden. — Und *Lenzmann* hatte schon von dem Todesurteil gesprochen! [1])

Weiterhin erklärte *Posadowsky*, daß Preußen einer reichsgesetzlichen Regelung der Frage im Bundesrate widersprochen habe, die Bestimmungen des BGB., der ZPO. und die landesgesetzlichen Verfügungen genügten nach Ansicht dieses Bundesstaates in dem vorliegenden Falle. So kam das Reichsirrengesetz damals nicht zustande.

Vermutlich war dieser Ausgang vorausgesehen worden, denn nun versuchte man es auf einem andern Wege: Im Winter 1900/01 war in Wien, anscheinend ohne Quellenangabe, der oben näher charakterisierte Kreuzzeitungs-Aufruf vom Jahre 1892 wortwörtlich nochmals veröffentlicht worden [2]), und wiederum waren es eine Reihe von bedeutenden Männern, Juristen und Universitätsprofessoren — sogar der damalige Rector magnificus der Universität Wien befand sich darunter —, die sich hatten verblüffen lassen, und die ohne jede sachliche Prüfung unter dem Einflusse der geschickt inszenierten Massensuggestion ihre Unterschrift unter dieses unwürdige Pamphlet hergaben. Man wird wohl nicht fehlgehen, wenn man annimmt, daß die geistigen Urheber dieser Aktion in den gleichen Kreisen zu suchen waren, aus denen heraus seinerzeit der erste Vorstoß in Deutschland unternommen wurde, und deren Drängen es dann später gelang, während des Krieges in Österreich ein Irrengesetz ohne parlamentarische Mitwirkung durchzusetzen, von dem später noch näher die Rede sein wird.

Hier in Deutschland aber war, wie gesagt, die Angelegenheit vorläufig formal-juristisch erledigt, und das gewünschte Reichsirrengesetz kam damals nicht zustande. — Auch die Diskussion in der II. Haupt-

[1]) *Beyer*, S. 600.
[2]) Vgl. Psych. Wochenschr. Bd. II, 1901, S. 437.

versammlung des Deutschen Medizinalbeamtenvereins am 14. IX. 03 [1]) hatte keine weiteren Konsequenzen.

Wohl aber hatte die Bewegung andere Folgen. Zunächst eine ganze Reihe von zum Teil recht verschiedenen einzelstaatlichen Verfügungen [2]), die alle mehr oder weniger von dem gleichen Mißtrauen gegen die Irrenärzte getragen waren, die aber den Vorteil hatten, daß sie als einfache Verfügungen bald aufgehoben oder gemildert werden konnten, als sich ihre völlige Überflüssigkeit und zum Teil Unsinnigkeit in der Praxis herausstellte. So wurde z. B. in manchen deutschen Bundesstaaten angeordnet, daß der Ortsbürgermeister, also ein vollkommen unsachverständiger Laie, unter Umständen ein einfacher Bauer, zunächst die Anstaltsbedürftigkeit eigenhändig bescheinigen mußte, über das kreisärztliche Zeugnis hinweg [3]). Es muß auch heute noch fast in ganz Preußen die Aufnahme vorher von dem Landeshauptmann genehmigt werden. Die Anstalten hatten vielfach einen Numerus clausus, die von dem Landeshauptmann zur Aufnahme zugelassenen Kranken wurden auf eine „Exspektantenliste" gesetzt und erst bei „Freiwerden" eines Platzes in der Irrenanstalt — sei es durch Tod oder durch Entlassung — dorthin „einberufen" ! Inzwischen war es Sache der Gemeinden, die Kranken im Spritzenhause, im Schweinestall oder sonstwo so lange aufzubewahren. Viele Kranke mögen auch durch rechtzeitigen Selbstmord die Behörden von aller Sorge für ihre Person und von allen Kosten befreit haben.

Die meisten dieser und ähnlicher Verfügungen sind unseres Wissens jetzt natürlich längst außer Kraft gesetzt bzw. geändert, oder aber, sie wurden in der Praxis nicht so strenge durchgeführt, mit anderen Worten, umgangen.

Auf alles das, was in jenen erregten Zeiten, aber auch später in der juristischen und psychiatrischen Fachpresse zu diesen Fragen gesagt wurde, kann hier unmöglich eingegangen werden, dies würde allein ein ganzes Buch füllen. Es sei auf die diesbezüglichen Literaturangaben verwiesen.

Nur einer sei aus alledem herausgegriffen, *Reißner* [4]), der vom

---

[1]) Vgl. Psych.-neurol. Wochenschr. Bd. 5, S. 274 und *Rusak*, ebenda S. 389.

[2]) Zum Teil im Anschluß an ähnliche Debatten in den Landesparlamenten.

[3]) Ein Rest hiervon ist die in Preußen und Bayern heute noch vorgeschriebene „Unbedenklichkeitserklärung". (Vgl. später S. 34 u. 53.)

[4]) *Reißner*, „Die Zwangsunterbringung in Irrenanstalten und der Schutz der persönlichen Freiheit". Berlin-Wien, Urban und Schwarzenberg, 1905.

juristischen Standpunkt aus und leider sehr von Vorurteilen befangen, gesetzliche Vorschläge machte, die sicherlich bewußt oder unbewußt die Grundlage zu manchen späteren Forderungen und Vorschlägen gebildet haben.

Hier war es sogar ein Arzt, und zwar kein ganz unbekannter, Geh. Rat Prof. Dr. *Eulenburg*, der zu diesem Buch ein zustimmendes Vorwort schrieb und dabei von den „mehr und minder berechtigten und dringenden Klagen über eine teilweise Reformbedürftigkeit unseres Irrenwesens" sprach.

Reißner verlangte nicht mehr oder weniger, als daß vor jeder Aufnahme in die Anstalt eine sogenannte Internierungskommission über die Zulässigkeit der Aufnahme entscheide, und zwar sollte diese Kommission sich folgendermaßen zusammensetzen: Ein Amtsrichter als Vorsitzender, der Gerichtsarzt als ständiger Beisitzer und drei Laien als Schöffen. Das Verfahren sollte in einer dem Strafprozeß angepaßten Weise zu regeln sein, „der Antragsteller hat Personalien und Vermögensverhältnisse darzulegen und Beweismittel anzugeben", er hat „Zeugen zu benennen, das begründete Gutachten eines Sachverständigen über den Gesundheitszustand des Imploraten beizufügen" usw. „Es findet sodann ein Vorverfahren statt, das innerhalb zweier Wochen abzuschließen ist. Die Polizei als Hilfsorgan der Staatsanwaltschaft bzw. der Internierungskommission vernimmt den Kranken, seinen behandelnden Arzt und die Antragszeugen und läßt den Kranken durch einen Vertrauensarzt untersuchen. Erscheint ein sofortiger Schutz des Kranken oder des Publikums erforderlich, so sind die Akten mit einem entsprechenden Antrag und eidesstattlichen Versicherungen, aus denen die Notwendigkeit der „Zwangsunterbringung" mangels anderer Schutzmöglichkeiten erhellt, sofort dem Gericht einzureichen. Atteste des erstuntersuchenden Arztes und des Vertrauensarztes sind beizufügen (eventuell nur des Vertrauensarztes). Der Richter hat alsdann binnen 24 Stunden nach Beratung mit dem Gerichtsarzte zu entscheiden, und falls er sich für vorläufige Unterbringung entscheidet, einen vorläufigen Aufnahmeschein zu erteilen. Auf Grund dieses erfolgt dann die Aufnahme des darin Benannten in einer öffentlichen oder privaten Irrenanstalt bis zur Hauptverhandlung, zu der der Kranke vorzuführen ist. Der Arzt der Anstalt hat die Pflicht, den Kranken bis zur Hauptverhandlung, die spätestens einen Monat nach Eingang des Antrages bei der Behörde stattzufinden hat, eingehend zu beobachten. Außerdem steht dem Richter, dem Gerichtsarzt und den Schöffen jederzeit innerhalb der Frist bis zum Hauptverhandlungstermin — auch bei Nichtinternierten — das Recht zu, den Kranken selbst aufzusuchen, um sich über seinen Geisteszustand ein Urteil zu bilden.... Über das Ergebnis der Beweisaufnahme berät das Kollegium. Vier Stimmen sind zu einem Beschluß auf Unterbringung erforderlich. Ist weitere Beweisaufnahme notwendig und soll bis zu deren Erledigung der Kranke weiter interniert bleiben, so bedarf es eines mit einfacher Stimmenmehrheit gefaßten Beschlusses der Kommission. Der Termin ist alsdann um zwei Wochen höchstens zu verlegen. In diesem zweiten Termin muß eine definitive Entscheidung ergehen" [1]).

Die Ähnlichkeit dieser Gedankengänge mit manchen ausländischen Gesetzesbestimmungen sowie mit dem später ausführlich zu besprechenden Reichsgesetzentwurf von 1923 springt in die Augen, und alles das, was dort gegen diesen Entwurf zu sagen sein wird, gilt sinngemäß natürlich auch von diesen Vorschlägen *Reißners*, die auch damals in der Fachliteratur eine entsprechende Erwiderung gefunden hatten [2]). —

Eine weitere Folge der ganzen antipsychiatrischen Bewegung waren eine Reihe von sogenannten „Irrenrechtsreformvereinen", so z. B. der „Irrenrechts-Reformverein" in Zürich, gegründet von einem Zahnarzt *Fliegel*, ein Verein, der unseres Wissens nicht mehr besteht; ferner die „Zentrale für Reform des Irrenwesens", gegründet 1907 von einem Ingenieur *Georg Wetzer* in Hersbruck bei Nürnberg. *W.* war früherer Patient zahlreicher bayrischer Anstalten und brachte in seinen Aufrufen neben den üblichen voreingenommenen und übertriebenen Vorschlägen eine Reihe von zum Teil an sich ganz vernünftigen und von den Irrenärzten schon längst erhobenen Forderungen, wie z. B. nach einer besseren Bezahlung und Ausbildung des Pflegepersonals u. a. m.; außerdem verlangte er die Errichtung von „Volksnervenheilanstalten", alles Forderungen, gegen deren Verwirklichung im wesentlichen nur finanzielle Bedenken in Betracht kamen.

Ein dritter Verein schließlich, in dem der *Wetzer*sche aufging, und der in etwas veränderter Form heute noch bestehen dürfte, ist der „Bund für Irrenrechtsreform und Irrenfürsorge", gegründet 1909 in Heidelberg von *Adolf Glöcklein*, dem Verfasser entsprechender Broschüren, der selbst einmal einige Tage Patient der Heidelberger Universitätsklinik gewesen war, und der später ein Kurpfuscherei-Sanatorium leitete [3]).

Die Zeitschrift des Bundes begann mit einem sehr ideal klingenden Aufruf. Der Hauptzweck war aber zunächst die Sammlung antipsychiatrischer Beschwerden und Querelen. Selbstverständlich fehlte hierbei auch nicht der seinerzeit zur Genüge bekannte Sanitätsrat Dr. *Bilfinger*, der sich u. a. die schöne logische Schlußfolgerung leistete, er habe einmal 2 schwere Fälle von religiösem Wahnsinn innerhalb

---

[1]) Zitiert nach *Juliusburger*, „Psychiatrische Tagesfragen". Allg. Zeitschr. f. Psych. Bd. 69, S. 130.

[2]) Vgl. auch: *Kreuser*, „Das Irrenhaus als Gefahr". Nationalzeitung Nr. 159, 1905.

[3]) Vgl. *Beyer*, S. 623.

weniger Wochen durch die Naturheilkunde zur Heilung gebracht, während ein „analoger Fall" eines „sonst gesunden Menschen" in einer staatlichen Irrenanstalt mit Verblödung geendet habe!

Der Verein bzw. seine Zeitschrift führte zuletzt den Namen: „Die Irrenrechtsreform, Zeitschrift des Bundes für Irrenrecht und Irrenfürsorge" E. V. (Schutzbund gegen Freiheitsberaubung und ungerechte Entmündigung), Sitz Berlin, Bundesvorsitzender Dr. med. *W. Winsch*, Berlin, verantwortlicher Schriftleiter *Paul Elmer*, Berlin".

Unter der Inflation hat allerdings auch diese Zeitschrift sehr gelitten, ihre Hefte wurden immer seltener und dünner; das letzte uns vorliegende stammt aus dem Januar 1922, seither scheint kein weiteres Heft erschienen zu sein, jedenfalls war keines mehr erhältlich.

Als Beispiel für den Ton und den Geist dieses Blattes diene folgende Stelle: „Längst ist man daran gewöhnt, die deutschen Irrenärzte ihre ein gutes Geschäft witternde Nase in alle möglichen Dinge stecken zu sehen. Neben dem Profit ist es stets auf Machterweiterung abgesehen. In keinem Lande der Welt sind die Irrenärzte so aufdringlich. Bei uns gehen ihnen die Behörden immer wieder auf den Leim" usw.

Beweis: *Magnus Hirschfeld* hatte angeregt, daß alle Angeklagten ohne Ausnahme vor der Hauptverhandlung psychiatrisch untersucht werden sollten. Wahrscheinlich meinte er in dem ganzen Zusammenhange nur die aus § 175 StGB. Angeklagten — aber seien auch alle gemeint —, es ist ein Gedanke, der wohl weit über das Ziel hinausschießt, dem nur wenige beistimmen werden, aber über den man diskutieren kann. Die Irrenrechtsreform jedoch ist nur imstande, hier materielle Gründe zu sehen: „Ein feines Geschäft! Man denke nur an die 100 000 von Beleidigungsklagen!" usw. [1])

Auf die tief bedauerliche Rolle, die die Presse damals gespielt hat, sei nicht weiter eingegangen. Man kann sich leicht vorstellen, in welcher kritiklosen und sensationslüsternen Weise alle die oben erwähnten Vorfälle und insbesondere die Reichstagsverhandlungen seinerzeit besprochen wurden, und welche weitere Nahrung das Vorurteil gegen die Irrenanstalten und die Irrenärzte dadurch fand [2]).

---

1) Irrenrechtsreform 11. Jahrgang 1919, Nr. 64, S. 197/98.

2) Vgl. auch *Beyer*, S. 629, und *Rittershaus*, „Irrsinn und Presse". Fischer, Jena, 1913. Ferner *Juliusburger*, „Psychiatrische Tagesfragen". Allg. Zeitschr. f. Psych. Bd. 69, S. 121 und „Zur sozialen Bedeutung der Psychiatrie". Med. Reform, Nov. 1911. *v. Kunowski*, Psych.-neurol. Wochenschr. Bd. 9, S. 37 und Bd. 11, S. 313 u. a. m.

Einige besonders krasse Beispiele brachte die „Psych.-neurol. Wochenschr. Bd. 13, S. 160 ff.[1])[2]).

Am betrüblichsten aber war es wohl, daß damals auch manche Ärzte in einer durch keinerlei Sachkenntnis getrübten Naivität und ohne sich die Mühe zu nehmen, vorher den jeweiligen Tatbestand auch nur einigermaßen zu prüfen, sich zu dieser Frage in einer Art und Weise äußerten, die zu den schwersten Mißverständnissen Anlaß geben mußte. So schrieb, um nur eines herauszugreifen, in einer Berliner Tageszeitung ein Arzt: „Ich bin der Ansicht, daß jeder intelligente Mensch mit gesundem Menschenverstande und guter Menschenkenntnis ebensogut wie ein Arzt imstande ist, zu entscheiden, ob ein anderer an Geisteskrankheit leidet oder nicht (!). Ein Laie hat aber vor dem Arzt noch den Vorzug, daß er dieser Frage unbefangen und uninteressiert gegenübersteht (!). Der gewöhnliche Arzt ist aber dem Irrenarzt vorzuziehen, weil dieser überall Geisteskrankheit wittert. Der Irrenarzt ist nach meiner Ansicht der schlechteste Psychiater (!!). Werden bei einer Klage Psychiater als Sachverständige zugezogen, so wird das Urteil von den Richtern auf dem Gutachten jener aufgebaut. Haben jene richtig geraten, so fällt das Urteil auch meistens richtig aus. Haben sie aber unrichtig geraten, so wird auch das Urteil schief ausfallen. Unter Umständen entsteht dann ein modernes Ketzergericht, wobei der Angeklagte zwar nicht zum körperlichen, aber doch zum geistigen Tode verurteilt wird. ..... Die Psychiater haben die Gewohnheit, die Lehren der sogenannten Psychiatrie bei ihren Gutachten zu verschweigen (!), sie müssen das notgedrungen, denn diese Lehren scheuen das Licht der Welt usw." Jedes weitere Wort könnte hier wohl nur den Eindruck dieses Ergusses abschwächen. — Andere Beispiele dieser Art siehe ebenfalls bei *Juliusburger*[3]).

---

[1]) Vgl. auch ebenda S. 214, 234, 251, ferner Bd. 3, S. 410, Bd. 4, S. 25, 107 u. a. m.

[2]) Bemerkt sei übrigens in diesem Zusammenhange, daß heute in der Presse solche unsachlichen, gehässigen und geschmacklosen Entgleisungen überhaupt nicht mehr vorzukommen scheinen, wie Verfasser dieser Zeilen, der seit längerer Zeit im Auftrage des Reichsverbandes beamteter deutscher Irrenärzte (E. V.) die Presse daraufhin verfolgt, erfreulicherweise feststellen konnte. Es zeigt dies, daß wir doch in Deutschland in kultureller Hinsicht ein gutes Stück vorwärts gekommen sind und hoffen dürfen, auch in Zukunft eine objektive Beurteilung zu finden. Hoffentlich erfolgt bei der Diskussion über das preußische Irrengesetz (s. Teil VI) kein Rückschlag.

[3]) l. c.

Auch die Literatur stellte sich bedauerlicherweise zum Teil in die Reihen der antipsychiatrischen Bewegung.

Olga Wohlbrück brachte z. B. in ihrem Roman „Aus den Memoiren der Prinzessin Arnulf“ [1]) ganz unglaublich naive Schilderungen, die aber natürlich als realistisch aufgefaßt werden mußten und nur verhetzend wirken konnten.

Aus neuerer Zeit sei *Heinrich Mann* erwähnt, der in seinem Roman „Die Armen“ eine groteske Verzerrung einer Irrenhausszene bringt, wobei er nicht nur einen, sondern gleich mehrere verbrecherische Irrenärzte auftreten läßt. Der Vergleich mit *Meyrinks* „Golem“, der zur Entschuldigung herangezogen wurde, trifft nicht ganz zu, da dort der verbrecherische Arzt wenigstens als Einzeltypus und in einer vollkommen grotesken und phantastischen Form vorkommt, während es sich hier um eine Schilderung handelt, die realistisch sein soll und derartige Vorfälle nicht nur als möglich, sondern gewissermaßen als die Regel hinstellt. Es wird also der ganze Stand betroffen.

An das Werk schloß sich eine, leider nur in der Fachpresse erschienene Auseinandersetzung an [2]).

Weiter wäre zu erwähnen *Leonhard Frank*, ein mit dem Fontane-Preis bedachter Dichter, der in seinem Buche „Erwachen“ einen Dichter sagen läßt: „Nach meiner Anschauung ist Ihre moderne Psychiatrie eine seelische Hochstapelei, die mit exakter Wissenschaft ganz und gar nichts gemein hat“ — ein Wort, das die „Irrenrechtsreform schleunigst als Motto auf eines ihrer Hefte setzte (11. Jahrg. 1909). Erwähnt sei weiter noch als eines der übelsten Erzeugnisse dieser Art der im Jahre 1899 in Berlin aufgeführte Schwank: „Busch und Reichenbach“ [3]) und die Bemerkungen der Presse dazu, ferner aus neuerer Zeit ein Irrenhausdrama: „Die Turbine“ von *Müller-Eberhardt*, sowie die Artikel in der Künstlerzeitschrift: „Die Aktion“ von *Pfempfert*, *Hiller* und anderen [2]) — alles Gesagte selbstverständlich nur als Beispiel und ohne jeden Anspruch auf Vollständigkeit.

---

[1]) Psych.-neurol. Wochenschr. Bd. 13, S. 424.

[2]) *H. Haymann*, „Irrenärztliche Bemerkungen zu Heinrich Manns neuem Buch“. Zeitschr. f. d. ges. Neurol. u. Psych. Bd. 39, S. 225. *W. Mayer*, „Bemerkungen eines Psychiaters zu dem Angriffe auf die Psychiatrie in der neueren Literatur“, ebenda Bd. 44, H. 1. *Eskuchen*, „Entgegnung hierauf“. Ebenda Bd. 46, S. 155. Erwiderungen von *Mayer*, S. 160 und von *Haymann*, S. 164.

[3]) Vgl. „Bühne und Irrenanstalt“. Psych. Wochenschr. Bd. I, S. 359.

Und schließlich braucht ja bloß an das Wort *Kino* [1]) erinnert zu werden, um die unendlichen Möglichkeiten einer unkontrollierbaren, teils gutgläubigen, teils bewußten Entstellung und Verhetzung, in entsprechender Aufmachung gebracht, anzudeuten.

Der Deutsche Verein für Psychiatrie stand in den letzten Jahren vor dem Kriege auf dem Standpunkt: quieta non movere. Im wesentlichen war für diese Stellung wohl maßgebend die Befürchtung, daß durch eine neue grundsätzliche Regelung wahrscheinlich doch nur eine Verschlechterung der einzelnen landesrechtlichen Bestimmungen oder Verordnungen zu erwarten sei. Auch schreckten wohl die Spuren der drohenden österreichischen „Entmündigungsordnung" (vgl. S. 97). Im Reichstage kam die Angelegenheit dann nochmals am 26. XI. 1912 durch den Abgeordneten *Thiele* zur Sprache [2]) bei Gelegenheit einer Petition, die der Petitionsausschuß der Regierung als Material zu überweisen beantragte. Auch dieser Redner war ganz von dem Gedanken erfüllt, daß eine „Fülle von Material" vorliege, und daß eine „völlige Rechtsunsicherheit" darüber bestehe, „ob einer in das Irrenhaus gesperrt wird". Auch er zitierte u. a. wieder den oben näher besprochenen Alexianerprozeß und meinte, daß die landesgesetzliche Regelung des Irrenwesens versagt habe.

Diesmal aber erfolgte sofort die richtige Antwort: der Abgeordnete Dr. *Gerlach*, der frühere Direktor der Heilanstalt in Münster i. W., erwiderte ihm — leider, was sehr charakteristisch ist, nicht im Namen seiner Partei, des Zentrums, sondern nur persönlich, — er erwiderte ihm u. a. mit einer eingehenden Schilderung der gesetzlichen und verwaltungsrechtlichen Bestimmungen in ganz Deutschland und aller damit zusammenhängenden Fragen [3]).

Dann kam der Krieg, während dessen allerdings nicht alles ruhte, und schließlich die Revolution. Schon vorher hatte der stets rege gebliebene Irrenrechtsreformverein den Petitionsausschuß des Reichstags beständig mit seinen einseitigen Informationen in Atem gehalten und anscheinend seinen Eindruck auf manche Abgeordnete nicht verfehlt. Es wurde damals ein Reichsirrengesetz vorbereitet, und unterm 4. VI. 18 hat zu diesem Zwecke das Reichsamt des Innern

[1]) Vgl. *Mercklin*, „Psychiatrische Fälschungen auf Lichtbildbühnen". Psych.-neurol. Wochenschr. Bd. 14, S. 193 und *Becker*, „Der Andere". Ebenda S. 541.

[2]) Stenographischer Bericht s. Psych.-neurol. Wochenschr. Bd. 15, S. 8 u. 27.

[3]) Auch über den weiteren Verlauf dieser Debatte s. ebenda.

eine Rundfrage veranstaltet bezüglich der seither bestehenden einzelstaatlichen Regelungen der Frage. Der Hinweis *Wattenbergs*[1]) fand infolge der politischen Umwälzung keine Beachtung bei den Fachgenossen.

Die Revolution wurde von der ganzen antipsychiatrischen Bewegung selbstverständlich sofort jubelnd begrüßt.

„Wie fast sämtliche deutsche Irrenärzte durch Verdummungslehren sich an dem Gewaltsystem beteiligt haben, Menschenrechte und Volksfreiheit zu verachten, das ist nur als Verbrechen zu kennzeichen. Wir haben nie zurückgeschreckt vor dieser Behauptung und fordern die heute herrschende Regierung auf, die Schreckensherrschaft der irrenärztlichen Verbrecher, die unter der scheinheiligen Maske der Volkswohlfahrt den davongejagten Regierungen gut gelohnte Bütteldienste leisteten, ein schnelles Ende zu bereiten. Unerträglich ist der Gedanke, daß diese Peiniger des Menschengeschlechts, die hinter der Abgeschiedenheit der Irrenhausmauern mit schrankenloser Willkür den Körper und die Seele vergifteten, noch länger vom Revolutionsgeist verschont bleiben sollen. Der wüste Imperialismus der deutschen Psychiatrie wurde aber erst möglich durch ihre Versippung mit der gestürzten behördlichen Reaktion. Wo die Behörden einem unbequemen Staatsbürger den bürgerlichen Tod geben wollten, waren die deutschen Irrenärzte wie feile Dirnen zu haben. Die Dritten im Bunde dieses neuzeitlichen Entrechtungssystems, das an die Stelle des mittelalterlichen heimtückischen Dolches das Irrenhaus und die Entmündigung setzte, waren deutsche Richter, die das Schwert der Gerechtigkeit mißbrauchten[2]). Hinaus aus der Rechtspflege mit diesen Ketzerrichtern! Fort mit ihnen aus den Vormundschafts- und Entmündigungsgeheimkammern, wo sie als willenlose Schergen der verjagten Staatsbonzen jahrzehntelang schweren Schaden angerichtet haben! Das Volk wird nicht ruhen, bis der Revolutionsbesen auch bei den Gerichten gründlich gekehrt hat!" — „Und was soll aus den Hunderten von deutschen Privatanstalten werden? Will die Volksregierung diesen Hohn auf deutsche Freiheit, diese Privatgefängnisse, in denen jeder Mensch, der genügend Großgeld hatte, seinen Gegner verschwinden lassen konnte, fortbestehen lassen? Soll es so bleiben, daß sich in diesen Räuberhöhlen tausend vornehme Verbrecher vor dem Arm der Gerechtigkeit sicher verstecken und ein Herrenleben führen?" — „Es ist unbedingte Pflicht einer Volksherrschaft, diese Schandmale auf deutscher Erde, die in den Radspeichen eines demokratischen Staatswesens überflüssig sind, endgültig zu beseitigen"[3]).

Dies nur ein Beispiel. Das sind die Kreise, die, wie wir noch sehen werden, bestimmenden Einfluß auf die Entstehung des letzten Reichsgesetzentwurfes ausüben konnten unter grundsätzlicher und syste-

---

[1]) Psych.-neurol. Wochenschr. Bd. 20, vom 7. XII. 18, S. 223.

[2]) Auch im Original gesperrt gedruckt.

[3]) Irrenrechtsreform 1919, Nr. 62, S. 161.

matischer Ausschaltung der in erster Linie dazu Berufenen, der deutschen Irrenärzte.

Schon am 18. November 1918 richtete der „Bund für Irrenrechtsreform" ein großes Gesuch an den Rat der Volksbeauftragten und verlangte zunächst „Befreiung all der Unglücklichen, die von den gestürzten Gewalthabern als unbequem gewordene Staatsbürger in die Irrenhäuser gesperrt worden seien". Weiter wurde verlangt: „Aufhebung sämtlicher Entmündigungen wegen Querulantenwahn" und schließlich eine neue Gesetzgebung und ein neuer Beirat — selbstverständlich ist gemeint aus dem Kreise der Irrenrechtsreformer — „zur Kontrolle und Sanierung des gesamten deutschen Irrenwesens". Der preußische Ministerpräsident *Hirsch* sagte dem Geschäftsführer des Bundes ebenfalls schon im Herbst 1918 eine Reform des Irrenrechts zu.

Die allgemeine Amnestie betraf auch den Leiter dieses Bundes, Schriftsteller *Elmer*, der kurz vorher noch wegen Beleidigung eines Anstaltsdirektors zu 500 M. Geldstrafe verurteilt worden war — und schließlich wurde auch das Beleidigungsverfahren gegen den gleichen Führer und einen seiner Anhänger in einer anderen Sache eingestellt, „noch ein kalter Wasserstrahl", wie die Irrenrechtsreform jubelnd meldete [1]).

„Noch ein paar kräftige Ruderschläge, dann sind wir vor dem Ziel unserer gemeinnützigen Bestrebungen. Nie war die Zeit so günstig, die Psychiatrie vernichtend zu schlagen [2]) !"

Schritt für Schritt ging es weiter. Ministerialdirektor Dr. *Kirchner*, der „Medizinpapst" im preußischen Ministerium, „ist gegangen worden". „Freie Bahn im Kampfe gegen die Psychiatrie !"

Nach privaten Mitteilungen soll von seiten eines damaligen Regierungsmitgliedes auch der Ausdruck gefallen sein: „Wir werden Euch Psychiatern ein Irrengesetz aufbrummen, das sich gewaschen hat ! [3])"

Am 29. III. 1919 fanden in Berlin zahlreiche Massenversammlungen statt. Den Ton der dort gehaltenen Reden wird man sich nach den oben gegebenen Beispielen unschwer ausmalen können.

---

[1]) Es handelte sich um die Broschüre „Geld und Irrenhaus" (vgl. Psych.-neurol. Wochenschr. Bd. 15, S. 572), deren Beschlagnahme von der Strafkammer in Stuttgart am 4. III. 1914 beschlossen worden war (ebenda S. 621). Vgl. auch *Mörchen*, ebenda Bd. 14, S. 454 und 545 und Bd. 15, S. 138.

[2]) Irrenrechtsreform 1919, Nr. 62, S. 174.

[3]) *v. Ehrenwall*, Jahresversammlung des Deutschen Vereins für Psychiatrie. Dresden 1921.

Im August 1919 wurden „die Forderungen des Bundes“ der Regierung überreicht:

1. Vorzug der einheitlichen Gesetzgebung für den gesamten Umfang der deutschen Republik vor verschiedenartigen Irrenrechtsgesetzen für einzelne Landesteile.

2. Hineinarbeiten der „Ausführungsbestimmungen“, die beim Irrenrecht von schwerwiegenderer Bedeutung sind als bei anderen Gesetzen, in das Gesetz selbst, oder Sicherung des Einflusses der gesetzgebenden Körperschaften auf die Gestaltung der Ausführungsbestimmungen.

3. Revision und zum Teil Aufhebungen der Hunderte von Ministerialverfügungen über Irrenrecht.

4. Fortfall der sogenannten „administrativen Beseitigung“ durch Verrückterklärung wegen untergeschobenen Querulantenwahns, auch bei der Kirche, gegenüber Geistlichen[1]).

5. Strafbestimmungen gegen fahrlässige Internierung und Entmündigung, Feststellung der Kostentragung und sonstigen Schadenersatzpflicht für die Urheber unberechtigter, als auch fahrlässiger Internierung und Entmündigung.

6. Übernahme der Fürsorge für geisteskranke Verbrecher auf den Staat.

7. Trennung der Alkoholkranken von den Irrenanstalten, Errichtung einer großen Zahl Heilstätten mit Arbeitszwang.

8. Strengste Maßnahmen gegen Mißhandlungen Kranker durch Irrenanstaltspfleger.

9. Durchgreifende soziale Fürsorge für die aus Irrenanstalten Entlassenen.

10. Beseitigung des psychiatrischen Sachverständigen-Unwesens, persönliche Haftpflicht für fahrlässige Falschgutachten[1]).

11. Sicherheit gegen das Unwesen der Privatirrenanstalten[1]), am besten durch Sozialisierung und ständige Überwachung.

12. Bildung paritätisch zusammengesetzter, aus Ärzten, Juristen und anderen lebenserfahrenen Sachkennern bestehender Überwachungsausschüsse in engabgegrenzten Landesgebieten, Angliederung dieser Ausschüsse an die neu zu bildenden Bezirksarbeitskammern, Vertretung im Reichswirtschaftsrat, oder Schaffung einer Irrenrechtszentralstelle für den gesamten Wirkungskreis des Irrenrechtsgesetzes[2]).

Einige dieser Forderungen sind Selbstverständlichkeiten und wohl nur als Fassadenzier angebracht, wie 8 und 9. Ganz unverständlich ist Forderung 6, sehr charakteristisch Forderung 4 und 10, der wichtigste Punkt dabei zugestandenermaßen Forderung 12.

Eine Unmasse von Broschüren wurde unter das Volk geworfen, einige Titel mögen genügen: „Rechtsmogeleien“, „Paraldehyd, Sil-

---

[1]) Im Original nicht gesperrt gedruckt.

[2]) Irrenrechtsreform 1919, Nr. 64, S. 195.

houetten aus dem Irrenhause", „Gemeingefährlichkeit des Vertuschungssystems und des Anstaltszwanges", „Rechtsunsicherheit unter dem letzten Kaisertum", „Zeitgemäße Medizinalpolitik" „Endlich Reform des Irrenrechts?" usw.,

„Einer der reaktionärsten Psychiater, der Geh. Obermedizinalrat Prof. Dr. *Moeli*, vortragender Rat im preußischen Ministerium des Innern, ist anfangs November 1919 an Arteriosklerose gestorben." — „An seiner Stelle wurde mit der kommissarischen Führung der Geschäfte im August der bisherige medizinische Hilfsarbeiter im Ministerium des Innern, Mitglied der preußischen Landesversammlung, Nervenarzt Dr. *Alfred Beyer*, betraut, der als früherer Anstaltsarzt die Irrenhausmißstände sehr genau kennt [1])."

Dr. *Alfred Beyer*, [nicht etwa identisch mit Dr. *Bernhard Beyer*, dem Verfasser des oben mehrfach erwähnten Buches,] war während des Krieges Arzt an der Heil- und Pflegeanstalt Neustadt in Ostpreußen und wurde nach Ausbruch der Revolution Mitglied des dortigen Arbeiter- und Soldatenrates, dann sozialdemokratisches Mitglied des preußischen Landtages. Später wurde er endgültiger Nachfolger *Moelis* und bekleidet diese Stelle heute noch.

Am 29. Oktober 1919, — [also schon vor dem Tode *Moelis*,] — „fand im Wohlfahrtsministerium eine erste mehrstündige Besprechung zwischen Herrn Dr. *Beyer*, unserem Bundesvorsitzenden Herrn Dr. *Winsch* und dem Bundesgeschäftsführer statt. Auf eine ausdrückliche Frage erklärte Dr. *Beyer*, er habe den Auftrag zur Ausarbeitung eines Irrenrechts-Gesetzentwurfes, der möglichst noch vor den Parlamentsneuwahlen als Gesetz verabschiedet werden soll, und sei ermächtigt, mit führenden Irrenrechtsreformern zu verhandeln. Im November und Dezember 1919 fanden dann weitere Konferenzen mit uns unter Hinzuziehung von Parlamentariern und Rechtsanwälten statt" — so schreibt wenigstens die Irrenrechtsreform [2]).

Am 17. XI. 21 konnte der Berliner Lokalanzeiger aus der Korrespondenz des Bundes melden, daß „der vom Reichsministerium des Innern auf Grund des ihm von den Parlamenten und anderen Stellen überwiesenen Materials ausgearbeitete Entwurf zu einem Reichsirrengesetz kurz vor der Vollendung" stehe. Ein gleicher Entwurf liege seit fast zwei Jahren im Preußischen Wohlfahrtsministerium fertig. Vertreter beider Ministerien sollten aus beiden Entwürfen das Brauch-

---

[1]) Irrenrechtsreform 1920, Nr. 65, S. 217.
[2]) Irrenrechtsreform Nr. 65, 1920, S. 218.

barste vereinigen. Zur Durchberatung sollten außer Ärzten, Juristen und Verwaltungsbeamten auch sachkundige Personen aus anderen Berufskreisen hinzugezogen werden [1]).

Schließlich berichtete die Irrenrechtsreform in gleicher Nummer [2]): „An der Ausarbeitung des im Wohlfahrtsministerium seit 2 Jahren fertiggestellten Irrenrechtsgesetzentwurfes hat die Bundesleitung hervorragenden Anteil. Zur vorläufigen Redigierung des Entwurfes fanden im Ministerium etwa 20 Konferenzen mit Bundesvertretern statt", — und schließlich konnte das gleiche Nachrichtenblatt für Irrenrechtsreform [3]) bereits einen Abschnitt aus dem damaligen Irrenrechtsgesetzentwurf des Wohlfahrtsministeriums veröffentlichen: „Abschnitt C. Überwachung des Irrenwesens, Zentralbeirat und Überwachungsausschüsse". Dieser Zentralbeirat und die Überwachungsausschüsse sollten sich aus 4 bis 6 Mitgliedern zusammensetzen, die auf Vorschlag des Regierungspräsidenten bzw. direkt von dem Wohlfahrtsministerium ernannt würden, und von denen die Hälfte Laien sein müßten; bei 5 Mitgliedern sollen 3 aus Laienkreisen bestehen. —

Und wie stellten sich die deutschen Irrenärzte zu dieser Bewegung? Im April 1921 fand auf der Tagung des Deutschen Vereins für Psychiatrie in Dresden eine eingehende Besprechung des ganzen Problems statt, im Anschluß an Referate zweier hervorragender Fachleute, die sich schon seit Jahren mit dieser Frage befaßt hatten, des Ordinarius für Psychiatrie, Geh. Rat Prof. Dr. *Schultze*, Göttingen, und des bekannten Juristen und Parlamentariers Geh. Rat Prof. Dr. *Kahl*. Die von diesen beiden aufgestellten „Leitsätze über die Schaffung eines neuen Irrengesetzes" lauteten:

A. Allgemeines.

I. Vor der bisher in der Mehrzahl der Länder üblichen Regelung der Fürsorge für Geisteskranke und ihrer Beaufsichtigung innerhalb und außerhalb der Anstalten, insbesondere vor der Feststellung der allgemeinen rechtlichen Bedingungen, unter denen Geisteskranke in Anstalten verwahrt werden können oder müssen, auf dem Wege der Verordnungen verdient die gesetzliche Regelung den Vorzug (Reichsfürsorgegesetz für Geisteskranke).

Zu fordern ist, daß unter entscheidender Mitwirkung der Irrenärzte berechtigte ärztliche Rücksichten auf den Kranken und seine Umgebung nicht hinter rein rechtlichen Gesichtspunkten zurücktreten.

---

[1]) Ebenda Nr. 70, Januar 1922, S. 4.
[2]) S. 2.
[3]) S. 3.

II. Es empfiehlt sich nicht, alle zu den verschiedensten Rechtsgebieten, wie StGB., StPO., BGB., ZPO., Gewerberecht usw. gehörenden Rechtsfragen, die den Geisteskranken angehen, in einem Irrengesetz zu vereinigen.

III. Die Schaffung eines Reichsfürsorgegesetzes erscheint dringend wünschenswert, um eine einheitliche Auffassung der Aufgaben der Irrenfürsorge, besonders hinsichtlich der Verwahrung gesellschaftsfeindlicher kranker Personen, zu sichern; sie erscheint trotz der großen örtlichen Verschiedenheiten dann nicht bedenklich, wenn das Reichsfürsorgegesetz sich auf wesentlich normative Regelung der Grundlagen des Irrenrechts beschränkt, dagegen die Einzelgestaltung und Ausführung der reichsgesetzlichen Bestimmungen nach wie vor der Zuständigkeit der Länder oder Provinzen verbleibt.

IV. Die Errichtung und Verwaltung der öffentlichen Irrenanstalten soll nach wie vor den einzelnen Ländern oder Provinzen zufallen.

V. Die Schaffung einer Zentralbehörde für das Irrenwesen, die von einem in der Anstaltspflege erfahrenen Irrenarzte geleitet wird, für den Geltungsbereich des Reiches oder der einzelnen Länder bzw. Provinzen ist dringend geboten.

VI. Die Anstaltsverwahrung von kriminellen Geisteskranken (Zurechnungsunfähigen, vermindert Zurechnungsfähigen, auch der Trunksüchtigen) ist ausschließlich der Regelung durch das künftige Strafgesetzbuch und Strafvollzugsgesetz zu überlassen.

B. Besonderes.

I. Kranke innerhalb der Anstalten.

1. Die völlig formlose Aufnahme einzuführen, erscheint nicht ratsam. Das Aufnahmeverfahren ist aber möglichst zu vereinfachen und zu erleichtern, sowie von der Sicherung der Kostenfrage zu lösen, um die sofortige Unterbringung eines anstaltspflegebedürftigen Kranken zu ermöglichen. Es ist zu unterscheiden die regelrechte, die dringliche, die freiwillige Aufnahme und die Aufnahme zum Zwecke der Beobachtung. Für die dringliche Aufnahme genügt das Attest des den Kranken aufnehmenden Anstaltsarztes unter der Bedingung der sofortigen Vervollständigung der Aufnahmevorschriften. Die Polizeibehörde soll das Recht haben, auch ohne Gerichtsbeschluß auf Antrag eines beamteten Arztes eine sich auffallend gebärdende, störende oder gefährliche Person zum Zwecke der Beobachtung für einen bestimmten Zeitraum einer Anstalt zu überweisen, auch wenn Geisteskrankheit noch nicht festgestellt ist.

Das Attest eines Arztes genügt für die endgültige Aufnahme.

Für die Frage der Anstaltspflegebedürftigkeit eines Kranken sollen vor allem rein ärztliche Gesichtspunkte maßgebend sein, nicht nur seine Gefährlichkeit oder gar Gemeingefährlichkeit. Die Anstaltspflegebedürftigkeit, eine Frage des Verwaltungsrechts, darf unter keinen Umständen mit der Entmündigungsreife, einer Frage des Zivilrechts, oder mit der Feststellung des Grades der Geschäftsfähigkeit verquickt werden.

Jede Aufnahme ist der Sicherungsbehörde anzuzeigen, die die Anstalt in irrenrechtlicher Beziehung überwacht.

2 a. Jeder Anstaltsinsasse hat ohne Unterschied des Lebensalters

und des Grades seiner Geschäftsfähigkeit jederzeit das Recht, bei der Sicherungsbehörde gegen seine Anstaltsunterbringung und die mit ihr zusammenhängenden Maßnahmen der Anstalt Einspruch zu erheben. Dieses Recht kann auch von gesetzlichen Vertretern oder Anverwandten ausgeübt werden. Das dann einzuleitende Sicherungsverfahren ist dem Entmündigungsverfahren, wenngleich es materiell mit ihm nichts gemein hat, hinsichtlich der Form nachzubilden und, wiewohl es Fragen des öffentlichen Rechts zu entscheiden hat, aus praktischen Erwägungen den ordentlichen Gerichten zu übertragen, nicht den Verwaltungsgerichten. Die erste Instanz ist das Amtsgericht (Abteilung für Vormundschaftssachen), in dessen Bezirk die Anstalt liegt. Grundsätze für das Verfahren sind: nicht öffentliche, mündliche Verhandlung; Anhörung des Beschwerdeführers, von der nur ausnahmsweise vor der ersten gerichtlichen Entscheidung abgesehen werden darf; Vernehmung von Sachverständigen, jedenfalls des Anstaltsarztes; Zulassung von Fürsorgern oder Anwälten ohne Anwaltszwang; fakultative Mitwirkung der Staatsanwaltschaft.

2 b. Dem gesetzlich nicht vertretenen Anstaltskranken kann ein Fürsorger für alle die Angelegenheiten bestellt werden, die mit seiner Anstaltsverwahrung und deren Beendigung in einem wenn auch nur losen Zusammenhang stehen. Die Einrichtung von Berufsfürsorgern verdient ernstliche Beachtung.

3. Für die Entlassung sollen in erster Linie ärztliche Gesichtspunkte (Heilung oder so erhebliche Besserung des Aufgenommenen, daß er nicht mehr anstaltsbedürftig ist) maßgebend sein. Verlangt der freiwillig Eingetretene seine Entlassung oder ist die Beobachtungszeit (vgl. B I 1) abgelaufen, so erfordert seine weitere Anstaltsverwahrung das regelrechte Aufnahmeverfahren.

II. Kranke außerhalb der Anstalt.

Die Fürsorge für Geisteskranke, die nicht oder nicht mehr in einer Irrenanstalt untergebracht sind, muß einer Fürsorgebehörde (vgl. B I 2b) übertragen werden, die für den Bezirk einer Anstalt gebildet und unter deren Leitung gestellt wird.

Das Wesentlichste dieser Leitsätze ist also:

1. die möglichst erleichterte Aufnahme;
2. die Ablehnung jeder Verquickung des Begriffes „Anstaltsbedürftigkeit" mit Begriffen wie „Gefährlichkeit", „Gemeingefährlichkeit", „Geschäftsfähigkeit", „Entmündigungsreife" usw.;
3. Ausbau des Beschwerdeverfahrens ähnlich dem Entmündigungsverfahren durch Heranziehung des Amtsgerichts;
4. Forderung von Fürsorgebehörden für die Kranken außerhalb der Anstalt.

An das Referat schloß sich eine ausgedehnte Diskussion [1]).

---

[1]) Vgl. Zentralbl. f. Neurol. u. Psych. Bd. 25, S. 522 und *Schultze*, Allg. Zeitschr. f. Psych. Bd. 77, S. 367.

Diese Leitsätze, die also von der sachverständigsten und autoritativsten Stelle ausgingen, die zur Erörterung dieser Frage überhaupt in Betracht kommen konnte, wurden dem Reichsministerium des Innern übersandt, zugleich mit der Bitte, den dortigen Entwurf alsbald zur gutachtlichen Stellungnahme dem Deutschen Verein für Psychiatrie zugehen zu lassen. Darauf erfolgte von seiten der Regierung, soweit bekannt, keine Antwort.

Auch die Standesorganisation, der Reichsverband beamteter deutscher Irrenärzte E. V. war nicht müßig gewesen. Schon vor jener Tagung, im März 1921, hatte sich der Vorstand an das Reichsministerium des Innern gewandt mit der Bitte, ihm den Entwurf zur Kenntnisnahme und Stellungnahme zu übersenden. Die Antwort lautete ausweichend: Die Vorarbeiten seien noch nicht abgeschlossen, und es werde zu gegebener Zeit die Beteiligung der psychiatrischen Wissenschaft ins Auge gefaßt werden.

Daraufhin erwiderte der Reichsverband: die Beteiligung der Wissenschaft sei doch wohl selbstverständlich, er habe gebeten, als Vertreter der Standesorganisation gehört zu werden. Darauf erfolgte wiederum keine Antwort.

Als man nun aus der Irrenrechtsreform und aus der Tagespresse erfuhr, daß im preußischen Wohlfahrtsministerium ein analoger Entwurf ausgearbeitet werde, wandte sich der Reichsverband mit einem gleichlautenden Schreiben am 8. III. 22 dorthin, bekam aber ebenfalls eine ausweichende Antwort: die Arbeit sei abgebrochen worden, weil das Reich einen gleichen Entwurf vorbereite.

Als von seiten des Reiches immer noch nichts erfolgte, wandte sich der Reichsverband am 15. XII. 22 nochmals an das Ministerium des Innern und bat um Übersendung des Entwurfes. Am 4. I. 23 erfolgte die Antwort, wiederum ausweichend: der Entwurf sei noch nicht beraten, solle aber seinerzeit übersandt werden. Auf ein nochmaliges entsprechendes Schreiben an das preußische Wohlfahrtsministerium vom 2. III. 23 wurde am 19. IV. 23 erwidert: der Entwurf sei nicht fertig beraten und dann seien die gesamten Akten dem Reiche zur Verfügung gestellt worden [1]).

Die offizielle Standesorganisation wurde also systematisch hingehalten. Aber schon 1¼ Jahre vorher, im Jahre 1922, hatte, wie oben erwähnt, die „Irrenrechtsreform“ triumphierend mitteilen

---

[1]) Psych.-neurol. Wochenschr. Bd. 25, 1923, S. 62.

können, daß schon 20 Konferenzen mit ihren Bundesvertretern stattgefunden, und daß der Bund an der Gestaltung des Entwurfes hervorragenden Anteil gehabt habe! Diese Mitarbeit des Bundes ist denn nun auch allerdings an dem bald darauf erscheinenden Entwurfe unverkennbar.

Erst im Oktober 1923 erhielt dann der Reichsverband zu gleicher Zeit mit den Regierungen der einzelnen Länder den Entwurf zur Stellungnahme zugesandt.

III. Die seitherigen gesetzlichen und verwaltungsrechtlichen Regelungen in Deutschland.

Bevor wir zur Besprechung des eben genannten Entwurfes übergehen, ist es vielleicht zweckmäßig, einen kurzen Rückblick zu werfen auf die seither in Deutschland bestehenden Regelungen, wie sie sich im Laufe der Zeit entwickelt, also auf die Dinge, die bei einer „Irrenrechtsreform" geändert werden sollen. [Bezüglich der Einzelheiten sei auch auf den im Teil IX beigefügten Wortlaut einiger der wichtigsten der uns hier interessierenden Verfügungen und Gesetze verwiesen [1]).]

In Preußen war die Aufnahme und die Entlassung in Irrenanstalten seither nicht durch ein Gesetz geregelt, wohl deshalb, weil das Irrenwesen in den Händen der Provinzen liegt. Die einzelnen Provinzial-Landtage genehmigten auf Antrag der jeweiligen Provinzial-Regierung entsprechende Verordnungen, die dann wiederum ihrerseits die ministerielle Genehmigung der Landesregierung erhielten. Trotz dieses Verfahrens besteht unter diesen Verordnungen eine derartige, teils sich direkt auf den Wortlaut erstreckende Übereinstimmung, daß man praktisch von einer einheitlichen Regelung des Irrenwesens in Preußen reden kann.

Von den reinen Verwaltungsfragen, insbesondere der Regelung der Zahlungsverpflichtung und vielem anderen mehr sei in nachstehendem nicht weiter die Rede, da dies auf ein ganz anderes Gebiet übergreifen würde.

Was die rechtliche Seite der Frage anlangt, so versteht man bei Durchsicht dieser Verordnungen durchaus, daß *Posadowsky* im Jahre 1902 auf dem Standpunkte stand, diese Bestimmungen genügten vollkommen, und daß Preußen eine reichsgesetzliche Regelung damals für überflüssig hielt.

Die Verordnungen sind teilweise schon recht alt. So stammt z. B. das Reglement der Provinz Hannover aus dem Jahre 1877 und ist mit entsprechenden und wahrscheinlich nicht allzu wesentlichen Nachträgen noch heute in Kraft. Das Reglement der Provinz Brandenburg stammt aus dem Jahre 1893, das der Rheinprovinz aus dem Jahre

---

[1]) Vgl. auch *Gerlach*, l. c. und *Moeli* „Fürsorge für Geisteskranke" C. Marhold, Halle, 1915.

1899, das der Provinz Sachsen von 1902 und das Ostpreußens von 1912. Die übrigen sind neueren Datums, dürften jedoch ebenfalls nur Weiterbildungen von grundsätzlich gleichen Verfügungen früherer Jahre darstellen.

Der wesentlichste Grundzug aller dieser Bestimmungen ist die fast kindliche Angst, es könne ein geistig gesunder Mensch von böswilligen Angehörigen widerrechtlich in eine Anstalt gesperrt bzw. von unfähigen oder bestochenen Irrenärzten widerrechtlich als Gesunder oder wieder Genesener dort zurückgehalten werden, eine Angst, die, wie oben des näheren dargelegt, nur historisch zu verstehen ist als Folge des alten Vorurteils und der jahrzehntelangen gewissenlosen Hetze unverantwortlicher Kreise.

Weiterhin schwebt über allen diesen Verfügungen der Gedanke, daß der beamtete Jurist, die Staatsbehörde, im Gegensatz zu den beamteten Irrenärzten, die einzig objektive, unbeeinflußbare und wahrhaft gerechte Instanz sei, die derartige Mißgriffe verhindern könne. Die Voraussetzung dazu ist wohl schließlich der Gedanke, daß zur Beurteilung der Frage, ob jemand geisteskrank sei und einer Anstaltsbehandlung bedürfe oder nicht, keinerlei besondere Sachkenntnis vonnöten sei, sondern daß dazu der „gesunde Menschenverstand" genüge, zum wenigsten aber der Verstand, der nach einem bekannten Sprichworte auch stets mit einem entsprechenden Amte verknüpft zu sein pflegt. Daß die Irrenanstalten nach dem Geiste dieser Bestimmungen dann wieder reine Verwahrungsanstalten für unsoziale Elemente und für gemeingefährliche Geisteskranke sein müßten, kam als weitere Konsequenz hinzu.

Teilweise ist, wie auch sonst häufig in Deutschland, dem beamteten Kreisarzte (Gerichtsarzt, Bezirksarzt, Physikus) ein weitgehendes Vertrauen geschenkt, der ja zwar stets früher einmal in Psychiatrie geprüft worden ist, für den dieses Fach jedoch der Natur der Sache nach nur ein Grenzgebiet darstellt, das er unmöglich so beherrschen kann wie der Irrenarzt, der sich ausschließlich damit befaßt, und der mit den Fortschritten der Wissenschaft auf dem laufenden bleiben muß. Der Kreisarzt erscheint also, weil er sozusagen wenigstens halber Laie in diesen Dingen ist, infolgedessen weniger verdächtig, während der wirkliche Fachmann, der ja bekanntlich überhaupt schon jeden Menschen für verrückt hält, nach der Ansicht der Verfasser dieser Bestimmungen wahrscheinlich ohne weiteres jeden, der ihm als angeblich geisteskrank „eingeliefert" wird, auch prompt dafür erklären wird.

Einzelne dieser provinzialen Verordnungen sind besonders strenge, besonders mißtrauisch gegen die Irrenärzte, andere sind wieder etwas großzügiger bzw. sind durch Änderungen gemildert, soweit der ganze Rahmen, innerhalb dessen sie sich bewegen, dies zuläßt.

Glücklicherweise war jedoch die Macht der Tatsachen stärker als aller Burokratismus, das Eingreifen der Behörden wurde in Wirklichkeit zur reinen Formalität, und für die meisten Fälle war das Hintertürchen der dringlichen Aufnahmen vorhanden, bei denen alle Formalitäten nachträglich nachgeholt werden konnten.

Dem Wortlaute der Verfügungen nach ist der Gang der Dinge bei einer normalen Aufnahme fast in ganz Preußen der, daß die Angehörigen bzw. die verfügungsberechtigten Personen einen Antrag bei der Ortspolizeibehörde oder bei dem Landrate stellen und ihm die nötigen Unterlagen vermögensrechtlicher Art sowie ein ärztliches Attest einreichen. Unter Umständen muß über alles das eine besondere „Verhandlung" aufgenommen werden. Die örtliche Behörde muß erklären, daß einer Aufnahme in die Anstalt polizeiliche Bedenken nicht entgegenstehen. Haben die Akten den vorschriftsmäßigen Umfang angenommen, so werden sie von dem Landrat [bzw. in größeren Städten von der Polizeibehörde] mit einer neuen „Unbedenklichkeitserklärung" an den Direktor der zuständigen Anstalt weitergeleitet. [Soll die Einweisung des Kranken auf Antrag einer staatlichen Behörde erfolgen, so kann diese ihren Antrag meist direkt an die Direktion senden.] Der Direktor prüft die Unterlagen und reicht das Aktenbündel mit einer kurzen gutachtlichen Äußerung an den Landeshauptmann weiter, und dieser „genehmigt" bzw. „verfügt" dann die Aufnahme des Kranken, die selbstverständlich innerhalb einer bestimmten Frist zu erfolgen hat.

Trotzdem für die Behandlung dieser Vorgänge vielfach „Eile" amtlich vorgeschrieben ist, kann man sich vorstellen, welche Zeit dieser Dienstweg beansprucht, und es wird wohl überall in der Praxis stets so gewesen sein, daß die meisten Aufnahmen als „dringlich" mit einem einfachen ärztlichen Attest ohne weiteres stattfanden[1]), und daß dann erst, wenn kein Unheil mehr entstehen konnte, der Amtsschimmel seinen langen Weg begann.

Eine gewisse Ausnahme hiervon machen die Rheinprovinz, Hannover, Schleswig-Holstein und Westfalen. Im Rheinland ist der Antrag an die Direktion der Provinzial-Heil- und Pflegeanstalt direkt zu richten, und diese entscheidet „nach näherer Anleitung ihrer Dienstinstruktionen und unter Aufsicht des Landeshauptmanns", die in diesen

---

[1]) Vgl. S. 40.

Fällen offensichtlich nur eine Formsache ist. Nur bei Aufnahmen im Wege der öffentlichen Armenpflege ist zur Sicherstellung der Kosten ein ausgefüllter armenrechtlicher Fragebogen unmittelbar an den Landeshauptmann einzureichen; sinngemäß ganz ähnlich ist die Regelung in Schleswig-Holstein. In Hannover kann, wenigstens bei Provinzangehörigen, der Direktor entscheiden. Auch für Westfalen wurde im Jahre 1922 durch Verfügung des Landeshauptmanns angeordnet, daß bei Aufnahmen in öffentliche Anstalten der Antrag an die Direktion selbst und nicht erst durch Vermittlung des Kreisausschusses an den Landeshauptmann gerichtet werden solle.

Von der erfolgten Aufnahme muß wohl in ganz Preußen an zahlreiche Dienststellen eine Meldung gesandt werden an Landrat, Polizeibehörde, Landeshauptmann, vielfach aber auch an die zur Entmündigung zuständige Staatsanwaltschaft — ausgehend offenbar von dem ganz unzutreffenden Gedanken, daß jeder in einer Anstalt internierte Geisteskranke auch beschränkt geschäftsfähig oder geschäftsunfähig sei und einer Entmündigung bedürfe.

In der Provinz Schlesien besteht hier eine Sonderbestimmung: der § 4 der Ausführungsvorschrift vom 11. April 1895.

„In jedem Gesuche um Aufnahme müssen das Leiden und die Ursache der Hilfsbedürftigkeit des Aufzunehmenden bezeichnet sein. Dem Gesuche sind beizufügen: 1. . . . . . ., 2. die Erklärung des Hilfsbedürftigen oder dessen gesetzlichen Vertreters, daß die Unterbringung in eine Anstalt genehmigt wird", —

erhielt durch Verfügung des Landeshauptmanns vom 21. XI. 12 die Auslegung, daß bei allen Aufnahmen, die auf Kosten des Landesarmenverbandes erfolgen, in jedem einzelnen Fall entweder die Kranken selbst ihre Einwilligung zur Errichtung einer Pflegschaft erklären müssen, sowie daß sie mit der Unterbringung in der Anstalt einverstanden sind; hierüber ist ein amtliches Protokoll aufzunehmen. Oder aber die Direktion hat ein Pflegschaftsattest auszustellen, daß „eine rechtlich erhebliche Verständigung im Sinne des § 1910 BGB. mit dem Patienten nicht möglich ist".

Allerdings werden Pensionäre, Privatkranke oder Kranke, die auf Kosten anderer Behörden usw. aufgenommen werden, von dieser Verfügung nicht berührt. Es ist eigentlich nicht recht einzusehen, weshalb diese an sich ganz zweckmäßige Regelung der Frage nicht auch auf diese Kranken ausgedehnt wird, denn wenn überhaupt der Verdacht einer widerrechtlichen Internierung durch eigennützige Anverwandte besteht, so würde diese Möglichkeit doch viel eher bei Privatpatienten in Frage kommen können als bei solchen, die auf Kosten des Landarmenverbandes in die Anstalt aufgenommen werden. Grundsätzlich wäre allerdings bei einer derartigen Lösung zu bemerken, daß dabei sicherlich in vielen Fällen der Begriff der „Verständigung" eine Auslegung erhält, die wahrscheinlich nicht ganz im Sinne des Gesetzgebers gelegen hat, zumal da bei frisch aufgenommenen Kranken recht häufig ein endgültiges Urteil über die Art und den Grad der Erkrankung gar nicht so ohne weiteres möglich ist. Es wäre übrigens interessant, hier einmal eine Statistik zu veröffentlichen, wieviel Prozent der Kranken in dieser Weise überhaupt sich von vornherein mit der Anstaltsaufnahme einverstanden erklären, es könnte dies vielleicht die weitverbreitete Ansicht entsprechend beleuchten, bzw. berichtigen, daß eigentlich fast jede Aufnahme nur unter heftigstem Sträuben des davon betroffenen Patienten vor sich gehe.

[Wie *Aschaffenburg*[1]) noch kürzlich mitteilt, hat er in über 20 Jahren seiner Tätigkeit in Köln unter jährlich 2000 und mehr Aufnahmen es im ganzen zweimal erlebt, daß Kranke sich gegen die Aufnahme beschwerten, und jedesmal handelte es sich um vollkommen einwandfreie Fälle, einmal um einen schizophrenen Alkoholisten, das andere Mal um einen Hypomanischen.]

Praktisch ist eine derartige Ausdehnung des Begriffes „Verständigung", wie sie in Schlesien geübt wird, an sich ja kein Fehler, wie es sich tatsächlich gezeigt hat, immerhin könnte mancher stark theoretisch eingestellte Jurist nicht ganz damit einverstanden sein. —

Bei Gemeingefährlichkeit erfolgt natürlich in ganz Preußen auch die direkte Einweisung durch die Polizeibehörde in der bekannten Weise.

Bezüglich der Entlassungen bestehen vielfach ebenfalls eine Reihe von Bestimmungen (Mitwirkung des Landeshauptmannes u. ä.) — Bestimmungen, die nur offene Türen einrennen und die in anderen Staaten meist kurz und sachlich ausgedrückt zu werden pflegen durch die Worte, daß die Entlassung in das Ermessen des ärztlichen Direktors gestellt sei.

Theoretisch und praktisch bedenklich erscheint die in manchen Provinzen noch vorhandene Bestimmung, daß eine Entlassung stets dann unbedingt erfolgen müsse, wenn eine Entmündigung rechtskräftig aufgehoben oder abgelehnt worden sei. Diese sich fast in allen „Reglements" findende Verfügung zeigt so recht die vollkommene Weltfremdheit derjenigen, die sie veranlaßt haben, denn der Begriff „beschränkte" oder „aufgehobene" Geschäftsfähigkeit deckt sich bekanntlich keineswegs mit dem Begriff der „Anstaltspflegebedürftigkeit". Das sind ganz verschiedene Dinge, das eine ein juristi-

[1]) „Zum Irrenfürsorgegesetz". Psych.-Neurol. Wochenschr. Bd. 28, S. 213.

scher, das andere ein ärztlicher Begriff, die wohl bei vielen Fällen auch zusammentreffen können, dies aber keineswegs müssen. Ja es kann sogar sein, daß sie direkt in Gegensatz zueinander treten in der Art, daß, was recht häufig vorkommt, die Ernennung eines Vormundes die Vorbedingung zur Entlassung ist, und daß, wenn es etwa einem querulierenden Kranken gelänge, einen weltfremden Entmündigungsrichter zu veranlassen, den Antrag auf Entmündigung abzulehnen, daß dann der Kranke, unter Umständen wegen Gemeinlästigkeit oder sogar Gemeingefährlichkeit, noch in der Anstalt zurückgehalten werden müßte, bis ein erneuter Antrag auf Entmündigung Erfolg gehabt hätte.

Einige weitere Punkte aus den Verordnungen der einzelnen preußischen Provinzen verdienen vielleicht noch eine kurze Erwähnung, und es ist nicht uninteressant, zu sehen, wie der jeweilige genius loci darin zum Ausdruck kommt.

In einigen Provinzen fehlt, wie gesagt, die oben bereits näher charakterisierte Anweisung, daß von jeder Aufnahme Anzeige an die Staatsanwaltschaft zu machen sei zwecks Entmündigung, sowie daß eine Entlassung unbedingt erfolgen müsse, wenn eine Entmündigung aufgehoben oder ein Entmündigungsantrag abgelehnt ist. In Schleswig-Holstein heißt es allerdings dafür noch zum Überfluß, daß bei der Entlassung eines genesenen Kranken die Direktion von sich aus Antrag auf Wiederaufhebung der Entmündigung zu stellen habe. In anderen Provinzen wird das der wiederhergestellte Kranke wohl schon selbst besorgen. — Im Rheinland ist wenigstens nicht sofort bei Ablehnung der Entmündigung die Entlassung verfügt, sondern der Kranke ist dann nur einem „freiwillig Aufgenommenen" gleichgestellt; dieser aber kann unter bestimmten Voraussetzungen auch gegen seinen Willen zurückgehalten werden; es ist also direkt auf jene Möglichkeiten Rücksicht genommen, die oben bei der Besprechung dieser Punkte erwähnt worden waren. Im Gegensatze dazu steht etwa Ostpreußen, wo es ganz unmißverständlich ausgesprochen ist, daß die etwaige Verweigerung der Entlassung im Falle der Gemeingefährlichkeit nur bei einem Entlassungsantrage der Angehörigen usw. zulässig ist, nicht aber bei Ablehnung oder Aufhebung der Entmündigung.

Genaue und recht zweckmäßige Vorschriften bestehen im Rheinland auch über den ärztlichen Fragebogen. Weiterhin ist dort die unglückselige ortspolizeiliche „Unbedenklichkeitserklärung" wenigstens dann überflüssig, wenn der ärztliche Fragebogen von einem beamteten Arzt ausgefüllt wurde.

Bei diesen oder manch anderen der rheinländischen Bestimmungen merkt man es sofort, daß dort ein wirklich Sachverständiger an maßgebender Stelle mitarbeitet: Der „Landespsychiater" [1]) der Rheinprovinz (§ 36), eine Einrichtung, die sonst leider noch ziemlich selten ist[2]), die aber

---

[1]) Seit 1921 „Landesmedizinalrat" in Geh. Gr. XIII.

[2]) z. B. Baden, Hannover und Regierungsbezirk Wiesbaden haben etwas ähnliches, in Brandenburg, Pommern und Hessen sind Direktoren nebenamtlich in dieser Stellung tätig. (Vgl. auch *Krömer*, Psych.-neurol. Wochenschr. Bd. 24, S. 177.)

dort zur Folge hat, daß das rheinische Irrenwesen in mehr als einer Hinsicht an der Spitze aller deutschen Landesteile steht (z. Z. Dr. *Wiehl*).

Eigenartig ist die Tatsache, daß in dem oben genannten Schleswig-Holstein, ferner in der Provinz Sachsen und in Ostpreußen sich ohne erkennbaren Zusammenhang eine Bestimmung findet, die, wie wir noch sehen werden, in dem schon ziemlich alten belgischen Irrengesetze enthalten ist, nämlich daß der Arzt — neben dem eigentlichen Aufnahmeattest — eine ausführlichere Krankengeschichte in geschlossenem Briefumschlage an die Anstaltsdirektion einreichen kann (Ostpreußen und Sachsen) oder muß (Schleswig-Holstein).

In Ostpreußen wird — ganz abgesehen von der „Beurlaubung", die besonders geregelt ist (§ 27) — jeder entlassene Kranke innerhalb Jahresfrist auf einfaches ärztliches Zeugnis ohne weitere Förmlichkeit wieder aufgenommen (§ 26).

Brandenburg hat eine „versuchsweise Entlassung" auf ein Jahr und Wiederaufnahme innerhalb dieser Frist, (die vom Landesdirektor noch verlängert werden kann), auch ohne ärztliches Attest. Ferner kennt es neben den anderen eine freiwillige Aufnahme „zur Beobachtung".

Die neue Regelung in Pommern, die inzwischen wohl ihre ministerielle Genehmigung gefunden haben dürfte, weist manche Vorzüge auf gegenüber der seither noch gültigen vom Jahre 1922. Es ist auch hier die Wiederaufnahme eines entlassenen Kranken innerhalb Jahresfrist vorgesehen, ebenfalls ohne ärztliches Zeugnis. Ferner ist auch hier eine „freiwillige Aufnahme" „zur Beobachtung" möglich, jedoch nicht nur, wenn der Kranke selbst zustimmt, sondern auch, wenn er nicht voll geschäftsfähig ist, bei Zustimmung desjenigen, „dem die Sorge für seine Person zusteht".

Der Aufnahmeantrag ist in Pommern direkt an den Landeshauptmann zu richten; ob diese Vereinfachung des Verfahrens unter Ausschaltung der Anstaltsdirektion als eine sehr glückliche Lösung zu betrachten ist, erscheint zweifelhaft. (Die gleiche Bestimmung findet sich auch in Schlesien.) Wahrscheinlich wird übrigens, wie z. B. auch in Brandenburg, hier doch der Anstaltsdirektor erst noch einmal gehört, also ein noch größerer Umweg. Dagegen kann wieder in Pommern in dringenden Fällen der Direktor selbst das Aufnahmeattest ausstellen.

Erwähnenswert ist vielleicht noch, daß hier ausdrücklich auf „besonders gefährliche Personen" Rücksicht genommen ist, namentlich auf solche, die nach § 51 StGB. freigesprochen oder außer Verfolgung gesetzt sind; hier ist vor der Entlassung in jedem Falle der Landrat bzw. die Ortspolizeibehörde des „zukünftigen Aufenthaltsortes" zu hören. Wie man diesen Aufenthaltsort in jedem einzelnen Falle mit genügender Sicherheit im voraus ermitteln will, ist allerdings nicht gesagt.

In der Provinz Sachsen ist von der Entlassung solcher gefährlichen Kranken der Staatsanwaltschaft Meldung zu machen. Auffallend ist, daß eine derartige ausdrückliche Erwähnung der verbrecherischen Geisteskranken sonst wohl nur noch bei den Bestimmungen von Berlin vorkommt, und selbst in Brandenburg fehlt, das doch recht viel Berliner Großstadtmaterial in seinen Anstalten beherbergt. Es hat anscheinend meist doch die Furcht vor der widerrechtlichen Internierung überwogen gegenüber der Angst vor dem gefährlichen Kranken. Hochinteressant ist schließlich noch die in dieser Form nur in Pommern vorkommende Bestimmung (die sich übrigens auch in der älteren „Ordnung" schon findet), über die „Fürsorge für entlassene Geisteskranke". Es ist danach Entlassenen, u. U. auch als „geheilt" entlassenen Kranken, denen „mangels Gelegenheit einer passenden Erwerbstätigkeit oder infolge ungünstiger Verhältnisse außerhalb der Anstalt die Gefahr eines Rückfalles droht", mit Zustimmung des Landeshauptmannes gestattet, in der Anstalt zu verbleiben, u. U. ohne daß Pflegegeld zu zahlen wäre. Es werden also in praxi noch nicht voll erwerbsfähige, gebesserte Kranke in der Anstalt gegen freie Station angestellt, um ihnen den Übergang in das freie Erwerbsleben zu erleichtern. — In anderen Ländern haben sich die Betriebsräte der Anstalten mit Erfolg gegen derartige Pläne gewehrt, mit der Begründung, daß dadurch zahlreichen Erwerbslosen eine Verdienstmöglichkeit genommen würde. Man kann über diese Auffassung verschiedener Meinung sein.

Etwas abweichend von den meisten anderen Provinzen in mancher Hinsicht sind schließlich die ziemlich umfangreichen und schon recht ehrwürdigen Bestimmungen der Provinz Hannover, doch sind die meisten Unterschiede wohl nur scheinbar und in dem mir vorliegenden Reglement zum Teil durch die etwas altertümlichen Ausdrücke und Amtsbezeichnungen bedingt. Wichtig ist, daß hier zur Aufnahme das Gutachten des Kreisarztes oder zweier Ärzte erforderlich ist, allerdings genügt auch dasjenige des Direktors einer anderen deutschen öffentlichen Anstalt oder einer hierzu besonders ermächtigten Privatanstalt. Bei „zeitweiliger Entlassung" (Beurlaubung) ist Meldung an den Landeshauptmann zu erstatten, die Angehörigen sind verpflichtet, über den beurlaubten Kranken vierteljährlich unter Beifügung eines ärztlichen Zeugnisses an die Anstaltsdirektion Bericht zu erstatten; nach viermaligem günstigen Berichte kann die Entlassung beantragt werden.

Interessant ist auch die Bestimmung (§ 36), daß die Direktion durch die Behörden und durch deren Vermittlung bei dem zuständigen Kreisarzt Erkundigungen über entlassene Kranke einziehen kann.

Die Bestimmungen der Provinz Sachsen sind in mancher Hinsicht von denen Hannovers beeinflußt. Auch hier ist zur Aufnahme das Gutachten eines Kreisarztes erforderlich, allenfalls genügt auch ein „an eidesstatt abgegebenes" Gutachten eines anderen Arztes. — Ferner findet sich auch hier die ganz zweckmäßige Bestimmung, daß die Angehörigen eines beurlaubten Kranken vierteljährlich unter Beifügung eines ärztlichen Zeugnisses Bericht zu geben haben; hier kann allerdings der Direktor einen solchen Kranken nicht nur ohne besondere Formalitäten wieder aufnehmen, sondern sogar von sich aus wieder zurückberufen. — Die endgültige Entlassung findet dagegen schon nach zwei günstigen Berichten ohne weiteren Antrag statt.

Dies nur eine kleine Auswahl einiger lokaler Eigenarten, die natürlich keinen Anspruch auf Vollständigkeit erhebt. Praktisch treten diese Einzelheiten ja auch ziemlich zurück gegenüber den großen, fast allen Verordnungen gemeinsamen Gesichtspunkten, wie oben im Zusammenhang des näheren besprochen.

Alle diese Verordnungen, insbesondere diejenigen über die Aufnahme in die Anstalt, wurden jedoch, wie gesagt, unter dem Zwange der harten Wirklichkeit meist so angewandt, wie es eben die Tatsachen verlangten, also als reine Formalität.

„Es werden allmählich die unregelmäßigen Aufnahmen, vor allem auf telephonischem oder telegraphischem Wege, beinahe die Regel," sagt der Direktor einer preußischen Anstalt [1]).

Über Mißstände dieses Systems ist nichts bekannt geworden, wie ja überhaupt alle angeblichen Skandalaffären sich bei objektiver Prüfung stets als ganz anders herausstellen, als es zunächst den Anschein hat, und wenn *B. Beyer* [2]) seinem Buche einen Nachtrag der neueren Fälle hinzufügen wollte, so würde er im Prinzip wohl nichts wesentlich Neues mehr bringen können.

Einen unbestreitbaren Nachteil hat diese ganze Regelung natürlich, nämlich den, daß alle diejenigen, die gezwungen sind, praktisch mit dieser Verwaltungsmaschine in nähere Berührung zu treten, Angehörige sowie Behörden und Verwaltungsjuristen, die Überzeugung erhalten, daß solche gewichtigen Vorsichtsmaßregeln auch wirklich dringend nötig, und daß eine „Internierung" in einer Anstalt ein ganz besonders schwerwiegender Eingriff in die persönlichen Rechte des betreffenden Kranken sei. Das Bestreben der Ärzte, die Anstalten auch im Bewußtsein des Volkes auszugestalten zu Krankenhäusern und ihnen den polizeilichen Verwahrungscharakter und den Anklang an das Zuchthaus zu nehmen, wird natürlich durch solche Verfügungen außerordentlich erschwert, und das Vorurteil weiter Volkskreise erhält dadurch immer neue Nahrung.

Solange es sich nur um derartige Verfügungen handelte, war zu hoffen, daß diese durch neue Verfügungen hätten gemildert oder abgeändert werden können. Und hätte nur erst einmal eine Provinz den Anfang damit gemacht, so hätten vielleicht die günstigen Erfolge vorbildlich auf andere Provinzen eingewirkt, und die Vernunft wäre langsam, aber sicher vorgedrungen.

Um dies zu verhindern, und wohl hauptsächlich aus diesem Grunde allein, hat man so heftig auf eine gesetzliche Verankerung dieser veralteten Bestimmungen gedrungen, ein Verlangen, das jetzt in dem neuen preußischen Gesetzesentwurf bis zu einem gewissen Grade erfüllt wurde. Da dieser im Prinzip nichts Anderes ausspricht, als die bereits vorhandenen Bestimmungen anordnen, dürften wohl auch solche Erwägungen hier maßgebend gewesen sein.

---

[1]) *Möncke möller*, Psych.-neurol. Wochenschr. Bd. 27, S. 481.

[2]) S. o. S. 4 u. S 257.

Bei alledem haben wir uns seither nur auf die Aufnahme und Entlassung von Geisteskranken in staatliche, von beamteten Ärzten geleitete Anstalten beschränkt, weil hier ein derartiges Mißtrauen, wie es sich in den Verfügungen ausspricht, besonders gegenstandslos ist. Bezüglich der Privatanstalten bestehen noch strengere Verfügungen. Nach den Verordnungen vom 26. III. 01 bzw. 20. VII. 03 ist ein kreisärztliches Zeugnis oder ein Attest des Leiters einer öffentlichen Irrenanstalt bzw. einer psychiatrischen Universitätsklinik erforderlich; bezüglich der Form dieses Zeugnisses bestehen wiederum genaue Vorschriften. Nur bei Entmündigten oder in dringenden Fällen genügt das Attest jedes Arztes, auch eines Arztes der Privatanstalt selbst, jedoch muß innerhalb 24 Stunden Meldung an den Kreisarzt erfolgen, der binnen drei Tagen den Kranken nachzuuntersuchen und die Aufnahme zu genehmigen hat — andernfalls sofortige Entlassung aus der Anstalt. Ferner Meldung von jeder Aufnahme an Ortspolizeibehörde und Staatsanwalt. — Auch mit Einrichtung und Betrieb von Privatanstalten beschäftigen sich die Verordnungen sehr eingehend.

Ähnlich wie die Frage der Aufnahme und Entlassung ist auch die Kontrolle, die Besichtigung der Anstalten im allgemeinen einzig von dem Gesichtspunkte des oben näher charakterisierten Mißtrauens aus geregelt. Und doch liegen die Dinge hier praktisch etwas anders: Selbstverständlich kann einmal durch eine derartige Besichtigung, insbesondere durch eine voreingenommene Handhabung derselben, ein Kranker erregt, ein Querulierender in seinen Wahnideen bestärkt, also ganz allgemein gesagt, einem Kranken irgendein Schaden zugefügt werden. Aber das sind doch schließlich nicht allzu schwerwiegende, jedenfalls in der Mehrzahl der Fälle nur vorübergehende Schädigungen, die zu dem Schaden, den eine verspätete Anstaltsaufnahme herbeiführen kann, in gar keinem Verhältnis stehen. Im übrigen aber sind solche Kontrollen ganz ungefährlich, wenigstens für Direktor und Ärzteschaft, die nichts zu verbergen haben. Ja umgekehrt geben sie direkt eine erwünschte Gelegenheit, diese Tatsache allen Zweiflern recht anschaulich zu demonstrieren, Mißverständnisse aufzuklären, Vorurteile zu zerstreuen und überhaupt sachliches Interesse an dem Anstaltsbetriebe bei maßgebenden Persönlichkeiten der Behörde oder der Volksvertretung zu wecken. Der ursprüngliche psychiaterfeindliche Zweck dieser Maßnahme wird also durch die Macht der Tatsachen direkt in sein Gegenteil verkehrt, und so kommt es, daß alle derartigen Bestimmungen, trotz ihrer ursprünglichen Tendenz, von allen Irrenärzten auf das freudigste begrüßt und gefördert werden, und wenn man klagt, so ist es nur darüber, daß von der Möglichkeit solcher Besichtigungen vielfach nicht die besonneneren Mitglieder der Volksvertretung Gebrauch machen, sondern solche, die infolge ihrer extremradikalen politischen Einstellung und infolge ihres Agitationsbedürfnisses sachlichen Aufklärungen gegenüber mehr oder weniger unzugänglich zu sein pflegen [1]).

Diese Besichtigungen können verschiedener Art sein. Einmal werden auf Grund der Erlasse vom 12. V. 87, vom 15. XI. 97 und vom 27. I. 20 [2]) „regelmäßig, d. h. wenigstens einmal jährlich“ „unvermutet“ solche Kontrollen vorgenommen, und zwar durch höhere Verwaltungsjuristen und durch die zuständigen Regierungsmedizinalräte, event. unter Zuziehung eines „angesehenen Irrenarztes“ einer „benachbarten Provinzialverwaltung“ (letzteres wird nicht immer so ganz wörtlich genommen, zuweilen ist es auch der Ordinarius für Psychiatrie der nächsten Universität, eine Lösung, die als durchaus sinngemäß bezeichnet werden kann, da er ja nicht der betreffenden Provinzialverwaltung angehört). Über das Ergebnis ist jährlich an den preußischen Minister für Volkswohlfahrt zu berichten.

Außerdem besteht in vielen Provinzen ein besonderer Ausschuß des Provinziallandtages, ein „Provinzialausschuß“ oder eine „Provinzialkommission“, die eine ähnliche Besichtigungsbefugnis haben. Die Dinge liegen hier recht verschieden. In einigen Provinzen hat der Provinziallandtag bis jetzt jeden dahin gehenden Antrag abgelehnt, in anderen ist die Angelegenheit noch in der Schwebe, in den meisten bestehen jedoch ausführliche Geschäftsordnungen für einen solchen Ausschuß.

Die eine Provinz hat eine solche Kommission für ihren ganzen Bereich, die andere je eine für jede Anstalt. Hier wird rege besichtigt, dort steht die Kommission nur auf dem Papier, oder sie beschränkt sich nur auf wirtschaftliche Dinge.

Im Rheinlande hat jedes Mitglied des Provinziallandtages das Recht, nach vorheriger Anmeldung bei der Direktion, die Anstalt zu besichtigen, „soweit es das dienstliche Interesse und das persönliche Interesse der Anstaltsinsassen gestattet“. Die Mitglieder des Provinzialausschusses selbst haben dies Recht ohne jene Einschränkung, doch hat die Direktion von jedem solchen Besuche dem Landeshauptmanne Mitteilung zu machen; bei den Mitgliedern der besonderen Provinzialkommission fällt auch dieses weg, doch haben sie nicht das Recht, „Beamte, Angestellte und Arbeiter sowie die Anstaltsinsassen zu hören“, sondern haben etwaige Wünsche dem Vorsitzenden der

---

[1]) Ähnliches beobachtete bei anderer Gelegenheit auch *Rein*, „Psychiatrische Aufklärungsarbeit“. Psych.-neurol. Wochenschr. Bd. 25, S. 13.

[2]) Vgl. Psych.-neurol. Wochenschr. Bd. 23, S. 99.

Kommission vorzulegen. In Pommern ist eine solche Besichtigung durch ein einzelnes Ausschußmitglied dagegen nur nach vorheriger Genehmigung des Landeshauptmannes zulässig. Die Dinge sind noch sehr im Fluß. Eine recht ausführliche Geschäftsordnung besteht in Schlesien [1]). Eine kürzere in der Provinz Sachsen [2]). Dies nur einige Beispiele. In Brandenburg hat der Provinzialausschuß vom 10. III. 26 die Bestellung örtlicher Vertrauensmänner für die einzelnen Provinzialanstalten, die im Jahre 1922 beschlossen worden war, wieder als entbehrlich abgelehnt; kurz, es herrscht eine derartige Vielseitigkeit, daß ein klarer Überblick nicht ganz leicht ist, vielfach scheint selbst unter den Behörden eine gewisse Unklarheit zu bestehen, welche der zahlreichen, sich ergänzenden oder wieder aufhebenden Verfügungen nun noch angewandt werden, und eine einheitliche Regelung wäre hier sicher sehr zu begrüßen.

Wo aber solche Berichtigungskommissionen in Tätigkeit treten, leisten sie gute und sachliche Arbeit; widerrechtlich internierte, geistig gesunde Personen hat aber bis jetzt selbst eine noch so unerwartete Kontrolle noch nie feststellen können. —

Das Letztere gilt natürlich auch für die Privatanstalten, bei denen zweimal jährlich unvermutete Besichtigungen durch den Kreisarzt, ferner wenigstens einmal jährlich eine gleiche Besichtigung durch eine besondere staatliche Besuchskommission (höherer Verwaltungsbeamter, Regierungsmedizinalrat, Direktor einer öffentlichen Irrenanstalt) — stattzufinden haben.

Ebenso wie in Preußen, war das Irrenwesen in zahlreichen anderen Ländern des Deutschen Reiches nur durch Verordnung geregelt. Und hier war nun doch in mehreren Staaten das eingetreten, was als erwünschte oder, je nach dem Standpunkt, befürchtete Möglichkeit bereits für Preußen angedeutet wurde, nämlich daß ein moderner Geist mit den mehr oder weniger nur noch auf dem Papier stehenden Paragraphen aufräumte und Bestimmungen schuf, die durchaus der Sachlage entsprachen. In einem der deutschen Bundesstaaten war der Anlaß zu dieser Reform seinerzeit der, daß einen einflußreichen Parlamentarier das Schicksal traf, einen seiner nächsten Angehörigen einer Anstalt anvertrauen zu müssen. So lernte dieser Mann aus eigener schmerzlicher Erfahrung kennen, welche Umstände und welche sinnlosen Schreibereien auf Grund der alten Bestimmungen einer Anstaltsaufnahme vorangehen mußten. Das ganze dicke Aktenbündel

[1]) Vgl. Psych.-neurol. Wochenschr. Bd. 25, S. 151.

[2]) Vgl. Teil IX. S. 238.

dieses „Vorganges“ legte er auf den Tisch des Hauses nieder und wirkte durch diese „gewichtige“ Tatsache so überzeugend, daß eine grundsätzliche und großzügige Änderung vorgenommen wurde. Ob in den anderen Ländern, die eine derartige moderne Reform ihres Irrenwesens durchgeführt haben, ein ähnlicher Vorfall wie dieser, den Anstoß gegeben hatte, entzieht sich unserer Kenntnis.

Einer dieser genannten Staaten ist Württemberg.

Hier ist keine vollständig neue Verordnung erlassen, sondern in der bestehenden sind einfach einzelne Paragraphen geändert oder durch neue ersetzt. So hatte früher die Direktion der Anstalt das Aufnahmegesuch und die dazugehörigen Belege zu prüfen, zu ergänzen und dann einen entsprechenden Antrag an das Medizinalkollegium einzureichen, das über die Aufnahme entschied. Heute entscheidet die Direktion der Anstalt selbständig; ebenso kann sie „in unbedenklichen Fällen“ auf das Zeugnis des Gemeinderates über die „Tatsache des gestörten Geisteszustandes“ verzichten, was früher nur mit Genehmigung des Medizinalkollegiums zulässig war; die meisten Fälle dürften wohl in diesem Sinne „unbedenklich“ sein. Ferner mußte früher jede Aufnahme, Entlassung und Beurlaubung eines Kranken, ebenso wie die Wiederaufnahme eines beurlaubten Kranken, dem Medizinalkollegium bzw. der Bezirkspolizeibehörde angezeigt werden. Diese Bestimmung besteht nicht mehr; bei der Entlassung hat Anzeige bei der Bezirkspolizeibehörde zu erfolgen, aber nur „soweit es die Anstaltsdirektion für geboten erachtet“. —

In Wirklichkeit genügt also zu jeder Aufnahme das Zeugnis eines praktischen Arztes sowie eine Zustimmungserklärung der Angehörigen; in dringenden Fällen kann auch die Direktion selbst das Aufnahmezeugnis ausstellen.

Außerdem ist eine Einweisung eines Kranken in die Anstalt durch Verfügung des Bezirksarztes möglich, wenn der Kranke für sich oder andere gefährlich oder für die öffentliche Sittlichkeit anstößig ist oder sich in einem Zustand der Pflegebedürftigkeit befindet, der zur Folge hat, daß er außerhalb einer Irrenanstalt verwahrlost oder gefährdet wird.

Wichtig und sehr großzügig ist dabei die Bestimmung, daß eine derartige amtliche Einweisung nur dann erfolgt, wenn die Angehörigen, der Vormund usw. einer Anstaltsaufnahme widersprechen. (Bei diesen behördlichen Einweisungen ist dann allerdings ein auf persönliche Beobachtung gestütztes Gutachten des Oberamtsarztes oder des Vorstandes der psychiatrischen Universitätsklinik in Tübingen erforderlich.)

Vor der Entscheidung des Bezirksrates ist den widersprechenden Angehörigen Gelegenheit zu einer Äußerung unter Mitteilung der erhobenen Beweise zu geben.

Die Einweisung erfolgt zunächst nur auf die Dauer von 6 Wochen und wird erst endgültig auf Grund eines neuen Beschlusses, zu dem ein Gutachten der Anstaltsdirektion erforderlich ist.

Dieses ganze Verfahren setzt ebenso ein, wenn Angehörige eines Kranken ihre Zustimmung zur Anstaltsbehandlung zurückziehen, während nach Ansicht der Direktion die obigen Voraussetzungen noch gegeben sind.

Ist eine solche Besserung eingetreten, daß eine Entlassung oder

Beurlaubung zulässig erscheint, so hat die Direktion der Anstalt dem Bezirksrate Mitteilung zu machen. Außerdem ist jedes Jahr über jeden eingewiesenen Kranken ein neues Gutachten zu erstatten. Der Bezirksrat kann dann, — (anscheinend u. U. auch gegen die Ansicht der Direktion?) — dieEntlassung oder Beurlaubung des eingewiesenen Kranken verfügen. (Dies ist vielleicht der einzige theoretisch anfechtbare Punkt in der sonst so vorzüglichen Regelung.) Liegt bei derartigen Kranken der Widerspruch eines Angehörigen nicht mehr vor, so ist die Einweisungsverfügung aufzuheben, und der Kranke verbleibt dann frei von dem Odium des polizeilichen Zwanges, nur eben als Kranker in der Anstalt.

Diese Bestimmungen sind äußerst liberal und versuchen in geradezu vorbildlicher Weise eine behördliche Internierung nach Möglichkeit zu vermeiden und der Anstalt den Charakter eines polizeilichen Verwahrungshauses zu nehmen bzw. die Fälle von „Gemeingefährlichkeit" auf ein Mindestmaß einzuschränken.

Sie zeigen aber auch aufs deutlichste, wie verschieden die Verhältnisse innerhalb Deutschlands liegen, und wie sehr ein Reichsgesetz großzügig sein muß, um diesen Sonderverhältnissen Rechnung zu tragen; denn tut es dies nicht, ist es ein starres und enges Schema, so muß es notwendigerweise zu Unzuträglichkeiten führen.

Man vergleiche nur einmal diese wohlwollenden württembergischen Bestimmungen, die bei der dortigen, vorwiegend ländlichen Bevölkerung durchaus angebracht sind, mit den später noch zu besprechenden Verfügungen der Stadt Berlin, die zwei ganze Seiten ihrer Verordnung mit Paragraphen über die Behandlung der gemeingefährlichen Verbrecher füllen muß, Paragraphen, die in Württemberg sicherlich mehr oder weniger gegenstandslos wären, — ebenso wie umgekehrt die milden Bestimmungen Württembergs bei der Fülle von Kriminalität in Berlin wahrscheinlich die allergrößten Mißhelligkeiten zur Folge haben würden.

Die Entlassung erfolgt in Württemberg ohne weiteren Bürokratismus nach Ermessen der Direktion; bei Entlassungen gegen ärztlichen Rat kann die Unterschrift der Angehörigen unter eine entsprechende Bescheinigung verlangt werden, daß die Zurücknahme im Widerspruch mit der Ansicht des Anstaltsarztes und auf ihre eigene Verantwortung erfolgt.

Freiwillig aufgenommene Kranke, die entlassen zu werden wünschen, können zurückgehalten werden, wenn bei ihnen die oben erwähnten Voraussetzungen der Gemeingefährlichkeit usw. vorliegen. Zur Zurückhaltung ist sofort die Zustimmung der Angehörigen bzw. des Vormundes einzuholen, im Falle der Verweigerung derselben, also erst dann, ist die Entscheidung des Bezirksrates (s. oben) herbeizufügen. Der Kranke hat dann bis zu dieser Entscheidung in der Anstalt zu verbleiben.

Über Beschwerden heißt es kurz und sachlich in § 28: „Beschwerden der Kranken oder ihrer Vertreter sind seitens der Anstaltsdirektion sorgfältigst zu prüfen und, soweit dies vorgeschrieben, dem Medizinalkollegium vorzulegen".

Besichtigungen durch die Aufsichtsbehörde finden auf Grund besonderer Bestimmungen statt (§ 5).

Diese württembergische Verordnung kann in ihrer jetzigen Fassung geradezu als vorbildlich bezeichnet werden. —

In Hessen liegen die Verhältnisse ganz ähnlich, auch hier besteht jetzt ein von allen bürokratischen Erschwerungen befreites Aufnahmeverfahren, geregelt durch das Regulativ vom 9. XII. 11 mit Nachtrag vom 7. IX. 16.

Betont wird in den ersten Paragraphen der Zweck der Anstalten „zur Heilung, Pflege und Bewahrung von Geisteskranken sowie zur Beobachtung von Personen auf ihren Geisteszustand".

Zur Aufnahme erforderlich ist ein auf Grund persönlicher Untersuchung ausgestelltes Zeugnis eines in Deutschland approbierten Arztes, das nicht älter als 14 Tage sein darf, ferner der Antrag des gesetzlichen Vertreters, eine Bescheinigung der Bürgermeisterei über die Personalien usw. und eine Anerkennung der Zahlungsverpflichtung (§ 5). In dringenden Fällen (§ 10) vorläufige Aufnahme unter Nachlieferung der betreffenden Papiere; außerdem ist freiwillige Aufnahme zulässig (§ 6). Über die Aufnahme selbst entscheidet die Direktion (§ 11). Einweisung von Amtswegen durch die Polizeibehörde usw. (§ 7) bei solchen Kranken, die „für sich selbst oder andere Personen oder für das Eigentum gefährlich oder für die öffentliche Sittlichkeit anstößig oder in bezug auf Aufsicht, Schutz, Verpflegung oder ärztlichen Beistand verwahrlost sind".

Nach Aufnahme Mitteilung an die zuständige Provinzialdirektion (§ 14), die die formalen Unterlagen prüft.

Entlassung sinngemäß nach Ermessen der Direktion, es sei denn, daß Gemeingefährlichkeit vorliegt; ebenso ist Beurlaubung oder versuchsweise Entlassung vorgesehen.

Über Besichtigungen ist nichts Näheres gesagt, die „Oberaufsicht", auch in ärztlichen Angelegenheiten, steht dem Ministerium des Innern zu (§ 2).

Eingaben, die Kranke zur Wahrung wirklicher oder angeblicher Rechte an Behörden richten, sind abzusenden, „wenn sie nicht Wiederholungen von erledigten Eingaben sind". „Rechte, die Geisteskranken gesetzlich zustehen, dürfen ihnen nicht verkürzt werden" (§ 26).

Auch sonst finden sich hier eine ganze Reihe von Bestimmungen, die von außerordentlicher Sachlichkeit und modernem Empfinden zeugen, so daß man tatsächlich die Frage erheben muß, warum nicht schon einmal der Vorschlag gemacht wurde, dieses hessische Regulativ oder das württembergische versuchsweise in anderen Ländern einzuführen.

Sehr liberal, geradezu ideal liegen die Verhältnisse auch in Mecklenburg-Schwerin. Das früher bestehende Kuratorium der Landeskrankenanstalten ist durch Verfügung vom 27. I. 23 aufgehoben, und die Funktionen des Kuratoriums sind auf die Anstaltsdirektoren übergegangen.

Die Aufnahme erfolgt auf Grund eines einfachen ärztlichen Zeugnisses, nachträglich wird dann das formale Aufnahmeverfahren durchgeführt, das im wesentlichen der Sicherstellung der Kosten dient. Für das ärztliche Attest werden im allgemeinen nicht mehr die großen Formulare verlangt, dringliche Aufnahmen werden auch ohne Attest aufgenommen. Jede Entlassung gilt formal ein Jahr lang als Beurlaubung, so daß der Kranke während dieser Zeit ohne weitere Formalitäten wieder aufgenommen werden kann. Bei Entlassungen gegen Revers ist, falls der Kranke auf Antrag und Kosten einer Behörde in der Anstalt war, deren Einverständnis erforderlich.

Jeden Monat wird eine Übersicht über die Zu- und Abgänge an das Medizinalministerium eingereicht, bei zweifelhaften Fällen erfolgt sofortiger Bericht. Von Zeit zu Zeit kommt der Referent für die Anstalten, ein juristischer Ministerialrat, und sieht die Personalakten der Zu- und Abgänge ein.

Das Beschwerderecht ist durch Verfügung von gleichem Datum folgendermaßen geregelt: „Ferner wolle die Direktion eine Liste anlegen, in welche alle Fälle eingetragen werden, in denen Kranke in irgendeiner Form den Wunsch aussprechen, einen Vertreter der der Anstalt vorgesetzten Behörde zu sprechen. Diese Liste ist dem Referenten des unterzeichneten Ministeriums bei seiner Anwesenheit in der Anstalt jedesmal vorzulegen." Der Referent besucht dann die eingeschriebenen Kranken in Begleitung des Direktors und läßt sich von dem Direktor über die Kranken informieren.

Es ist dies, wie gesagt, ebenfalls eine der besten und praktischsten Lösungen des Aufnahmeverfahrens in ganz Deutschland, und es wäre tief bedauerlich, wenn auch hier eine Änderung eintreten müßte.

Ganz ähnlich liegen die Verhältnisse in Mecklenburg-Strelitz.

Aufnahmen auf Grund eines ärztlichen Attestes nach Formular, auf Antrag einer Behörde oder der zuständigen Angehörigen an die Direktion. Entlassungen nach Ermessen des Direktors; außerdem freiwillige Aufnahme von Nervenkranken. Einmal im Jahre besucht eine Regierungskommission die Anstalt und nimmt etwaige Beschwerden von den Kranken direkt in Empfang. Im übrigen steht es im Ermessen der Direktion, Schreiben der Kranken an die Regierung oder das Amtsgericht weiterzugeben.

In Oldenburg besteht ebenfalls ein sehr vereinfachtes Verfahren ohne jeden bürokratischen Zwang, es genügt zur Aufnahme ein einfaches ärztliches Attest; allerdings ist eine dringliche Aufnahme in den Aufnahmebedingungen nicht vorgesehen, dürfte aber in der Praxis wohl auch vorkommen. Entlassungen erfolgen nach ärztlichem Ermessen und gelten praktisch ein halbes Jahr lang als Beurlaubungen. In strittigen

gen Fällen, ebenso bei Beschwerden, entscheidet nach Anhören der Direktion das Ministerium der sozialen Fürsorge.

Als im allgemeinen recht gut kann auch die Regelung bezeichnet werden, wie sie in Hamburg getroffen ist. In Betracht kommt hier einmal das Gesetz betr. das „Verhältnis der Verwaltung zur Rechtspflege" vom 23. IV. 79 (sogenanntes „Verhältnisgesetz").

Auf Grund des § 22 dieses Gesetzes können Geisteskranke, und zwar nicht nur gemeingefährliche und gemeinlästige, sondern auch solche, die sich selbst gefährlich sind, oder die zu verwahrlosen drohen, in die Anstalten eingewiesen werden.

Verlangt ein Kranker, der sich bereits in der Anstalt befindet, und der die Forderungen dieses Paragraphen erfüllt, seine Entlassung, oder dringen unvernünftige Angehörige darauf, so beantragt die Direktion der Anstalt bei der Polizeibehörde die nachträgliche Einweisung des betreffenden Kranken.

Kranke, die auf Grund des § 22 des Verhältnisgesetzes sich in der Anstalt befinden, können selbstverständlich nur mit Zustimmung der Polizeibehörde entlassen werden.

Wichtig ist auch, daß auf Grund der §§ 24 bis 31 eine Zivilklage gegen den Hamburger Staat bzw. gegen jede Staatsbehörde zulässig ist; infolgedessen kommt es auch zuweilen zu derartigen Klagen wegen angeblich widerrechtlicher Internierung; nach § 29 dieses Gesetzes ist nicht nur eine Klage auf Abhilfe, sondern auch eine auf Entschädigung möglich.

Im übrigen ist das Irrenwesen geregelt durch die Verordnung vom 1. VI. 1900 sowie durch die Ärzteordnung vom 8. X. 1923[1]).

Zur Aufnahme genügt das Zeugnis eines praktischen Arztes, das allerdings nicht älter als 14 Tage sein darf, das Symptome der Geisteskrankheit nennen, sowie die Versicherung enthalten muß, daß der Arzt den Kranken persönlich untersucht habe. In dringenden Fällen kann jeder Arzt der Anstalt ein sogenanntes „Dringlichkeitsattest" ausstellen, er muß nur gemäß § 3 Ziffer 5 der Ärzteordnung in die Matrikel der Hamburger Ärzte eingetragen sein, Beamteneigenschaft ist also nicht erforderlich. Und schließlich ist eine freiwillige Aufnahme auf Grund eines sogenannten „Zweckmäßigkeitsattestes" unter schriftlicher Zustimmung des Kranken möglich.

Von jeder Aufnahme in eine öffentliche Irrenanstalt ist sofort die Polizeibehörde zu benachrichtigen; diese veranlaßt einen Gerichtsarzt (Physikus), den Kranken in der Anstalt nachzuuntersuchen. Diese Konzession ist praktisch mehr oder weniger Formsache. Das Wichtigste ist jedenfalls, daß diese Untersuchung erst nach der Aufnahme in die Anstalt stattfindet, also keinerlei Verzögerung der Aufnahme bewirkt, und daß diese Nachprüfung nicht durch ärztliche Laien erfolgt.

Ferner besteht eine sogenannte „Beschwerdekommission", die sich aus Fach- und Gerichtsärzten und sog. „bürgerlichen Mitgliedern der Behörde" zusammensetzt, eine Kommission, an die sämtliche Beschwerden

---

[1]) Die neue Ärzteordnung vom 11. IV. 27 wird an den hier in Betracht kommenden Punkten nichts ändern.

weiterzuleiten sind, die das Recht einer jederzeitigen Kontrolle usw. hat, und die sehr sachliche Arbeit zu leisten pflegt. Die Möglichkeit einer gerichtlichen Klage gegen den Staat auf Entlassung oder sogar Entschädigung wurde bereits erwähnt, ein Verfahren, das in mehreren Fällen mit Erfolg durchgeführt wurde, allerdings nicht immer zum Nutzen der Allgemeinheit oder des betr. Kranken [1]).

Bei Aufnahme in Privatanstalten hat auch der einweisende Arzt unverzüglich der Polizeibehörde Meldung zu erstatten, ebenso wie natürlich auch der Leiter der Anstalt. Nachuntersuchung durch den Physikus, wie bei der öffentlichen Anstalt.

Einige kleine Schönheitsfehler sind allerdings auch bei dieser hamburgischen Regelung vorhanden, die zum Teil zu geradezu grotesken Situationen führen könnten. So ist z. B. bei Überführung eines Geisteskranken aus dem Hamburger Staatsgebiet in eine auswärtige Irrenanstalt, etwa in ein Sanatorium, ein besonderes Physikatsattest notwendig, und selbst der Leiter der Hamburger Irrenanstalt, der, auch Ordinarius der Hamburger Universität, bei der Physikatsprüfung die Bewerber um eine Physikatsstelle zu prüfen hat, ist nicht zur Ausstellung eines derartigen Attestes berechtigt, trotzdem er selbst ja ebenfalls beamteter Arzt ist. Wohnt dagegen der Kranke nahe der Altonaer oder Wandsbeker Grenze und verfügt er sich mit dem Arzt auf die andere Seite der Straße, so kann dort das Aufnahmeattest für eine preußische Privatanstalt natürlich ohne weiteres ausgestellt werden, ebenso wie jeder preußische Arzt es innerhalb der Hamburger Grenzen ausstellen darf, denn er untersteht ja nicht der hamburgischen Ärzteordnung. — Eine andere scherzhafte Möglichkeit ist die, daß ein Physikus, der kürzlich erst noch sein Physikatsexamen bei dem Direktor der Anstalt abgelegt hat, dann kurze Zeit später seinen eigenen Examinator daraufhin kontrollieren könnte, ob dieser nicht etwa aus mangelnder psychiatrischer Fähigkeit oder aus bösem Willen einen geistig gesunden Menschen widerrechtlich in seiner Anstalt zurückhält. — Doch das alles hat ja wenig praktische Bedeutung. — Nicht ganz logisch ist schließlich § 5 Abs. II der Verordnung vom 1. VI. 1900. Hamburgische Staatsangehörige, die sich außerhalb Hamburgs befinden, unterliegen bei einer Aufnahme in eine außerhamburgische Anstalt den Bestimmungen des betreffenden Landes, die hamburgische Verordnung hat dort keine Rechtskraft, kann also die Bedingungen einer Aufnahme nicht vorschreiben.

Auch in Lübek ist die Frage nicht durch Gesetz, sondern durch die Verordnung vom 15. V. 1915 geregelt in sinngemäß ganz ähnlicher Weise wie in Hamburg [2]). Über Beschwerden bestehen überhaupt keine besonderen Bestimmungen. Es dürfte dann praktisch wohl so sein, daß von den Kranken eine Beschwerde über Nichtbefolgung des § 14, Abs. 1 der Aufnahmebedingungen, also eine Beschwerde über die Direktion an die vorgesetzte Behörde zu richten wäre.

Ähnlich liegen die Verhältnisse auch in Bremen, wo ebenfalls in einer einfachen Medizinalordnung die Frage kurz, sachlich und erschöpfend

[1]) Vgl. auch *Hartmann*, „Rechtsschutz der Irren". Deutsche Juristenzeitung Bd. 17, S. 87, und *Rittershaus*, „Irrsinn und Presse" S. 146 ff.

[2]) *Enge*, Psych.-neurol. Wochenschr. Bd. 20, S. 153.

geregelt ist. Beschwerden über Zurückhaltung gehen nach Mitteilung der dortigen Direktion — „wenn sie beachtlich sind — an das Medizinalamt, wenn Verfügung aus § 47 vorliegt oder von der Direktion beantragt wird, in der Berufungsinstanz an die „Medizinalkommission des Senats". Das kommt aber sehr selten vor. Eventuell gehen die Beschwerden natürlich auch an die Vormundschaftsbehörde, oder bei Gefangenen an die zuständige Gerichtsstelle. Sonstige Beschwerden über die Anstalt gehen an die Medizinalkommission und von da zur Begutachtung an den „Gesundheitsrat". —

Besonders ängstlich wieder in anderer Hinsicht ist Lippe-Detmold mit seiner kleinen Anstalt. Freiwillige Aufnahmen müssen ausdrücklich ihre unbeschränkte Geschäftsfähigkeit nachweisen, bei den anderen muß, wie üblich, der Antrag, — vermutlich an die Direktion, — von den nach dem Gesetz zur Fürsorge bestimmten Behörden oder Personen gestellt werden. Das ärztliche Zeugnis muß von einem beamteten Arzt ausgestellt oder zum mindesten zuschriftlich anerkannt werden, bei geisteskranken Personen von nicht lippescher Staatsangehörigkeit [1]) ist die Zustimmung der zuständigen Polizeibehörde notwendig.

Über ein besonderes Beschwerdeverfahren ist in der Verordnung nichts enthalten.

Die Entlassung erfolgt nach dem Ermessen des Anstaltsleiters, wenn die Voraussetzungen zur Aufnahme nicht mehr fortbestehen, wenn die Zahlungen nicht geleistet werden, oder wenn freiwillig aufgenommene Kranke sich den erlassenen Anordnungen nicht fügen oder die Anstaltsordnung stören. In sonstigen Fällen steht dem Anstaltsleiter oder den Antragsberechtigten [1]) bzw. den freiwilligen Kranken selbst das Recht einer „14-tägigen Kündigung" zu. (Verordnung vom 7. V. 1914.)

Sehr eingehend, vielleicht sogar etwas bürokratisch-überausführlich ist die Frage in Braunschweig geregelt.

An gesetzlichen Bestimmungen besteht hier das Medizinalgesetz vom 9. III. 1903, nach dessen § 77 die Landespolizeibehörde auf Grund eines von der Direktion der Heil- und Pflegeanstalt gebilligten Physicatsgutachtens die Aufnahme eines Geisteskranken in die Anstalt auch gegen den Willen der Angehörigen verfügen kann. Es wird dann wohl weiterhin praktisch der Lauf der Dinge ähnlich sein wie in Hamburg und anderen Staaten, indem gegebenenfalls die Direktion uneinsichtigen Angehörigen gegenüber auch nachträglich die Einweisung des Kranken in die Anstalt beantragen kann. Gegen eine derartige Verfügung der Polizeibehörde ist wahlweise eine Klage beim Verwaltungsgerichtshof oder eine Beschwerde an das Staatsministerium zulässig. Andere Beschwerdemöglichkeiten bestehen sonderbarerweise nicht.

Die Satzungen der Anstalt, die selbstverständlich amtlich genehmigt sind und sinngemäß als behördliche Verordnung zu gelten haben, deren Änderung und wahrscheinliche Vereinfachung übrigens für die nächste Zeit in Aussicht genommen sein soll, sehen zahlreiche verschiedene Arten einer Aufnahme vor.

---

[1]) Lippe verpflegt lt. besond. Vertrag zahlreiche Kranke aus Bremen, da die dortige Anstalt nicht ausreicht.

Bei Kranken, die auf private Kosten zu verpflegen sind, ist von den Angehörigen bzw. dem gesetzlichen Vertreter ein Antrag an die Anstaltsdirektion einzureichen mit den nötigen Unterlagen und einem einfachen ärztlichen Gutachten.

Bei Kranken, deren Fürsorge dem Landesarmenverband oder einer ähnlichen Organisation, jedoch auch einer Krankenkasse usw. obliegt, also in der Mehrzahl aller Fälle, ist die Aufnahme bei der zuständigen Landespolizeibehörde nachzusuchen und von dieser erst in zweiter Linie bei der Direktion zu beantragen. Außerdem ist hier ein Physikatsgutachten erforderlich.

Es erscheint nicht ganz klar, warum derartige umständliche Vorsichtsmaßregeln gerade bei solchen Kranken vorgeschrieben sind, bei denen doch wohl noch am wenigsten die Gefahr einer „widerrechtlichen" Internierung bestehen dürfte.

Bei gemeingefährlichen Geisteskranken u. ä. hat die Landespolizeibehörde die einstweilige Aufnahme in die Anstalt zu veranlassen. Auch hier ist ein Physikatsgutachten erforderlich. Desgleichen bei allen Kranken, auf welche die Vorschriften der seitherigen Paragraphen nicht zutreffen, und deren Aufnahme mit Rücksicht auf den eigentlichen Zweck der Anstalt unbedenklich erscheint; unter diese Bestimmungen dürften wohl auch etwaige freiwillige Aufnahmen fallen, jedoch sind diese alle nur widerruflich genehmigt.

Ausführliche Bestimmungen sichern die Kostendeckung.

Dieser ganze ziemlich umständliche und pedantische Apparat wird nun wieder gemildert durch die Ausnahmebestimmungen. Einmal sind dem Physikatsgutachten als gleichwertig zu erachten die ärztlichen Gutachten von Leitern der Krankenanstalten, von Anstaltsärzten und dergleichen, denen das Ministerium die ausdrückliche Ermächtigung zur Ausstellung solcher Gutachten erteilt hat, und schließlich kann, wie gewöhnlich, die Direktion in dringenden Fällen einen Kranken vor Beibringung der erforderlichen Aufnahmepapiere einstweilen zulassen, sofern die Grundbedingungen für die Aufnahme gewährt erscheinen.

Die Anstaltsdirektion beschließt in jedem Falle über die Zulässigkeit der Aufnahme usw. Gegen einen ablehnenden Bescheid steht die Beschwerde an die Aufsichtsbehörde offen.

Allmonatlich ist dem Landesmedizinalkollegium ein Verzeichneis der erfolgten Aufnahmen sowie der abgelehnten Aufnahmeanträge unter Beifügung der Unterlagen einzureichen, und einvierteljährlich hat dieses dann dem Staatsministerium summarisch zu berichten; ein Verfahren, dessen rein formaler Charakter schon aus dem Wortlaut der Verordnung hervorgeht.

Noch eingehender und umständlicher sind die Bestimmungen über die Entlassung, die jedoch unter ihrer etwas schwerfälligen Formulierung ganz vernünftige Gedanken enthalten, wie sie sich auch in anderen modernen Bestimmungen finden. —

Manches Eigenartige findet sich in dem Statut der anhaltischen Landes-Heil- und Pflegeanstalt in Bernburg. Zunächst ist diese nicht staatlich, sondern Eigentum des anhaltischen Landesarmenverbandes.

Außerdem ist Anhalt unseres Wissens der einzige Staat in Deutschland, bei dem die Anträge für die Aufnahme von Geisteskranken an das Landesfürsorgeamt zu richten sind. Es ist hier also schon in die Praxis umgesetzt, was der noch zu besprechende Gegenentwurf der Landesdirektorenkonferenz für das neue preußische Irrengesetz vorschlägt. (Vgl. Teil V.)

Das ärztliche Zeugnis muß, allerdings nur „in der Regel" von einem anhaltischen oder einem beamteten nicht anhaltischen Arzte ausgestellt sein nach Anleitung eines vorgeschriebenen Formulares. Es ist also auch hier vernünftigerweise die Möglichkeit einer Ausnahme vorgesehen. Spätestens 14 Tage nach der Genehmigung der Aufnahme muß der Kranke aufgenommen werden. Daß nicht nur in gewöhnlichen, sondern auch in dringlichen Fällen die Zuführung eines Geisteskranken an Sonn- und Festtagen „tunlichst" zu vermeiden und an Werktagen auf die Tagesstunden von 7 Uhr vormittags bis 7 Uhr nachmittags zu beschränken ist, dürfte sich wohl ebenfalls nicht immer so ganz wörtlich durchführen lassen.

Über Entlassung, sowie über Beschwerderecht ist in dem uns vorliegenden Auszug aus dem Statut der Anstalt nichts enthalten, es dürften hier wohl keine wesentlichen Unterschiede gegenüber anderen Staaten bestehen.

In mancher Hinsicht recht eigenartig und interessant sind auch die Bestimmungen in Berlin, niedergelegt in dem Reglement vom 15. II. 1902. Hier spukt noch vor allem die strenge Unterscheidung von „heilbaren" und „nicht heilbaren" Geisteskranken auf Grund einer allerhöchsten Kabinettsorder vom 6. VI. 1835 (!). Danach sind die Heilbaren in die Charité zu verbringen. Die Kranken der übrigen Anstalten sind auf ihre Heilbarkeit „sofort in sorgsame Beobachtung zu nehmen", und wenn der Direktor sie für heilbar erachtet, müßten sie zur Charité, (also u. U. zurück-) verlegt werden; stellt sich dort aber dann ihre Unheilbarkeit heraus, so müssen sie, ebenso wie alle anderen Kranken, — (wieder) — zur Irrenanstalt. Diese ganzen Bestimmungen dürften wohl nur noch auf dem Papiere stehen.

Andererseits fehlt hier, was angenehm auffällt, eine Bestimmung über ein vorherige Genehmigung jeder Aufnahme durch die Polizeibehörde u. ä., sowie über das ärztliche Attest, das wohl als selbstverständlich vorausgesetzt wird.

Die übliche Anzeige an die Staatsanwaltschaft und die Notwendigkeit der Entlassung im Falle einer abgelehnten Entmündigung usw. findet sich ebenfalls; dagegen ist hier, — soviel sich überblicken läßt, als einziger Fall neben Bayern, — der schüchterne Versuch gemacht, Geisteskranke auch vor denjenigen Gefahren zu schützen, die ihnen wirklich drohen, und zwar ist es hier, im Gegensatz zu Bayern die Gefahr einer vermögensrechtlichen Benachteiligung, die berücksichtigt wird. In § 11 des Reglements heißt es: „Solange die Entmündigung eines Kranken noch nicht eingetreten ist, hat der Direktor die von ihm etwa für erforderlich erachteten Maßnahmen behufs Fürsorge für die Person oder das Vermögen derselben herbeizuführen. Ist zu vermuten, daß das Vermögen des Kranken durch dritte Personen geschädigt werden könnte, so ist auch der Armendirektion bzw. der Deputation unverweilt Mitteilung davon zu machen."

Der tiefere Grund zu dieser Bestimmung scheint allerdings das finanzielle Interesse der Armenverwaltung gewesen zu sein, nicht humanitäre Erwägungen. Doch soll dadurch die segensreiche Wirkung dieses Paragraphen nicht herabgesetzt werden.

Es kommt hier offenbar die Errichtung einer Pflegschaft in Frage, und es dürfte wohl praktisch sich dann die weitere Entwicklung so gestalten, daß die Staatsanwaltschaft in allen den Fällen, in denen auf Grund dieses Paragraphen eine Pflegschaft zu Stande gekommen ist und der Lage der Sache nach genügt, von der Einleitung des Entmündigungsverfahrens Abstand nimmt. Es wäre vielleicht auch hier zweckmäßiger gewesen, diesen Regelfall schärfer herauszuarbeiten und die seltenere Ausnahme als solche zu kennzeichnen. —

Der Eigenart des Berliner Krankenmaterials entsprechend findet sich hier weiterhin eine ausführliche Regelung vorgesehen für die Fälle von kriminellen oder gemeingefährlichen Geisteskranken, für deren Aufnahme, Entlassung und Entweichung, Meldung hierüber an die Polizeibehörden und die Staatsanwaltschaft, u. U. auch an den Amtsvorsteher des betr. Bezirkes usw. Sogar ein Zurückholen des entwichenen Kranken durch Personal der Anstalt ist vorgesehen, — u. a. m. Auf den scharfen Gegensatz, in dem diese Bestimmungen, der Eigenart des Krankenmaterials entsprechend, zu denen anderer Staaten, insbesondere denen Württembergs stehen, wurde oben bei der Besprechung der Regelung in jenem Staate bereits hingewiesen.

Auch in Bayern ist, ähnlich wie etwa in Hamburg und Braunschweig, ein Teil der Fragen durch Gesetz geregelt, ein Teil auf dem Verordnungswege. Bis zu dem berüchtigten Alexianerprozeß war die Aufnahme überhaupt an keine Formalität gebunden, ohne daß dies zu irgendwelchen Unzuträglichkeiten geführt hätte[1]), dann aber wurde es anders.

An sich hat jeder Kreis, ähnlich wie in Preußen jede Provinz, das Recht, selbständig Verordnungen in dieser Sache zu erlassen. Tatsache ist aber, daß, ebenso wie in Preußen, unter den Satzungen der Anstalten in den acht Kreisen keine grundsätzlichen Verschiedenheiten bestehen. Als Beispiel seien die Satzungen der mittelfränkischen Heil- und Pflegeanstalten erwähnt.

Abgesehen von der finanziellen Sicherstellung und dem Ausweis über die Personalien, ist hier zur Aufnahme erforderlich das übliche ärztliche Zeugnis, sowie die Bestätigung des „gestörten Geisteszustandes“ des Aufzunehmenden, gegründet auf die „selbständigen, von dem ärztlichen Zeugnis unabhängigen Erhebungen“ des „zuständigen Beamten seitens der Distriktspolizeibehörde des letzten Aufenthaltsortes der betreffenden Person“, — eine recht bedauerliche Bestimmung.

Freiwillige Aufnahmen sind vorgesehen.

Bei sehr dringenden Fällen ist die einstweilige Aufnahme möglich.

---

[1]) Vgl. *Rieger*, zitiert nach *Schultze*.

Für jede Aufnahme ist die nachträgliche Genehmigung der Regierung einzuholen. Ebenso ist Anzeige an die Staatsanwaltschaft erforderlich, jedoch nur, wenn ein gesetzlicher Vertreter der aufgenommenen Person nicht vorhanden, oder dessen Vernehmung mit unverhältnismäßigem Zeitverluste ausführbar ist, oder wenn es sonstige Umstände angezeigt erscheinen lassen.

Das Vorhandensein von Freiplätzen in den Anstalten bietet ein Druckmittel gegen unvernünftige Angehörige, falls diese den Kranken gegen ärztlichen Rat aus der Anstalt herausnehmen wollen, — sie gehen dann gegebenenfalls des Freiplatzes verlustig.

Entlassungen sind ebenfalls der Polizeibehörde und dem Bezirksarzte des Aufenthaltsortes mitzuteilen, ebenso der Regierung.

Beschwerden gehen an den Direktor bzw. an die Aufsichtsstelle der Kreisregierung, Kammer des Innern; es ist dem Beschwerdeführer begründeter Bescheid zu geben.

Bezüglich der Aufsichtskommission ist durch eine Verfügung vom 26. VII. 1919 ausdrücklich für alle Kreise angeordnet, daß ein theoretisch und praktisch erprobter Irrenarzt hierbei zuzuziehen sei.

Im übrigen werden weitere Beschwerden an den Staatsanwalt weitergereicht, der gegebenenfalls daraufhin das Entmündigungsverfahren einleitet.

Ferner besteht aber in Bayern das grundsätzlich außerordentlich wichtige Polizeistrafgesetzbuch vom 10. XI. 1861, bzw. 26. XII. 1871. Dieses sieht zunächst die Einweisung gemeingefährlicher Geisteskranker durch die Polizei vor (Art. 80, Abs. 2), auf Grund eines Gutachtens des zuständigen Bezirksarztes und eines dementsprechenden Beschlusses der zuständigen Distriktspolizeibehörde (vgl. § 17, 4 der Satzungen). Der Eingewiesene hat das Recht, (auf das er von der Anstaltsleitung aufmerksam zu machen ist), innerhalb 14 Tagen, vom Tage der Zustellung des Einweisungsbeschlusses an, gegen die Einweisung Beschwerde bei der vorgesetzten Behörde (zuständige Kreisregierung) einzulegen.

Außerdem aber sieht, und das ist das grundsätzlich Wichtige dabei, dieses alte Polizeistrafgesetzbuch auch Strafen vor (allerdings dem damaligen Geldwert nach berechnet und heute recht niedrig anmutend) für Verwahrlosung und ähnliches von Geisteskranken. So wird nach Art. 80 Abs. 1 mit Geldstrafe bis zu 15 M. bestraft, „wer mit Gefahr für Person oder Eigentum oder für die öffentliche Sicherheit Blödsinnige oder Geisteskranke, deren Aufsicht ihm obliegt, frei auf Straßen oder an öffentlichen Orten herumlaufen läßt". Weiterhin wird bestraft bis zu 90 Mark oder mit Haft bis zu 4 Wochen, „wer Angehörige oder ihm anvertraute Kinder, Kranke, Gebrechliche, Blödsinnige oder andere dergleichen hilflose Personen in bezug auf Schutz, Aufsicht, Verpflegung oder ärztlichen Beistand verwahrlost". In diesem Falle kann dann die Polizeibehörde beauftragt werden, selbst für die weitere Unterbringung zu sorgen.

Im Frühjahr 1914 wurde dann dem bayrischen Landtag ein Gesetzentwurf vorgelegt, der eine der wesentlichsten Grundlagen der „Grundzüge zu einem Irrenschutzgesetze" vom Jahre 1923 gebildet haben dürfte und zum Teil fast wörtlich mit ihm übereinstimmt. Infolge des Kriegsausbruches wurde dieser Entwurf jedoch nicht verabschiedet [1]). Es sollte nach diesem Entwurf über die Zulässigkeit der Verwahrung das Amtsgericht [2]) entscheiden, nach persönlicher Vernehmung des Kranken selbst. Allerdings sollte die Vernehmung unterbleiben dürfen, wenn sie mit Schwierigkeiten verbunden sei, oder wenn Nachteile für die Gesundheit des Kranken zu befürchten seien, oder wenn bereits eine derartige Vernehmung in einem früheren, nicht mehr als 6 Monate zurückliegenden Verfahren stattgefunden habe.

Außerdem sind wiederum die Strafen für schuldhafte Vernachlässigung von Geisteskranken vorgesehen und etwas erhöht: Geldstrafen bis zu 150 M. oder Haft bis zu 6 Wochen.

Das aber hat der spätere Reichsgesetzentwurf nicht übernommen, was wohl, wie nichts anderes besser, seine Einseitigkeit charakterisiert.

Ein neues Polizeistrafgesetzbuch soll in Vorbereitung sein.

Drei Staaten haben die Frage durch Gesetz geregelt, Weimar, Sachsen und Baden.

In dem neugebildeten Freistaate Thüringen besteht noch keine einheitliche Regelung, es sind einstweilen die Bestimmungen der früheren Einzelstaaten jeweils noch in Geltung.

Sachsen-Weimar aber hatte das erste Irrengesetz in Europa, wenn man von einigen noch früheren Bestimmungen in England absieht. Dieses Gesetz war erlassen am 23. II. 1821 und wurde am 29. V. 1847 durch ein neues ersetzt, das nur formale Änderungen gegenüber dem früheren enthalten soll.

Es verdient hervorgehoben zu werden, daß sich in diesem alten Gesetze vom Jahre 1847 [3]) manche ganz vortreffliche Bestimmung findet.

---

[1]) Vgl. Psych.-neurol. Wochenschr. Bd. 16, S. 412, und Deutsche Juristenzeitung 1. I. 1915.

[2]) Es ist nach dem Wortlaut des Entwurfes nicht ganz klar, ob diese Entscheidung nur dann erfolgen sollte, wenn sie ausdrücklich, sei es von dem Kranken, sei es von den Angehörigen beantragt wurde, oder ob dieser Antrag und die Entscheidung notwendige Voraussetzung zur Anstaltsaufnahme überhaupt sein sollte, es dürfte wohl Letzteres gemeint gewesen sein.

[3]) *Reuß* l. c. S. 33 und 210. Der Wortlaut des Gesetzes von 1821 lag mir nicht vor.

Die, wie es damals schon hieß „Irren-Heil- und Pflegeanstalt" in Jena war bestimmt zur Aufnahme von „Geistes- und Gemütskranken jeder Art" — „wenn sie a) entweder Heilung hoffen lassen oder wenn b) deren Unterbringung zur Sicherung des Kranken oder im öffentlichen Interesse notwendig erscheint (§ 1)". Antragsberechtigt sind Verwandte, der Vormund und die Heimatsbehörde (§ 2). „Zwangsweise und gegen den Willen der in § 2 bezeichneten Berechtigten darf die Einlieferung nur in dem in § 1 unter b) erwähnten Fällen, oder wenn die Heilung in der Heimat entweder gar nicht oder in ganz unangemessener Weise versucht wird, stattfinden." (§ 3). — Die Anstalt ist in erster Linie nur für Kranke aus dem Großherzogtume bestimmt. (§ 4). — Zur Aufnahme erforderlich ist die Genehmigung des Staatsministeriums, in dringenden Fällen vorläufige Aufnahme durch die Direktion und nachträgliche Genehmigung. (§ 5). — Regelung der Kosten in § 6. Entlassung geheilter Kranker nach dem Ermessen des Direktors, ungeheilter nur mit Genehmigung des Ministeriums. Jedoch Beurlaubungen auch ungeheilter, genesender Kranker unter Anzeige an die Heimatsbehörde (§ 7).

Aus den Ausführungsbestimmungen vom 29. V. 1847 ist noch hervorzuheben, daß — entsprechend dem pastoralen Zuge der Zeit in der damaligen Psychiatrie, — jede Aufnahme vorher durch einen Arzt und durch einen Geistlichen unabhängig voneinander an Hand eines Fragebogens begutachtet werden mußte (§ 2), — eine Bestimmung, die natürlich inzwischen längst geändert ist —, und — wiederum eine sehr modern klingende Verfügung —, daß alle diesbezüglichen Fragen mit möglichster Beschleunigung erledigt werden sollen unter ausdrücklichem Hinweis „auf die davon sehr abhängige leichtere und schnellere Heilbarkeit", damit nicht „der Hauptzweck der Aufnahme — die Wiederherstellung des Kranken — durch Verzögerung der Einlieferung erschwert und vereitelt werde". (§ 3). Beurlaubte Geisteskranke sind sofort unter besondere ärztliche Aufsicht zu stellen bei freier Arztwahl, bzw. bei Unbemittelten unter Aufsicht des Bezirksphysikus. Dieser hat auch ganz allgemein bei allen beurlaubten Kranken darüber zu wachen, daß keine Gemeingefährlichkeit eintritt (§ 4).

Durch Nachtragsgesetz vom 11. I. 1854 wurden Gesetz und Verordnung auch auf die Anstalt in Blankenhain ausgedehnt.

Dieses Gesetz, das, wie wir sehen, geradezu erstaunlich moderne und sachliche Bestimmungen enthält, und das in wohltuendem Gegensatze steht zu den meisten der aus jener Zeit stammenden Gesetze, insbesondere zu denen von Genf, von Holland und England, auf die später noch eingegangen sei, ist offensichtlich seinerzeit unter Mitwirkung und unter bestimmendem Einflusse von wirklich Sachverständigen — wahrscheinlich dem Direktor der Anstalt selbst — geschaffen und besteht in seinen wesentlichsten Teilen auch nach dem Zusammenschluß der Thüringischen Staaten für die Anstalten in Jena und Blankenhain noch weiter, nur wurde es in manchen Punkten durch Nachträge auf dem Verordnungswege abgeändert oder ergänzt, und zwar keineswegs im schlechten Sinne.

Die Aufsichtsbehörde ist jetzt das Thüringische Ministerium für Volksbildung und Justiz, Abteilung Weimar. Der Aufnahmeantrag ist direkt an die Direktion der Anstalt zu richten, eine vorherige Genehmigung der Behörde ist nicht mehr erforderlich. Bei Geisteskranken, die auf öffentliche Kosten verpflegt werden, ist ein kreisärztliches Zeugnis erforderlich, bei Selbstzahlern genügt das Zeugnis jedes praktischen Arztes. Bei Nervenkranken ist selbst dies nicht erforderlich. Die Aufnahmen werden keiner Gerichtsbehörde, wie Staatsanwalt o. ä. mitgeteilt. Die Entlassung erfolgt nach dem Ermessen der Direktion, gegebenenfalls gegen Unterzeichnung eines Reverses. Bei Beschwerden ist das Thüringische Ministerium für Volksbildung zuständig. — Eine Fürsorge für entlassene Kranke außerhalb der Anstalt wird allerdings, wie auch in den meisten anderen Ländern, nicht ausgeübt.

In den übrigen Landesteilen Thüringens, deren Vorgängerstaaten sich in ihren Verordnungen dem Vorbilde Preußens angeschlossen hatten, ist der Aufnahmeantrag an den Landrat zu richten, der ihn dem Staatsministerium weiterreicht. Eine große Anzahl von Aufnahmen dürften allerdings, ebenso wie in Preußen, als „dringlich" unmittelbar in das Ermessen der Anstaltsleitung gestellt sein. Jede Aufnahme ist der zuständigen Staatsanwaltschaft anzuzeigen. In zweifelhaften Fällen fordert die Regierung nach der Aufnahme einen eingehenderen Bericht der Direktion ein.

Entlassungen stehen im Ermessen der Direktion; über Beschwerden entscheidet das Ministerium des Innern in Weimar.

Als recht gut zu bezeichnen ist das sächsische Gesetz über die „Anstaltsfürsorge an Geisteskranken im Königreich Sachsen" vom 12. XI. 12 [1]). Es fällt darin schon angenehm der sachliche Titel auf. Es ist hier allerdings zunächst nur die Unterbringung der von Ortsarmenverbänden zu unterhaltenden Kranken geregelt, doch dürfte sich praktisch das gesamte Aufnahme- und Entlassungsverfahren nach diesen Bestimmungen richten.

Zur Aufnahme erforderlich ist ein einfaches ärztliches Gutachten, in zweifelhaften Fällen das eines Bezirksarztes. Über die Aufnahme entscheidet auf Grund des Gutachtens die Anstaltsdirektion. Lehnt sie ab, so ist dann, also gegen die Ablehnung, nicht gegen die Aufnahme, eine Beschwerde an die zuständige Kreishauptmannschaft zulässig; das Gleiche gilt für den Fall einer geplanten Entlassung, mit der die Heimatsgemeinde nicht einverstanden ist. Die Ausführungsbestimmungen vom gleichen Tage besagen weiter hin, daß in zweifelhaften Fällen, wenn also die Anstaltsdirektion die Aufnahme zunächst ablehnt, die Kreishauptmannschaft mit Zustimmung des Beteiligten oder seines gesetzlichen Vertreters, eine Beobachtung in einer öffentlichen Heil- und Pflegeanstalt anordnen, und zwar bis zur Dauer von drei Monaten. Eine etwaige Beschwerde

---

[1]) Psych.-neurol. Wochenschr. Bd. 14, 1912, S. 493, und *Hösel*, Allg. Zeitschr. f. Psych. Bd. 69, S. 639.

gegen die Internierung oder die Zurückhaltung geht an das Ministerium des Innern.

Das Gesetz ist kurz und sachlich und nimmt auf die praktisch wichtigen Fälle in erster Linie Rücksicht, und nicht auf die theoretisch so fürchterlich aussehende, aber praktisch nicht vorkommende Möglichkeit einer widerrechtlichen Internierung.

Am 8. III. 13 beschloß dann noch die Direktorenkonferenz des Königreichs Sachsen, durch möglichste Vereinfachung der Aufnahmebedingungen die beschleunigte Zuführung aller Kranken zu ermöglichen [1]). Es ist nicht bekannt geworden, daß Fälle von widerrechtlicher Internierung sich gerade in Sachsen oder in einem der anderen oben genannten Staaten in beängstigender Weise gehäuft hätten.

Von größter Bedeutung, nicht nur wegen seiner grundsätzlichen Regelung der Frage, ist das viel besprochene badische Irrengesetz vom 25. VI. 1910 [2]), ein Gesetz, dessen Einfluß auf die letzten Entwürfe unverkennbar ist. Es wird vielfach, auch von psychiatrischer Seite, als die glücklichste Lösung der Frage bezeichnet [3]), eine Ansicht, der wir uns nicht anschließen können, und die wir im Grunde tief bedauerlich finden müssen. Das badische Irrengesetz erscheint bei näherer Betrachtung, — trotz mancher an sich recht guter Bestimmungen, — in der äußeren Form als ein ganz übler Konzessionsschulze für das Vorurteil der Menge, als ein antipsychiatrischer Popanz, der zur Beruhigung der urteilslosen Masse die bösen Irrenärzte schrecken soll, der aber in Wirklichkeit ganz ungefährlich, der in dieser Hinsicht eben nur eine innerlich hohle und glücklicherweise unschädliche Atrappe ist. Wegen dieser Ungefährlichkeit wird es nun von vielen Irrenärzten vielfach als harmlos und als idealer Ausweg aus der Situation angesehen, trotzdem doch hier alles von den Ausführungsbestimmungen bzw. der Sachlichkeit und dem Wohlwollen der Regierung abhängig ist. Daß in Baden hier vielleicht keine Befürchtungen zu bestehen brauchen, soll nicht bezweifelt werden; für andere Länder jedoch dürfte nach den seitherigen Erfahrungen etwas größeres Mißtrauen wohl nicht ganz unberechtigt sein. Auch daß es nicht ausdrücklich als antipsychiatrisch, infolge einer systematischen Hetze geschaffen wurde oder aus Veranlassung eines bestimmten Falles, ist das Wesentliche, sondern die tatsächliche Form, das Prinzip, — und darauf kommt es hier an.

---

[1]) Psych.-neurol. Wochenschr. Bd. 14, S. 620.
[2]) Ebenda Bd. 12, S. 231 ff.
[3]) Ebenda Bd. 27, S. 1 u. 429 u. a. m.

Unserer Überzeugung nach hätte man hier von vornherein Front machen müssen dagegen, daß dem Buchstaben nach — das ist nun einmal nicht abzustreiten, — den Irrenärzten überhaupt so grobe Unwissenheit, Fahrlässigkeit oder auch Charakterlosigkeit zugetraut wird, daß man die Kranken vor ihnen „schützen" und diesen Schutz in die Hand des zuständigen Bezirksamtes legen müsse, — auch wenn dieser „Schutz" nur rein formal ist und auf dem Papier steht. Hier hätte es wirklich heißen müssen: principiis obsta!

Die Aufnahme in eine Irrenanstalt ist zunächst nur möglich, wenn das zuständige Bezirksamt vor der Unterbringung diese auf Antrag für statthaft erklärt, oder von Amts wegen anordnet. Es findet also eine vorherige Entscheidung von Laien statt über die rein ärztliche Frage der Aufnahmebedürftigkeit, und das ist hier der springende Punkt; denn wenn die üblichen Ausnahmen nicht vorgesehen wären, die diese ganze Bestimmung wieder in Frage stellen, hätte man ohne weiteres die üblen Folgeerscheinungen zu gewärtigen, die von dem letzten Reichsgesetzentwurf zu befürchten waren.

Den meisten übrigen Bestimmungen kann man zustimmen. Es genügt das Attest eines in Deutschland approbierten Arztes. Es besteht weiterhin das Recht der gerichtlichen Klage gegen das Bezirksamt, d. h. nur sofern der Kranke nicht geschäftsunfähig ist. Die Entscheidung hierüber muß natürlich dann doch wieder letzten Endes dem sachverständigen Arzte zustehen.

Schwabe[1]) wendet hier mit Recht ein, daß ja letzten Endes, ebenso wie bei der Anfechtungsklage im Entmündigungsverfahren, gerade die Geschäftsfähigkeit des Kranken im Mittelpunkt des Streites stehe, also nicht zur Voraussetzung für die Einleitung der Klage gemacht werden könne. Es ist dies zum wenigsten ein Mangel an Folgerichtigkeit bei dem badischen Gesetze, oder aber auch, wenn man will, eine jener Bestimmungen, die das Gesetz zur Atrappe erniedrigen.

Von Amts wegen kann das Bezirksamt die Aufnahme anordnen, — auch wenn kein Antrag vorliegt —, wenn der Kranke „für sich selbst oder für andere Personen, oder für das Eigentum gefährlich, oder für die öffentliche Sittlichkeit anstößig, oder in bezug auf Aufsicht, Schutz, Verpflegung, oder ärztlichen Beistand verwahrlost oder gefährdet ist" [2]).

Diese letztere Bestimmung ist so weitgehend, daß sie wohl für die Mehrzahl aller Kranken zutreffen dürfte. Es ist hierbei allerdings erforderlich das Attest des zuständigen Bezirksarztes oder des Vorstandes einer öffentlichen Irrenanstalt. Eine derartige Unterbringung ist jedoch nur in einer staatlichen Anstalt zulässig. — Auch hier ist Klage vorgesehen.

---

[1]) „Zur Irrenfürsorgegesetzgebung". Psych.-Neurol. Wochenschr. Bd. 28, S. 39.

[2]) Diese recht glückliche Formulierung wurde z. B. auch in das um so vieles bessere, oben besprochene hessische Regulativ übernommen.

In dringenden Fällen kann die sofortige „fürsorgliche Unterbringung“ eines Kranken auch ohne Antrag und ohne vorherige Genehmigung oder Anordnung des Bezirksamtes erfolgen, wenn der zuständige Bezirksarzt, oder ein Arzt der betreffenden öffentlichen Anstalt die Notwendigkeit der sofortigen Aufnahme zum Zwecke der Heilung des Kranken oder zur Vermeidung von Gefahren für den Kranken selbst oder anderer Personen oder für das Eigenthum oder für die öffentliche Sittlichlichkeit bestätigt. Praktisch werden wohl die meisten Aufnahmen als „dringlich“ frisiert, und der Form ist genüge getan. Daß dies eine ideale Lösung ist, kann wirklich nicht behauptet werden.

Privatanstalten sind ebenfalls zu diesem Verfahren berechtigt, wenn der betreffende Arzt hierzu von dem Ministerium des Innern besonders ermächtigt ist. Hier ist jedoch innerhalb 24 Stunden Nachuntersuchung durch den Bezirksarzt erforderlich.

Es folgen weitere, an sich mehr selbstverständliche Bestimmungen über die Einweisung zur Beobachtung von Zwangszöglingen, Strafgefangenen oder aktiven Militärpersonen auf die Höchstdauer von 6 Wochen und auf Antrag der zuständigen Stelle.

Gegen die Zurückhaltung in der Anstalt ist Beschwerde an das Bezirksamt möglich, — [jedoch ebenfalls nur, wenn der Kranke nicht geschäftsunfähig ist,] — oder wenn die dazu berechtigten Angehörigen usw. diesen Antrag stellen. Als zweite Instanz ist dann ebenfalls die gerichtliche Klage vorgesehen.

In öffentlichen Armenhäusern usw. dürfen Geisteskranke nur verpflegt werden, wenn die Kranken nach dem Zeugnis eines Bezirksarztes oder des Vorstandes einer Irrenanstalt der psychiatrischen Behandlung und der Unterbringung in eine Irrenanstalt nicht bedürfen.

Das Gesetz soll sich nach der Meinung namhafter badischer Irrenärzte [1]) bewährt haben, aber doch wohl nur infolge einer liberalen Auslegung bzw. Durchführung, die in dieser Ausdehnung wahrscheinlich im Gegensatz zu der eigentlichen Volksmeinung steht, und die keineswegs für die Dauer oder für andere Länder gewährleistet werden kann. Wir halten es also nach wie vor nicht für richtig, infolge dieser vorläufigen Harmlosigkeit in praxi über die grundsätzliche antipsychiatrische Tendenz des Gesetzes hinwegzusehen und es als eine ideale Lösung zu bezeichnen.

[Bei der Beratung dieses Gesetzes wurde übrigens, wie auch *Schultze* später bei der Beratung seiner Richtlinien im Deutschen Verein für Psychiatrie mitteilte, ausdrücklich festgestellt, daß noch nie in Deutschland ein Fall von widerrechtlicher Internierung eines geistesgesunden Menschen in einer ärztlich geleiteten Irrenanstalt vorgekommen sei.]

Das Gesetz bringt, wie gesagt, praktisch manche gute Bestim-

---

[1]) Vgl. *Fischer* (s. S. 58 Anm. 3 und Literaturübersicht).

mung, aber zunächst ist und bleibt die Aufnahme in der Theorie abhängig von der vorherigen Entscheidung einer nicht sachverständigen Behörde, eine Bestimmung, die eine schwere Kränkung des irrenärztlichen Standes in sich schließt, eine Kränkung, die nicht dadurch aus der Welt geschafft wird, daß man mit Erfolg versucht, durch die zahlreich vorgesehenen Ausnahmen dies wieder abzuschwächen.

Auch daß die Frage in Preußen und Bayern grundsätzlich ähnlich geregelt ist — und grundsätzlich auch ähnlich umgangen wird [1]) —, ändert an unserer Kritik nichts. Vor allem aber handelt es sich in diesen Ländern — vorläufig wenigstens — um kein Gesetz. Erwähnt sei übrigens noch, daß das badische Gesetz in vieler Hinsicht, insbesondere in der Art des Verfahrens, auf der früheren Verordnung vom Jahre 1895 beruht [2]), nur daß diese das Bezirksamt nur bei der Einweisung wegen Gemeingefährlichkeit in Tätigkeit treten ließ; es werden also jetzt alle Kranken so behandelt, wie früher nur die Gemeingefährlichen.

Und schließlich darf in diesem Zusammenhange daran erinnert werden, daß nach den Reichsgerichtsentscheidungen vom 5. X. 08 (DRSp. 607, Nr. 3356) [3]) und vom 5. XII. 10 [4]) alle Kranken, die auf Grund dieser Verordnung oder überhaupt auf polizeiliche Anordnung als „für sich oder andere gefährlich" in eine öffentliche Irrenanstalt verbracht wurden, als „Gefangene" im Sinne der Paragraphen 120 und 347 StGB. anzusehen sind, — eine Tatsache, aus der sich jedenfalls sehr bedenkliche Parallelen ziehen ließen. —

Daß andererseits die „Irrenrechtsreform" [5]) mit diesem Gesetz nicht zufrieden ist, bedarf keines besonderen Hinweises; aus der dortigen Kritik sei nur ein Punkt herausgegriffen, der die sachliche Unkenntnis dieser Kreise illustriert: es wird das Wort „geschäftsunfähig" mit „entmündigt", identifiziert. Die übrigen Einwände sind die von dieser Seite her üblichen. —

Die Bestimmungen über Privatanstalten sind in den meisten Ländern ähnlich wie in Preußen, jedenfalls aber wohl überall strenger als diejenigen für die öffentlichen Anstalten.

---

[1]) Vgl. oben *Mönkemöller* S. 40.

[2]) cf. *Wyler*, „Garantien der Freiheitsrechte", S. 10 und *Fischer*, Psych.-Neurol. Wochenschr. Bd. 12, S. 298.

[3]) Zitiert nach *Voß*, „Wichtige Entscheidungen auf dem Gebiete der gerichtlichen Psychiatrie VIII". Psych.-Neurol. Wochenschr. Bd. 11, S. 3.

[4]) Ebenda Bd. 12, S. 415.

[5]) Bd. 10, 1918, Nr. 61, S. 149.

IV. Überblick über die Irrengesetze und das Irrenwesen der wichtigsten außerdeutschen Staaten.

Über die Irrengesetzgebung außerdeutscher Länder bestehen aus früheren Zeiten eine Reihe mehr oder weniger ausführlicher Schilderungen wie z. B. von *Laehr*[1]), *Wyler*[2]), *Reuß*[3]), *Pandy*[4]) u. a., die z. T. von den verschiedensten Gesichtspunkten ausgehen. Inzwischen haben sich aber die Verhältnisse in vielen Ländern nicht unbeträchtlich geändert, oder aber es hat sich ein gewisser praktischer modus vivendi herausentwickelt, so daß es eine sehr dankenswerte Aufgabe wäre, noch einmal dieses ganze Gebiet zusammenfassend zu schildern. Eine erschöpfende Darstellung würde natürlich den Rahmen der vorliegenden Arbeit weit überschreiten; es seien deshalb unter Beschränkung auf die wesentlichsten Punkte nur die wichtigsten der europäischen Länder herausgegriffen. Aber auch hierbei bestand eine außerordentliche Schwierigkeit, da es nicht möglich war, die gesamte ausländische Literatur daraufhin durchzusehen, und da in der deutschen Literatur in der Zeit nach dem Kriege die ausländischen Verhältnisse weniger Berücksichtigung gefunden hatten. Auch war natürlich eine Studienreise durch ganz Europa, wie *Pandy* sie seinerzeit ausgeführt hatte, aus naheliegenden Gründen nicht möglich. Man mußte deshalb auf frühere Veröffentlichungen zurückgreifen, soweit sich nicht durch persönliche Anfragen bei Fachkollegen der betreffenden Länder näheres ermitteln ließ; es sei auch an dieser Stelle allen fremdländischen Kollegen, die mich bei dieser Arbeit unterstützt haben, mein herzlichster Dank ausgesprochen. Eine Reihe der Befragten hat leider nicht geantwortet.

Unter allen diesen Umständen können die nachstehenden Schilderungen nur mit einer gewissen Zurückhaltung gegeben werden, und es wäre denkbar, daß in diesem oder jenem Punkte während des Krieges oder nachher eine Änderung eingetreten ist, die hier noch nicht berücksichtigt wurde. Sehr wahrscheinlich ist dies allerdings nicht, da gerade

[1–4]) s. Literaturverzeichnis.

diese Dinge außerordentlich stabil zu sein pflegen. Es hat sich immer wieder gezeigt, daß, wenn in einem Staate eine neue gesetzliche oder verwaltungsrechtliche Regelung des Irrenwesens vorgenommen wird, daß man sich dann doch im wesentlichen an die bereits bestehenden Bestimmungen hält, und daß umstürzlerische Änderungen meist nicht vorgenommen werden. Es erben sich gerade hier Gesetz und Rechte mit einer außerordentlichen Zähigkeit fort. Der Geist, in dem das Irrenwesen eines Landes einmal geregelt ist, und sei dies vor hundert Jahren geschehen, wirkt mit einer derartigen suggestiven Kraft auf alle Köpfe des betreffenden Landes ein, daß an die Möglichkeit einer anderen Betrachtungsweise der Dinge in den meisten Fällen überhaupt nicht gedacht wird. Insbesondere erscheint es auffallend, daß die Gesetze und Erfahrungen anderer Länder dabei selten oder gar nicht berücksichtigt werden.

Bei der nachfolgenden Schilderung kam es weiterhin auch nicht darauf an, eine systematische, vergleichend-juristische Darstellung zu geben, wie sie etwa *Wyler* [1]) durchgeführt hat, sondern wir halten uns wohl zweckmäßiger an die von ihm sogenannte „geographische“ Methode, weil diese für unsere Aufgabe einen bedeutend besseren Überblick gestattet. Auch kam es, wie gesagt, nicht so sehr darauf an, alle Einzelheiten anzuführen, als vielmehr einen Überblick über die wesentlichsten Dinge und über den Geist der ganzen Bestimmungen zu geben. Vor allem aber, — und das unterscheidet diese Darstellung grundsätzlich von derjenigen *Wylers* und auch von der sonst so vorzüglichen von *Reuß* [2]), — beschränke ich mich nicht darauf, die Gesetze und Verordnungen zu schildern, so wie sie auf dem Papier stehen, sondern als dringend notwendige Ergänzung mußte hinzukommen die Art, wie sich alle diese Regelungen in der Praxis bewährt hatten. Und dabei zeigte es sich doch, daß in vielen Fällen die schönsten Gesetze und Verordnungen an der rauhen Wirklichkeit scheitern, indem sie entweder, trotz an sich nicht unzweckmäßiger Fassung, große Mißstände nach sich ziehen, oder aber, indem sie, selbst bei noch so psychiaterfeindlicher und bürokratischer Tendenz, doch derartig umgangen werden, daß sie tatsächlich oft nur noch in der Theorie vorhanden sind.

Die tatsächlich vielfach vorhandenen Mißstände des praktischen Irrenwesens können ihrerseits nun entweder eine direkte Folge unzweck-

---

[1]) l. c.
[2]) l. c.

mäßiger Gesetzesbestimmungen sein, oder aber nur Folgen von Unterlassungssünden der Gesetzgebung. Dabei wird man allerdings im letzteren Falle den Urhebern der betreffenden Gesetze meist keinen Vorwurf machen können, da vielfach eine derartige Entwicklung gar nicht vorausgesehen werden konnte, und da diese sogar zuweilen eben als Folge der ganzen äußeren Verhältnisse, bei sonst ganz ähnlichen Gesetzen, in dieser Weise nur in einzelnen Ländern zutage traten, während sie in anderen Ländern nicht erschienen.

Einen Einwand könnte man vielleicht in diesem Zusammenhange gegen die Heranziehung der Verhältnisse in außerdeutschen Ländern überhaupt noch erheben, nämlich den, daß in vielen Ländern die Dinge, vom psychiatrischen Standpunkte aus gesehen, noch viel ungünstiger, rückschrittlicher und psychiaterfeindlicher liegen als in Deutschland, und daß die Gegner einer modernen Regelung der Irrenrechtspflege bei uns, die im allgemeinen die ausländischen Verhältnisse nicht zu kennen scheinen, durch eine derartige Darstellung erst darauf hingewiesen würden, — daß sie so neue Waffen in die Hand bekämen und bei ihren Bestrebungen dann auf die ausländischen Verhältnisse hinweisen könnten. Da nun der Deutsche überhaupt ja dazu neigt, große Ehrfurcht vor allem Ausländischen zu hegen, so bestehe die Gefahr, daß derartige Argumente bei der urteilslosen Masse oder bei manchen Volksvertretern nicht ohne Eindruck blieben.

Dieser Einwand ist aber wohl nicht stichhaltig. Einmal gibt es ja nicht nur Länder mit einer noch schlechteren Regelung, sondern auch solche mit ganz guten Gesetzen, oder doch wenigstens solche, in deren Gesetzgebung sich das eine oder andere Gute befindet, das für Deutschland nutzbar gemacht werden könnte. Weiterhin soll ja, wie gesagt, nicht nur eine schematische Darstellung von Gesetzesparagraphen gegeben werden, sondern auch eine Schilderung ihrer praktischen Auswirkung, was oft außerordentlich lehrreich sein dürfte, und schließlich ist für eine wissenschaftliche Forschung die Erwägung gleichgültig, daß mit ihren Ergebnissen von unberufener Seite Mißbrauch getrieben werden könnte.

Das deutsche Irrenwesen steht — und das wird auch im Auslande anerkannt — so hoch, daß es die Wahrheit nicht zu fürchten und einen Vergleich mit ausländischen Verhältnissen nicht zu scheuen braucht. Und schließlich ist es ja auch nicht die Aufgabe Deutschlands, seine Gesetzgebung der des Auslandes nach Möglichkeit anzupassen, sondern unser Bestreben soll es sein, möglichst das absolut Beste zu erreichen. —

Bei allen Irrengesetzen sind es im wesentlichen immer wieder die gleichen Tendenzen, die, teilweise sich gegenseitig widerstrebend und hemmend, die Gedanken der Gesetzgeber beherrschen:

Einmal der Wille, einen geistig gesunden Menschen vor einer etwaigen widerrechtlichen Internierung in der Irrenanstalt oder einen Geheilten vor einer zu langen Zurückhaltung dort zu schützen: also möglichste Erschwerung der Anstaltsaufnahme und möglichste Erleichterung der Entlassung.

Auf der anderen Seite steht der Wunsch, die Allgemeinheit vor den Geisteskranken zu schützen im Falle einer nachgewiesenen Geisteskrankheit und einer Gemeingefährlichkeit, u. U. auch schon einer wahrscheinlichen oder nur möglichen Gemeingefährlichkeit: demnach möglichst erleichterte, also rasche Aufnahme, und möglichste Erschwerung der Entlassung, falls die vollkommene Ungefährlichkeit des Kranken nicht über jeden Zweifel erhaben ist.

Der Widerspruch, der in diesen beiden Bestrebungen liegt, und der ihre gleichzeitige restlose Durchführung auf rein juristischem Wege unmöglich macht, ist wohl nirgends klar erkannt und scharf herausgearbeitet.

Die von der heutigen Zeit erhobenen Forderungen einer humanen und fürsorgerischen Betreuung der Kranken, insbesondere auch vor der Aufnahme oder nach der Entlassung, bzw. auch dann, wenn sie überhaupt nicht in die Anstalt gelangen, sind fast nirgends berücksichtigt, ebenso wenig wie der moderne Gedanke nur selten auftaucht, daß die frisch erkrankten und heilbaren Fälle in erster Linie so bald als möglich einer sachgemäßen, fachärztlichen Behandlung zugeführt werden sollten.

Es ist hoch interessant zu sehen, auf welche Weise und mit welchem Erfolge oder auch Mißerfolge die Gesetzgebung der einzelnen Länder sich mit allen diesen Problemen auseinandersetzt. —

Wir beginnen unsere Betrachtungen mit der Gesetzgebung in Frankreich, weil das dortige Gesetz zwar nicht das älteste aller bestehenden Gesetze ist, wohl aber, weil man in Frankreich wahrscheinlich zuerst in Europa sich wirklich zweckmäßig mit dieser Frage befaßt hat, und weil die Vorarbeiten zu dem jetzt noch in Kraft befindlichen französischen Gesetze im Winter 1837/38 wohl die Grundlage oder wenigstens den Anstoß zu fast sämtlichen in Europa vorgenommenen gesetzlichen Regelungen gebildet haben, auch zu dem etwas früher eingeführten Gesetze des Kantons Genf (s. d.).

Sérieux's [1]) Schilderung über die Behandlung der Geisteskranken in der „vorärztlichen“ Zeit durch geistliche Pflege scheint allerdings etwas allzu wohlwollend zu sein und vereinzelte Ausnahmen zu verallgemeinern.

Interessant ist jedenfalls, daß Frankreich schon im Jahre 1790 ein Gesetz erließ, das die Gemeinden für Schäden verantwortlich machte, welche durch das freie Umherlaufen von Geisteskranken entstanden, und der Code pénal droht im § 375 Polizeistrafen an gegen jene, die Verrückte, die ihrem Schutze anvertraut sind, — allerdings auch gegen jene, die bösartige und wilde Tiere —, frei umherlaufen lassen. Abgesehen von dieser heute direkt komisch anmutenden Gleichstellung der Geisteskranken mit bissigen Hunden, Bullen oder den Bestien des zoologischen Gartens — die aber blitzartig die ganze damalige Einstellung zu dem Problem der geistigen Erkrankung überhaupt beleuchtet —, ist es hier unseres Wissens das erstemal, daß in dieser Weise ein gesetzlicher Schutz für die Geisteskranken außerhalb der Anstalt angeordnet wird, wenn auch, wie gesagt, natürlich nicht aus den in neuerer Zeit hier wirksamen Motiven, sondern allein aus sozialem Egoismus zum Schutze der Allgemeinheit. An die mehrfach erwähnten Bestimmungen des Bayrischen Polizeistrafgesetzbuches sei in diesem Zusammenhange erinnert. Auch soll es in Paris schon zu jener Zeit mit Verständnis abgefaßte Polizeivorschriften bezüglich der Geisteskranken gegeben haben, Vorschriften, die jedoch keine Beachtung gefunden hätten [2]).

Das französische Irrengesetz vom 30. Juni 1838 [3]) zeigt eine für jene Zeit außerordentlich großzügige Lösung und recht tiefes Verständnis für die Sache. *Pinels* Geist schwebt noch über ihm. Es spricht aus ihm auch wohl die Tradition jener Juristengeneration, durch welche die Napoleonische Gesetzgebung geschaffen wurde. Vieles ist allerdings überängstlich und überausführlich geregelt.

Die ersten Paragraphen handeln von der Errichtung und Konzession von Irrenanstalten. Zahlreiche Personen sind mit der Überwachung der Anstalten beauftragt: der Regierungspräfekt und die von ihm oder dem Minister des Innern ernannten Beamten, der Vorsitzende des Strafgerichts (le président du tribunal) und des Amtsgerichtes (le juge du paix),

[1]) „Die Behandlung der Geisteskranken im 18. Jahrhundert“, ref. Zentralbl. 42, S. 237.

[2]) Vgl. *Reuß*, „Der Rechtsschutz der Geisteskranken“. Leipzig 1888, S. 35.

[3]) Wortlaut s. *Reuß*, S. 228 und Allgem. Zeitschr. f. Psych. Bd. 20, 1863. Supplementheft S. 1.

der Staatsanwalt und der Oberbürgermeister. Alle sind berechtigt, Beschwerden entgegenzunehmen. Die öffentlichen Anstalten sollen wenigstens zweimal im Jahre, die Privatanstalten wenigstens dreimal jährlich unvorhergesehen von dem Staatsanwalt kontrolliert werden (§ 4).

Das Gesetz unterscheidet einmal die eigentliche Internierung (des placements ordonnés par l'autorité publique) §18, — sobald das Benehmen eines Kranken für die öffentliche Sicherheit Gefahr bringt. Diese Internierung wird von der Polizeibehörde angeordnet, im Notfall auch ohne ärztliches Attest.

Im Gegensatz dazu steht aber, und zwar als die Regel und der polizeilichen Einweisung vorausgestellt in §8—17 die sogenannte freiwillige Aufnahme. Dieses Wort bedeutet hier nicht das Gleiche, was wir heutzutage darunter verstehen, sondern die Freiwilligkeit liegt bei den Angehörigen.

Auf ein einfaches ärztliches Zeugnis [1]) hin, das allerdings höchstens 2 Wochen vor der Aufnahme ausgestellt sein darf und natürlich näheres über den Geisteszustand enthalten muß, kann der Kranke in jede Anstalt aufgenommen werden.

Dieses Zeugnis gilt aber nur für die Aufnahme, nicht für den längeren Aufenthalt des Kranken in der Anstalt, denn innerhalb von 24 Stunden nach der Aufnahme hat der behandelnde Anstaltsarzt ein zweites Zeugnis auszustellen, das dann dem Vorstand der betreffenden Ortsgemeinde, der der Kranke angehört, dem Departements-Präfekten und dem Staatsanwalt mitzuteilen ist. Erheben sich Zweifel an der Zulässigkeit der Aufnahme, so ernennt der Departements-Präfekt — deutschen Verhältnissen entsprechend etwa der Landeshauptmann — einen oder mehrere Sachverständige, die innerhalb von 3 Tagen über die Zweckmäßigkeit der Aufnahme zu entscheiden haben. Nach Verlauf von weiteren 2 Wochen folgt ein weiterer Bericht des Anstaltsarztes an alle die obengenannten Behörden, gleiche Berichte dann weiterhin halbjährlich [2]).

Wir haben hier also alles das schon aufs klarste ausgesprochen, was man sowohl zum Wohle der Kranken als auch zur Beruhigung der Öffentlichkeit nur wünschen kann: die möglichst einfache, durch keinerlei Bürokratismus beschwerte Aufnahme und die Nachprüfung der Berechtigung derselben nachträglich, wenn der Kranke kein Unheil mehr anrichten kann.

Die Entlassung ist möglichst erleichtert; hegt jedoch der Arzt Bedenken, so kann der Bürgermeister auf dessen Antrag hin mit aufschiebender Wirkung Widerspruch erheben, bis der Präfekt entschieden hat.

Halbjährlich sind Berichte an diesen einzureichen.

Beschwerden der Patienten oder deren Angehörigen, bei Minderjährigen oder Entmündigten des Vormunds, gehen an das Amtsgericht,

---

[1]) Der Arzt darf nicht mit dem Direktor der Anstalt und nicht mit den Angehörigen, die den Antrag stellen, verwandt sein.

[2]) Vgl. auch *Dutoit*, „Das Irrenwesen in Frankreich“. Monatsschr. f. Psych. u. Neurol., Bd. 25, S. 182.

das in geheimer Sitzung beschließt und dem Beschluß keine Begründung hinzuzufügen braucht. So besteht also ein doppelter Beschwerdeweg (vgl. oben § 4).

Beschwerden von Kranken dürfen nicht zurückgehalten werden, unter Strafandrohung (§ 29).

Wichtig ist noch § 31, der bestimmt, daß für nicht entmündigte Kranke, solange sie sich in der Anstalt befinden, die staatlichen Kontrollbeamten (vgl. § 4) eine Art von Pflegschaft mit ziemlich weitgehenden zivilrechtlichen Befugnissen ausüben. Auf Antrag der Angehörigen oder der Staatsanwaltschaft kann ein solcher Pfleger auch vom Gericht ernannt werden (§ 32).

Die Bestimmungen des Code civil über die Vormundschaft gelten sinngemäß auch hier (§ 34). Die zivilrechtliche Seite der Frage ist dann noch sehr eingehend geregelt. Die Befugnisse dieser ganzen Pflegschaft endigen jedoch mit dem Augenblicke der Entlassung (§ 37). An die Entlassung von nur gebesserten Kranken, die also erst recht einer Betreuung bedürften, hat man damals wohl noch nicht gedacht.

Eine Folge der Errichtung einer solchen Pflegschaft ist auch, daß alle Rechtshandlungen von Geisteskranken, die sich innerhalb einer Anstalt befinden, angefochten werden können gemäß § 1304 des Code civil (§ 39).

Eine derartige Pflegschaft ist übrigens nicht gleichbedeutend mit der Entmündigung (Interdiction), über die im Code civil (§§ 489 ff.) besondere Bestimmungen bestehen.

Durch die Ausführungsverordnung vom 18. Dezember 1839 wird nochmals die Beaufsichtigung der Anstalten eingehend geregelt.

Diese Verordnung legt auch zum ersten Male jenen unglücklichen Zwiespalt fest, der seither eines der wesentlichsten Hindernisse für die Entwicklung des französischen Irrenwesens gewesen ist, nämlich die grundsätzliche Trennung zwischen Direktor und dem leitenden Arzt, deren Funktionen in § 6 und ff. niedergelegt sind und scharf auseinandergehalten werden. Ausnahmsweise können auch einmal Direktor und Arzt mit Genehmigung des Ministeriums des Innern in Personalunion vereinigt sein, doch geschah und geschieht dies nur in den seltensten Fällen. —

So vorzüglich dieses Gesetz an sich ist, so wenig befriedigend sind seine praktischen Erfolge, wenigstens was die Versorgung der Kranken anlangt. An Verbesserungsvorschlägen hat es nicht gefehlt, allerdings befassen sich auch diese fast nur mit der juristischen bzw. theoretischen Seite der Frage, ohne auf die tatsächlichen Verhältnisse gebührend Rücksicht zu nehmen.

Historisches Interesse hat der Vorschlag von *Gambetta* —, [ein Vorschlag auf dem wohl später *Reißner* fußte (vgl. Teil II)], über die Berechtigung der Aufnahme eines jeden Kranken eine Art von Schöffen- oder Geschworenengericht entscheiden zu lassen, ein Vorschlag, der glücklicherweise mit seinem Urheber wieder von der Bildfläche verschwand. Seit dem Jahre 1880 wurden zahlreiche Versuche unternommen und verschiedene Entwürfe beraten[1]). Noch im Jahre 1907 wurde ein erneuter ausführlicher Entwurf[2]) nach langen Beratungen sogar von der Kammer angenommen[3]), er ist aber bis heute noch nicht Gesetz geworden[4]). Es fragt sich auch sehr, ob ein neues Gesetz, im Gegensatz zu diesem letzten Entwurfe, wirklich den Mut finden würde, nicht nur den reaktionären Bestrebungen psychiaterfeindlicher Kreise mit Erfolg Widerstand zu leisten und eine Verschlechterung des altehrwürdigen Gesetzes zu verhindern, sondern vor allem, ob es den Mut finden würde, in das vorhandene Wespennest hineinzugreifen und die wirklichen Schäden zu beseitigen[5]).

Nach Zeitungsmeldungen soll neuerdings wiederum ein Entwurf zur Änderung des Gesetzes von 1838 der Senatskommission für öffentliche Gesundheitspflege vorgelegen haben; es scheint sich dabei um Vorschläge zu handeln, die nach Art der holländischen und ungarischen Regelung [s. d.] eine Unterscheidung zwischen „vorläufiger" und „endgültiger" Aufnahme einführen wollen. Ferner soll die „heimliche Überführung" eines Kranken ins Ausland unmöglich gemacht werden, vor der man besondere Angst zu haben scheint. Und schließlich soll die versuchsweise Entlassung, der Ausbau der Familienpflege und die freiwillige Aufnahme von Alkohol-, Morphium- usw. Süchtigen in das Gesetz hineingearbeitet werden.

Diese Vorschläge sind wenigstens sachlich und würden keine Verschlechterung bedeuten —.

Schon während der Weltausstellung in Paris im Jahre 1900 und auch später sprachen sich zahlreiche deutsche Fachärzte[6]) dahin aus, daß die Zustände der meisten der Pariser Irrenanstalten der viel

---

[1]) Vgl. *Reuß*, S. 42 und S. 240.

[2]) Wortlaut s. Archives de Neurologie 1907, S. 254, 334, 402.

[3]) Vgl. *Dubief*, Dritter internationaler Kongreß f. Irrenpflege. Wien 1908. Psych.-Neurol. Wochenschr. Bd. 11, S. 310.

[4]) Vgl. *Bourdin*, *Azemar*, *Bourneville* u. a., Archives de Neurologie 1907, I. 97, 326, 389, II 247 usw. und *Paraut*, *Gilbert-Ballet*, Annales médico-psychologiques 1914, S. 129, 149, 169 u. a. m.

[5]) Die Ausführungen von *Raviart* und *Vullien*, von *Rayneau* und von *Toulouse* [Zentralbl. Bd. 42, S. 274 ff.] scheinen doch im wesentlichen mehr schöne Pläne und Vorschläge zu enthalten, deren Verwirklichung noch in recht weiter Ferne liegen mag; ebenso dürfte der Bericht von *Raynier* [Zentralbl. Bd. 42, S. 576] etwas zu optimistisch gehalten sein, man wird wohl auch hier das Wichtigste zwischen den Zeilen zu lesen haben.

[6]) z. B. *Wittermann*, „Pariser Reiseeindrücke". Psych.-neurol. Wochenschr. Bd. 14, S. 431; *Kunz*, ebenda Bd. 5, S. 433.

gepriesenen Kulturhöhe der Lichtstadt sehr wenig entsprächen, und alle Kollegen, die während des Krieges Gelegenheit hatten, französische Irrenanstalten zu sehen, waren mutatis mutandis ähnlicher Ansicht. Nach einer privaten Mitteilung eines deutschen Arztes z. B. hatte dieser einmal die Aufgabe, eine französische Pflegeanstalt bei Souchez, die in die Feuerlinie zu geraten drohte, räumen zu lassen und die Kranken in Sicherheit zu bringen. Nach seiner Schilderung hat er noch nie in seinem Leben etwas Entsetzlicheres an Schmutz und Verwahrlosung, Fesselungen und Mißhandlungen gesehen, als bei diesen meist völlig verblödeten und hinfälligen Kranken. Es mag dies ein besonders trauriger Fall gewesen sein, es mag modern eingerichtete Anstalten, insbesondere teuere Privatsanatorien [1]) in Frankreich geben, — meist aber ist es auch nach anderen privaten Mitteilungen stets dasselbe Bild: mangelndes Verständnis für die Bedeutung der irrenärztlichen Tätigkeit, eine viel zu geringe Zahl von Ärzten, dann Assistenzärzte, die ihre Tätigkeit nur im Nebenberuf betreiben, außerhalb der Anstalt wohnen und allgemeine Praxis ausüben, und vor allem schließlich beständige Differenzen mit den in der Regel koordinierten, meist sogar übergeordneten nichtärztlichen Verwaltungsdirektoren [2]), deren Stellen trotz aller immer erneut auftauchenden Skandale politische Versorgungsanstalten für bewährte Parteimitglieder geworden sind, ganz ohne Rücksicht auf die Vorbildung.

Dazu kommen hygienisch ungeeignete Räumlichkeiten, recht geringe Reinlichkeit, Zwangsmittel und vor allem eine so maßlose Überfüllung, daß häufig zwei erregte Kranke in derselben Zelle isoliert werden (!), und daß sich solch entsetzliche Vorfälle ereignen können, wie sie z. B. noch im Jahre 1909 aus der bekannten Pariser Anstalt St. Anne berichtet wurden. Man hatte dort einen blinden Geisteskranken zusammen mit einem in der Zwangsjacke befindlichen Kranken isoliert und der Blinde hatte plötzlich dem anderen beide Augen im wahrsten Sinne des Wortes ausgekratzt [3]).

Noch in den letzten Tagen ging wieder eine Notiz durch die Presse, daß in der Anstalt in Dury bei Amiens ein Geisteskranker einen anderen ermordet habe, weil es vollkommen an Aufsicht fehlte. —

---

[1]) Vgl. *Wittermann* l. c.

[2]) *Heß*, „Ein Besuch in Pariser Irrenanstalten". Psych. Wochenschr. 1900, Bd. 2, S. 27, und *Bourneville* l. c.; vgl. auch *Dietz* Psych.-neurol. Wochenschr. Bd. 9, S. 150.

[3]) Psych.-neurol. Wochenschr. Bd. 11, S. 308.

Darüber wird überhaupt beständig geklagt, wie z. B. auch bei der Verurteilung eines Pflegers wegen Mordes an drei Kranken (!)[1]).

Ein Stimmungsbild aus den französischen Anstalten, das in einigen Zügen vielleicht manchmal nicht vollkommen übertrieben zu sein scheint, enthält das Buch: „In Irrenhäusern" (Chez les fous) von *Albert Londres*[2]) — das allerdings sonst ein ganz übles Pamphlet ist. Es werden u. a. da Mißhandlungen von Kranken geschildert, und dann heißt es weiter: „... Verrückt aber ist es, ihn mit Stößen und Tritten zum Aufstehen zu zwingen. Und einem anderen, weil er immerzu heult, nichts zu essen zu geben, ist eine unangebrachte Sparsamkeit. Es ist auch nicht nötig, einen Herrn, der entsprungen ist, auszuziehen und nackt in ein kaltes Verließ zu sperren, bloß, um eine nette kleine Lungenentzündung an den Mann zu bringen, die man in Reserve hat. Wenn es an Personal mangelt, müssen wohl schon die Kranken für das Gesetz des Achtstundentags büßen und zeitweise festgebunden werden. Aber, wenn sie das müssen, warum schickt man dann, sobald sich ein Inspektor zeigt, der sich einen Augenblick im Sessel des Direktors verpusten will, gleich eine Krankenschwester durch alle Säle und läßt sie rufen: „Die Kranken losbinden! Losbinden die Kranken!" —

Die im Gesetz vorgeschriebenen Kontrollen dürften nach alledem entweder gar nicht oder nur in ganz unwirksamer Weise gehandhabt werden. —

Das, was in anderen Kulturländern selbstverständlich erscheint, wird in dem erwähnten Buche als ganz unerhörte Neuerung eines Arztes in der Irrenanstalt Braqueville bei Toulouse geschildert: eine individuelle, liebevolle Behandlung der Kranken, Arbeitstherapie, Vermeidung von Mißhandlungen und Bestrafung des Personals bei derartigen Übergriffen sowie schließlich mikroskopische Untersuchungen des Gehirns[3]).

Auch in der Kolonie für Familienpflege in Dun sur Auron, über die man auffallenderweise in den letzten Jahren nichts Näheres mehr gehört hat, scheint selbst nach dem sehr wohlwollenden Bericht von

---

[1]) Psych.-neurol. Wochenschr. Bd. 12, S. 158.

[2]) Deutsch von Franz Hessel. Verlag 14 Federn. Berlin W 9, ref. Prager Tageblatt 12./VII. 1926.

[3]) Vielleicht hätte der Herr Verfasser bei einiger Aufmerksamkeit doch noch mehr als nur diesen e i n e n „modernen" Irrenarzt in Frankreich gefunden.

Paetz [1]) nicht alles sehr gut organisiert zu sein, denn er rügt, daß die Ansprüche an die Unterkunft der Kranken zu niedrig gestellt seien, daß viele Kranke dort untergebracht seien, die sich keineswegs für die Familienpflege eigneten, — Depressionszustände, Selbstmordverdächtige, unsaubere und hinfällige Senile, — und daß dies zu einer „unerwünschten Häufung der Todesfälle" geführt habe(!). —

Eine geradezu vernichtende Kritik über die Qualität der französischen Anstaltsärzte gaben schließlich, wenn auch vielleicht unbeabsichtigterweise, *Bajenoff* und *Dubief* [2]). Auf Grund dieser Schilderung versteht man allerdings dann manches, was man sonst nicht für glaubwürdig halten könnte.

Im übrigen soll die psychiatrische Fürsorge und Behandlung der Kranken außerhalb der Anstalten hauptsächlich in den Händen von Geistlichen und Hebammen liegen. —

Es ist also gerade kein sehr erfreuliches Resultat, das wir hier als Folge dieses alten und an sich verhältnismäßig doch ganz guten französischen Irrengesetzes vor uns sehen, als Folge allerdings, die zum Teil nicht unverschuldet ist, (vgl. die Ausführungsbestimmungen), zum Teil aber auch wohl in dem französischen Volkscharakter ihren tiefsten Grund haben mag.

Vielleicht noch krasser ist der Widerspruch zwischen Theorie und Praxis, zwischen Gesetz und Irrenwesen in Belgien. *Reuß* [3]) nennt das belgische Gesetz „das wohl am feinsten ausgearbeitete" und sagt von den Ausführungsbestimmungen, daß sie „mit minutiöser Genauigkeit und einer wohltuenden Art der Fürsorge für die Geisteskranken ausgearbeitet seien", ferner, daß der Geist des Gesetzes erst durch dieses Reglement voll erfaßt werde, und er schließt seine Betrachtungen mit den Worten: „So gewährt die Durchsicht der gesetzlichen Bestimmungen Belgiens ein höchst befriedigendes Bild der angestrebten Irrenfürsorge", — wir möchten noch hinzufügen: leider nur für den Juristen! Es zeigt gerade das belgische Gesetz, wie notwendig es ist, jeder rein juristischen Betrachtung der Materie einen Vergleich mit den wirklich erzielten Erfolgen und der Durchführung der Gesetze in der Praxis folgen zu lassen.

---

[1]) *Paetz*, „Die Familienpflege in Dun sur Auron". Psych. Wochenschrift Bd. 2, S. 1 u. 19.

[2]) *Berze*, „Dubief und die französ. Anstaltsärzte". Ebenda Bd. 11, S. 245.

[3]) *Reuß* (l. c.) S. 15.

Auf Grund einer Irrenzählung im Jahre 1825 erließ man schon 1836 gesetzliche Bestimmungen, nach denen Geisteskranke „ebenso wie andere Kranke verpflegt und behandelt werden sollten".

1841 wurde eine Kommission eingesetzt zur Ausarbeitung eines Planes bezüglich des Irrenwesens. Diese beschloß, staatliche Anstalten zu errichten, dabei aber auch Privatanstalten zuzulassen, im wesentlichen blieb aber alles bei dem status quo ante. Im Jahre 1850 trat das erste Irrengesetz in Kraft. Im Jahre 1861 gab es trotzdem nur eine einzige staatliche Anstalt, und eine neue Kommission fand, daß die Kranken im übrigen in „scheußlichen Kerkern" gehalten würden [1]).

Das heute noch geltende Gesetz stammt vom 28. XII. 1873 mit Ausführungsbestimmungen vom 1. VI. 1874.

Wie schon erwähnt, ist der Inhalt des Gesetzes an sich wenig zu beanstanden und die juristische Fassung nach dem erwähnten Urteil eines Fachmannes sehr gewandt. Es schließt sich übrigens enge an das französische Gesetz an, entsprechend dem großen kulturellen Einflusse, den sich Frankreich schon frühzeitig und mit großer Geschicklichkeit in Belgien zu verschaffen gewußt hat.

Die ersten Paragraphen handeln wiederum von der Konzession zur Errichtung von Irrenanstalten u. ä.

Die Aufnahme (§ 7) kann in dringlichen Fällen von dem Oberbürgermeister auch ohne ärztliches Zeugnis angeordnet werden. Bei Entmündigten kann der Vormund das Nötige veranlassen. In allen anderen Fällen bedarf es zur Aufnahme nur eines ärztlichen Zeugnisses [2]), das nicht über 14 Tage alt sein darf. Ganz wie in Frankreich ist innerhalb von 24 Stunden nach der Aufnahme Meldung zu erstatten an 6 verschiedene Stellen (§ 10). 1. An den Gouverneur der Provinz (sinngemäß etwa an den Landeshauptmann), 2. an die Staatsanwaltschaft, 3. an den Vorsitzenden des Amtsgerichts, 4. an den Ortsbürgermeister, in dessen Bezirk die Anstalt liegt, 5. an den staatlichen Überwachungsausschuß, 6. an den Staatsanwalt des Wohnortes des Kranken, und diese Staatsanwaltschaft hat dann ihrerseits wieder dem Bürgermeister des Wohnortes Kenntnis zu geben sowie den Personen, bei denen der Kranke seither gewohnt hat.

Nach 6 Tagen, innerhalb deren der Arzt der Anstalt tägliche Berichte auf Grund persönlicher Untersuchungen niederzuschreiben hat, erfolgt Meldung und Übersendung einer Abschrift dieser Berichte an die Staatsanwaltschaft (§ 11), außerdem monatliche kurze Berichte.

Im Falle der Heilung oder falls festgestellt wird, daß keine Geisteskrankheit vorliegt, ist der Internierte innerhalb 5 Tagen in Freiheit zu setzen (§ 13). Aber auch ohne Heilung können die Angehörigen — bei

---

[1]) d'affreux cachots (*Reuss*).

[2]) Allerdings darf der Arzt nicht mit dem Arzt der Anstalt und nicht mit dem Kranken verwandt usw., außerdem auch nicht der „voraussichtliche Erbe" des Patienten sein!

Minderjährigen oder Entmündigten nur der Vormund — den Kranken herausnehmen, doch kann der Staatsanwalt Widerspruch erheben. Es entscheidet dann die Provinzialbehörde (§ 16). Bei der Entlassung wiederum Meldung an die 6 verschiedenen Stellen. Wie in Frankreich steht ein Beschwerdeweg offen an das Amtsgericht, das auch die sofortige Entlassung verfügen kann. Berufung hiergegen auf dem Instanzenweg (§ 17).

Sehr ausführlich ist die Aufsicht über die Anstalten geregelt. Einmal durch besondere, von der Regierung jeweils beauftragte Beamte und dann durch einen ständigen Ausschuß. Ferner besteht noch eine dreifache Kontrolle: vierteljährlich hat der Staatsanwalt, halbjährlich der Ortsbürgermeister und jährlich einmal der Landeshauptmann oder sein Stellvertreter die zuständigen Irrenanstalten zu kontrollieren (§ 21).

Jeder Anstaltsleiter sowie jede Kommission hat jährlich einen Bericht an die höhere Verwaltungsbehörde zu erstatten (§ 23). Alle 3 Jahre sollen Sammelberichte an die Abgeordnetenkammer gehen (§ 24).

Kranke, die in ihrer eigenen Familie verpflegt werden, dürfen nur in ihrer persönlichen Freiheit beschränkt werden, wenn zwei vom Gericht beauftragte Ärzte die Notwendigkeit bestätigt haben. Alle 3 Monate wenigstens muß der Kranke von ihnen nachuntersucht werden (§ 25).

Wichtig und an sich sehr zweckmäßig ist noch die auch in Frankreich in ähnlicher Weise bestehende Bestimmung des § 29: Wer nicht entmündigt ist, erhält auf Antrag einen vorläufigen Pfleger.

Wenn dies nicht geschieht, hat der Überwachungsausschuß die Aufgaben des Pflegers zu übernehmen (§ 30).

Ähnlich wie in Frankreich endigt aber auch hier diese Pflegschaft mit dem Augenblicke der Entlassung aus der Anstalt (§ 33).

Ebenso sind auch hier alle Rechtsgeschäfte eines Kranken während seines Aufenthaltes anfechtbar gemäß § 1304 des Zivil-Gesetzbuches (§ 34).

Alle Beschwerden müssen weitergegeben werden (§ 35). Strafbestimmungen enthält § 38.

Die Ausführungsbestimmungen gehen noch mehr ins einzelne, es wird verfügt, daß wenigstens ein Arzt auf 500 Kranke kommen soll, (ein etwas sehr dürftiges Verhältnis), ferner auf je 10 Kranke 1 Pfleger (§ 12).

Auffallend ist die Bestimmung des § 21, daß weder der Besitzer einer Privatanstalt noch seine näheren oder entfernteren Verwandten bis zum III. Grade Arzt an der Anstalt sein dürfen.

Überausführlich ist wieder das Aufnahmeverfahren geregelt. Die Regierungspräsidenten sollen nach gemeingefährlichen Geisteskranken in ihrem Bezirk fahnden (§ 32). Das Aufnahmeattest darf nicht von dem Ehemann, von irgendeinem Angehörigen direkter Linie oder den zukünftigen Erben des Kranken ausgestellt werden (§ 36). Neben dem eigentlichen Aufnahmeattest hat der einweisende Arzt dem Arzt der Anstalt einen besonderen Krankheitsbericht in verschlossenem Briefumschlag mitzusenden (§ 37).

Freiwillige Aufnahme ist möglich, aber dann ist Anzeige an die

Ortspolizeibehörde erforderlich, die Nachuntersuchung durch einen Amtsarzt veranlaßt (§ 38).

Geisteskranke Verbrecher sollen von den übrigen Kranken getrennt gehalten werden (§ 44), andernfalls bedarf es einer besondern Genehmigung des Justizministeriums.

Und so geht es mit übertriebener Sorgfalt und mit entsprechender Ausführlichkeit weiter.

Für die Kolonie Gheel wurde ebenfalls eine Fülle von Verordnungen erlassen, von denen das Wichtigste ist, daß dort nicht aufgenommen werden sollen solche Kranke, die für sich selbst oder andere Personen gefährlich sind oder die öffentliche Ordnung oder Sicherheit stören, fluchtverdächtige oder solche, die so erregt sind, daß beständig Zwangsmittel angewandt werden müssen; alles an sich Selbstverständlichkeiten, bei denen aber die Praxis wahrscheinlich zahlreiche Ausnahmen erzwingen dürfte. Das Vorhandensein einer kleinen Anstalt von 100 Betten für plötzliche Erregungszustände besagt dies schon; auch für diese kleine Anstalt bestehen zahlreiche Verfügungen. Anzuerkennen ist, daß die Kranken dort „unter dem gleichen Schutze der Polizei" stehen wie die übrigen Einwohner, daß Mißhandlungen und Neckereien bestraft werden, während andererseits Belohnungen und Auszeichnungen für gute Pflege ausgesetzt sind.

Wie stets bei jeder Vielregiererei ist auch hier die notwendige Folge die, daß die gesetzlichen Bestimmungen einfach nicht beachtet werden. In Belgien kommt noch hinzu, daß dort eine außerordentlich große politische Korruption herrscht, nicht in finanziellem Sinne, wohl aber kann man durch entsprechende politische Beziehungen alles erreichen.

Und so zeigt das belgische Irrenwesen geradezu ein Zerrbild dessen, was in dem Gesetz erstrebt wird.

Die meisten Irrenanstalten, abgesehen von Mons und Tournay und den beiden Kolonien Gheel und Lierneux, sind Privatanstalten, 48 an der Zahl [1]), von teils größerem, teils geringerem Umfange, ein Teil dieser Privatanstalten befindet sich im Besitze von geistlichen Orden.

Die übereinstimmenden Kritiken, die ganz unabhängig voneinander und von den verschiedensten Seiten über das belgische Irrenwesen sich aussprechen, sind geradezu vernichtend.

Pandy [1]) schildert die Mißhandlungen der erregten Kranken, die zahlreichen mittelalterlichen Zwangsmaßregeln, und bringt dabei ganz erschreckende Zahlen. So erwähnt er z. B. (S. 263), daß in einer einzigen Anstalt, in einem einzigen Jahre laut der schriftlich geführten Register am Tage in 4865 Fällen, in der Nacht in 5907 Fällen Zwangsmittel, wie Zwangsjacken, Zwangsgürtel, Fesselung, Zwangsstühle usw.

---

[1]) Vgl. *Pandy.*

angewandt wurden, und daß weiterhin aus der Zahl der Kranken, bei denen diese Zwangsnahmen angewandt wurden, geschlossen werden müsse, daß jeder einzelne Kranke wahrscheinlich monatelang, vielleicht jahrelang durch ein und dieselbe Tortur gequält wurde; wer einmal in dem Zwangsstuhl oder in der Zwangsjacke saß, blieb meistens auch darin.

Wenn man weiterhin noch bedenkt, daß nach Angaben anderer Autoren die meisten Zwangsmaßregeln, entgegen den Bestimmungen, überhaupt nicht eingetragen, sondern ohne Wissen und Willen der Ärzte von dem Pflegepersonal auf eigene Faust angewandt wurden, so ist das Resultat geradezu erschütternd.

Weiterhin sah *Pandy* in den Baderäumen Ringe in die Wände eingelassen zum Anbinden des Kopfes, ferner Festbinden des Kopfes eines Kranken unter einer kalten Dusche u. a. m.

Als charakteristischen Einzelzug erwähnt *Pandy* noch die Tatsache, daß *Tucker*, ein englischer Autor, trotz Erlaubnisscheins des Ministeriums in zwei Anstalten überhaupt nicht hineingelassen wurde.

Eine herbe Kritik erfuhr das belgische Irrenwesen auf dem ersten internationalen Kongreß für Irrenfürsorge in Antwerpen 1903 [1]) und auf dem dritten Kongreß in Wien am 7. X. 08, hier in dem Referat von *Bresler* [2]).

Weitere schwere Anklagen brachte dann *Lomer* [3]), der die Ursachen dieser Mißstände in dem überwiegenden klerikalen Einfluß in Belgien zu finden glaubt.

Immer wieder sind es dieselben Klagen: die Privatanstalten setzen sich, dank ihres politischen Einflusses, rücksichtslos über alle Bestimmungen des Gesetzes hinweg, niemand wagt einzuschreiten. Die gesetzlich vorgeschriebenen Kontrollen finden überhaupt nicht oder nur in entsprechend wohlwollender Weise statt, die vorgeschriebenen Berichte werden nicht erstattet. Der ganze Betrieb ist rein auf den Gelderwerb eingestellt. Die Zahl der Ärzte ist völlig ungenügend, oft fehlt ihnen jede fachärztliche Vorbildung, vielfach wohnen sie außerhalb der Anstalt, oft kilometerweit entfernt, treiben Privatpraxis, kommen nur selten in die Anstalt und behandeln meist nur körperliche Erkrankungen und Unfälle; die eigentliche „psychiatrische Behand-

---

[1]) Psych.-neurol. Wochenschr. Bd. 4, S. 277 ff. S. 253.

[2]) Ebenda Wochenschr. Bd. 10, S. 253.

[3]) „Klerikale Einflüsse im belgischen Irrenwesen". Ebenda Bd. 11. S. 281. — „Neues vom Klerikalismus im belgischen Irrenwesen". Ebenda Bd. 12 S. 161.

lung" liegt in den Händen des Pflegepersonals. Dieses ist ebenfalls zahlenmäßig viel zu gering, ohne jede Vorbildung, und so kommt es zu den Zwangsmaßregeln und Mißhandlungen, die schon *Pandy* geschildert. Die Ärzte sind dagegen machtlos, das Pflegepersonal, meist Ordensangehörige, untersteht nicht ihrer Disziplinargewalt. Die baulichen Einrichtungen sind vielfach vollkommen veraltet und rückständig, Wachsäle und Dauerbäder sind in den meisten Anstalten gar nicht oder nur symbolisch vorhanden, die erregten Kranken verkommen, gefesselt, in dunklen, oft sogar in Kellern gelegenen Zellen, in Schmutz und Ungeziefer. Die Verpflegung ist dementsprechend. *Pandy* erwähnt eine Anstalt von nur 100 Betten, die alle Klagen über die schlechte Verpflegung der Kranken stets mit dem Hinweis abgewiesen hatte, daß keine Mittel vorhanden seien; die Anstalt brannte ab, und in der Kasse wurden Wertpapiere von $1\frac{1}{2}$ Millionen Franks vorgefunden. — Das Tollste auf diesem Gebiete kam in dem belgischen Senate zur Sprache (Senator *de Bast*)[1]: Einem Arzte, der nach Ansicht des nicht ärztlichen Anstaltsleiters zu viel Kranke in die Familienpflege nach Gheel verlegte, wurde verboten, die Kranken zu beliebiger Zeit und ohne Begleitung des „Direktors" zu besuchen, und zur Durchführung dieser Anordnung wurden dem Arzte die Anstaltsschlüssel entzogen (!).

Die Mißstände kamen natürlich auch in belgischen fachärztlichen Kreisen seit Jahren immer wieder zur Sprache, ebenso in der Kammer und im Senate, alles war umsonst. Sehr charakteristisch ist die umfangreiche, sophistisch-schwülstige Verteidigungsschrift der interessierten Privatanstaltsärzte[2].

Von französischer Seite, auf die man sich zur Entschuldigung gern berief, wurden diese Versuche sehr energisch abgeschüttelt in einem offenen Briefe von Prof. Dr. *Marie*[3].

Eine Privatanstalt (Fort Jaco bei Brüssel), deren Leiter eine moderne Behandlungsweise eingeführt hatte, machte eine rühmliche Ausnahme; da er auch gegen die Mißstände ankämpfte, wurde er in der heftigsten Weise persönlich angegriffen[2].

Auch in den staatlichen Anstalten lagen die Verhältnisse nicht viel besser (vgl. *Pandy* und *Lomer*), insbesondere in Tournay war der ärztliche Direktor gegen die Mißhandlungen der Kranken machtlos,

---

[1] Zitiert nach *Lomer* l. c. S. 283.

[2] Bulletin de la société de médecine mentale de Belgique Nr. 149 u. 151, 1910, und *Lomer* l. c. S. 162.

[3] Psych.-neurol. Wochenschr. Bd. 12, S. 166.

seine Anordnungen wurden einfach nicht ausgeführt, so daß er schließlich nach 48jähriger Tätigkeit verbittert zurücktrat.

Als der Skandal zu groß wurde, griff die belgische Regierung selbst ein, aber nicht mit Taten, sondern mit einer Verteidigungsdenkschrift, deren Geschicklichkeit an offizieller Schönfärberei und Verdrehung der Tatsachen kaum überboten werden kann. Sie war so geschickt abgefaßt, daß sie sogar von *Werner*, der offenbar die tatsächlichen Verhältnisse nicht kannte, wohlwollend besprochen wurde[1]. Es war ein Bericht, wie er eigentlich nach dem Gesetz alle drei Jahre hätte erstattet werden sollen, er umfaßte aber summarisch die Jahre 1892 bis 1911 und erschien 1913.

Verfasser dieser Zeilen kann aus eigener Anschauung während seiner Tätigkeit in Belgien 1914—1918 alle die oben erwähnten betrüblichen Schilderungen im wesentlichen nur bestätigen.

Die Irrenanstalt Evere bei Brüssel bot damals so ungefähr die Illustration alles dessen, was jemals Nachteiliges über das belgische Irrenwesen gesagt worden war, und bot es in konzentriertester Form. Es dürfte wohl schwerlich in irgendeinem Kulturstaate etwas Minderwertigeres zu finden sein. Daß hier weltliches Pflegepersonal vorhanden war, machte die Sache vielleicht noch schlimmer.

Die Anstalt Erbs-Querps, die nur weibliche Kranke aufnahm, war nicht ganz so schlimm, wenigstens baulich in leidlichem Zustande, auch schien die Verpflegung hier genügend, und es herrschte Sauberkeit, sonst aber war all das Gesagte über ärztliche Behandlung u. ä. auch hier anzutreffen.

Die staatliche Anstalt in Tournay hat eine außerordentlich glänzende Fassade, schöne helle Räume, Blumen, einen Wintergarten, ein Schwimmbad und einen großen Saal voll der teuersten psychologischen und psychophysiologischen Instrumente. Aber ebenso wie schon zu *Pandy*s Zeiten standen diese verstaubt umher und waren zugestandenermaßen seit Jahrzehnten nicht mehr oder wahrscheinlich überhaupt nie benutzt worden. Im hinteren Teile der Anstalt aber, in dunklen Kellerräumlichkeiten waren die Zellen für die erregten Kranken mit Zwangsjacken, Zwangsbetten, Fesselungen, großen Eisenkugeln, die fluchtverdächtige Kranke nachschleppen mußten u. a. m.

Nach Schilderungen anderer Kollegen sollen die Verhältnisse in den meisten anderen Anstalten nicht viel besser liegen.

---

[1]) Psych.-neurol. Wochenschr. Bd. 16, S. 211.

Eine Ausnahme davon macht wohl Gheel mit seiner berühmten Familienpflege, über die ja schon so viel geschrieben wurde [1]).

Die vorwiegend aus partikularistischen Gründen geschaffene wallonische Kolonie in Lierneux soll ähnlich eingerichtet sein, nur fehlt dort natürlich die jahrhundertelange Tradition. Aus eigener Erfahrung ist dem Verfasser dieser Zeilen über Lierneux nichts bekannt. Gheel hingegen ist eine Organisation, die in gleicher Weise außerhalb Belgiens wohl noch nicht nachgeahmt werden konnte [2]).

Unter 15 000 Einwohnern in Gheel selbst und den umliegenden Dörfern sind etwa 2600 Kranke untergebracht. Die Kranken gehören dort tatsächlich zur Familie, sie spielen mit den Kindern, bewachen die Kinder und werden umgekehrt wieder von diesen bewacht. Wenn die Kinder erwachsen sind und Familie gründen, so ist es selbstverständlich, daß sie ihrerseits wiederum Kranke ins Haus nehmen. Es ist gewissermaßen eine Angewohnheit, eine Selbstverständlichkeit, zum Teil vielleicht auch ein Zeitvertreib und ein gewisser Sport. Äußerst charakteristisch ist, daß keiner von den zahlreichen Kostgebern, die ich danach fragte, sich jemals darüber klar geworden war, ob und wieviel er überhaupt an der Pflege der Kranken verdiente, oder ob er nicht am Ende dabei selbst etwas zusetzte.

Die kleine Zentralanstalt, die etwa 100 Betten besitzt, ist allerdings auch baulich recht veraltet, und bei Erregungszuständen werden Zellen und Zwangsmaßnahmen angewandt, doch ist dies offenbar im Vergleich zur Zahl aller Kranken eine seltene Ausnahme, und tatsächlich scheint die freie und vor allem die instinktiv zweckmäßige Behandlung durch die pflegenden Familien Erregungszuständen im allgemeinen mit Erfolg vorzubeugen.

Allerdings darf man nicht vergessen, daß die Kosten für die Verpflegung in Belgien nur zum kleinsten Teile der Heimatsgemeinde zur Last fallen, zum größten Teil aber von Staat und Provinz getragen werden. Infolgedessen hat, im Gegensatz zu Deutschland, jede Gemeinde ein Interesse daran, alle irgendwie geistig erkrankten Mitglieder, und wenn sie noch so harmlos sind, nach Gheel abzuschieben, weil sie dort ihr viel weniger Kosten verursachen, als wenn sie sie

---

[1]) *Alt*, „Das heutige Gheel". Psych. Wochenschr. Bd. I, S. 10, und *Weygandt*, „Eindrücke von den Kongressen in London und Gent und von Anstaltsbesichtigungen in Großbritannien und Belgien". Ebenda Bd. 15, S. 489.

[2]) Vgl. *Méeus*, „Gheel, Staatskolonie voor de vrije Gezinsverpleging van Gemoeds en Geestes Kranken."

selbst überwachen und verpflegen müßte. Infolgedessen wäre natürlich ein großer Teil der Gheeler Renommierfälle in anderen Staaten überhaupt nicht in einer Irrenanstalt. —

Das holländische Irrengesetz vom 27. IV. 1884 [1]) ist nur eine Weiterbildung des alten Gesetzes vom 29. Mai 1841 [2]). Der Geist ist der gleiche wie bei dem alten Gesetz, und die wichtigsten Bestimmungen finden sich ziemlich unverändert hier wie dort. Es ist interessant, daß in so großer räumlicher und zeitlicher Nähe mit dem französischen Gesetze von 1838 damals in Holland eine Tendenz sich durchsetzen konnte, die wohl mit das Äußerste darstellt, was auf diesem Gebiet überhaupt möglich war. Es scheint fast, als ob irgendeine hervorragende und einflußreiche Persönlichkeit der damaligen Zeit, sei es ein Minister, sei es ein Angehöriger des Königshauses, diesem Gesetze den Stempel seiner ganz subjektiven Meinung aufgedrückt hätte. Doch auch englische Einflüsse mögen mitgespielt haben.

Zunächst schafft das Gesetz als zweckmäßige Maßnahme ärztliche Inspektoren, die weitgehende Kontrollbefugnisse haben, ähnlich wie in den noch zu besprechenden englischen Gesetzen. Das Wichtigste aber sind die Aufnahmebestimmungen. Abgesehen von dringenden Fällen und von offensichtlicher Gemeingefährlichkeit, bei denen der Ortsbürgermeister bzw. also wohl die Polizeibehörde eine vorläufige Aufnahme anordnen kann, — ist das Aufnahmeverfahren so sehr erschwert, wie nur irgend denkbar. Der Antrag von einem der nächsten Verwandten [3]) oder, falls niemand dieser Art vorhanden, von der Staatsanwaltschaft ist an den zuständigen Amtsrichter (Kantonrechter) zu richten unter Beifügung eines ärztlichen Zeugnisses [4]), das die Geisteskrankheit bescheinigen, die Symptome nennen muß, und das höchstens eine Woche alt sein darf. Das Amtsgericht kann dann den Befehl zur sofortigen Anstaltsaufnahme erteilen, es kann aber auch zunächst eine nähere Untersuchung anordnen und den Kranken persönlich vernehmen, ohne daß dabei ein Arzt hinzugezogen werden brauchte. Stellt der Staatsanwalt den Antrag, so entscheidet der Vorsitzende des Arrondissementsgerichtes (Landgerichtes). Im Falle der Ablehnung entscheidet in beiden Fällen das Arrondissementsgericht in zweiter Instanz.

Diese Aufnahme ist aber nur vorläufig. Innerhalb von 3 Tagen ist der Staatsanwaltschaft Mitteilung zu machen, die ihrerseits wieder von

---

[1]) Vgl. *Reuß* (l. c.) S. 63 u. 255.

[2]) Vgl. *van Erp Taalman Kip*, „Das holländische Irrenwesen.“ Psych. Wochenschr. Bd. 1, S. 69 u. S. 226.

[3]) Genau definiert: „jeder volljährige Blutsverwandte oder angeheiratete in gerader Linie oder in der Seitenlinie bis zum III. Grade, ferner der Ehegatte oder der Vormund.“

[4]) Der Arzt darf auch hier nicht mit dem Besitzer oder Leiter der Anstalt verwandt sein!

jeder Aufnahme das Amtsgericht und den Staatsanwalt des letzten Wohnortes des Kranken benachrichtigt.

Eine regelmäßige Krankengeschichte ist vorgeschrieben, von der eine Abschrift dem Staatsanwalt einzureichen ist. Nach 4 Wochen muß ein eigentliches Verwahrungsgesuch durch einen Anwalt oder durch den Staatsanwalt bei dem Landgericht eingereicht werden mit ausführlichem ärztlichen Zeugnis. Das Landgericht entscheidet dann über die Aufnahme, jedoch muß diese Entscheidung spätestens nach einem Jahre in der gleichen Weise erneut beantragt und herbeigeführt werden und so fort. Es ist also eine Unmasse von Schreiberei erforderlich. Dazu kommt weiterhin, daß die in dieser Weise in der Anstalt Internierten ohne weiteres nach § 32 des Gesetzes praktisch den Entmündigten gleichgestellt sind und, wenn erforderlich, eine Art von einstweiligem Vormund erhalten, über dessen Befugnisse wiederum ausführliche Bestimmungen bestehen, dessen Tätigkeit aber wie in Frankreich oder Belgien mit der Entlassung des Kranken oder aber mit der eigentlichen Entmündigung beendet ist.

Die Entlassung eines geheilten Kranken ist dem Direktor freigestellt, bei allen zweifelhaften Fällen wirkt jedoch wiederum die Justizbehörde — in der gleichen umständlichen Weise — mit.

Daß ein derartiges Gesetz nicht nur erlassen werden konnte, sondern nun schon ziemlich unverändert seit 85 Jahren besteht, ist vielleicht zum Teil auch Folge der bedauerlichen Tatsache, daß bis zur Jahrhundertwende in Holland Psychiatrie überhaupt nicht an Universitäten gelehrt wurde, und daß die Ärzte, die sich damit befassen wollten, auf Selbststudium oder auf das Ausland angewiesen waren. Die Folge davon war natürlich die, daß in weitesten ärztlichen Kreisen und namentlich in den Kreisen der maßgebenden beamteten Ärzte nur recht geringes Verständnis für diese Dinge vorhanden war. Die Stellen des ärztlichen Direktors wurden meist mit pensionierten Militärärzten, die in den Kolonien tätig gewesen waren, besetzt, ohne Rücksicht auf fachärztliche Vorbildung.

Das ganze Gesetz ist so ungeheuerlich, daß man danach annehmen sollte, das Irrenwesen liege in Holland sehr im Argen.

Dem ist aber nicht so. Was zunächst die Mißstände betrifft, die das Gesetz eigentlich herbeigeführt haben müßte dadurch, daß es alle frisch erkrankten und heilbaren, insbesondere alle selbstmordgefährlichen Fälle von der einzig möglichen fachärztlichen Behandlung ausschließt, so sind diese Folgen, — wenigstens in den letzten 20 Jahren, — vermieden durch eine wirklich großzügige Umgehung des Gesetzes. Zunächst wurde, offenbar auf Grund der zutagegetretenen Schwierigkeiten, im Jahre 1904 der § 7 des Gesetzes dahin geändert, daß in den Irrenanstalten sogenannte „offene Abteilungen" zugelassen wurden, für deren

Insassen die ganzen Formalitäten des Gesetzes nicht gelten, und so können unter der Maske der „Nervenkrankheit" alle frischen Fälle ohne weiteres aufgenommen werden. Über die Größe dieser Abteilungen bzw. das Verhältnis ihrer Bettenzahl zu derjenigen der geschlossenen Abteilungen ist unseres Wissens nichts bestimmt, so daß also hier freiester Spielraum herrscht und praktisch eine Trennung in „Heil"- und „Pflege"abteilungen durchgeführt ist. Außerdem wurden auch in Holland endlich unter dem Drucke der Tatsachen psychiatrische Kliniken eingerichtet, und zwar in Utrecht, Groningen, Amsterdam und Wassenaer mit zusammen etwa 600 Betten. Für die Kliniken aber gilt die gerichtliche Ermächtigung, wie sie das Gesetz vorschreibt, ebenfalls nicht, so daß dieses also nur auf die chronischen und mehr oder weniger hoffnungslosen Fälle überhaupt Anwendung findet, bei denen es eigentlich nicht mehr erforderlich ist, denn hier besteht ja wohl niemals an der Tatsache der geistigen Erkrankung irgendein Zweifel. Außerdem betrachten die Richter ihre Mitwirkung hierbei als rein formal[1]). Bei den zweifelhaften und unklaren, frischen Fällen aber, bei denen nach der Ansicht des Gesetzgebers gerade eine etwaige widerrechtliche Internierung verhütet werden soll, findet das Gesetz keine Anwendung. Es ist also unter der Wucht der Tatsachen gegenstandslos geworden und besteht nur noch zur Beruhigung der urteilslosen großen Masse, — wirklich kein beneidenswerter und nachahmungswürdiger Zustand.

Die Kritik der holländischen Fachgenossen über das Gesetz war bitter genug. So sagte z. B. im Jahre 1899 der oben bereits erwähnte *van Erp Taalman-Kip*: „Man hat sich gründlich gegen die Möglichkeit verwehrt, daß je ein Geistesgesunder aus Versehen in eine Anstalt aufgenommen werden könnte, und hat durch das so feste Verschließen des Tores, das nur vom Richter geöffnet werden kann, nur dieses erreicht, daß so gut wie gar keiner nur aus Rücksicht auf eine mögliche Genesung aufgenommen wird. Er wird immer nur, entweder weil er gemeingefährlich oder weil er mindestens seinen Angehörigen zu viel Mühe macht, interniert. Eine notwendige Folge ist, daß überhaupt nur wenige heilbare Fälle in Anstaltspflege kommen."

An anderer Stelle, als endlich psychiatrische Kliniken errichtet wurden, fügte er hinzu: „Möge eine solche Klinik endlich dazu führen,

---

[1]) Vgl. *Stuurmann*, „Schwierigkeiten in der holländischen Irrenpflege". Psych.-neurol. Wochenschr. Bd. 25, S. 211 und *Vos*, „Ein und das andere über „offene" Abteilungen", ref. Zentrbl. f. d. g. Neur. u. Ps. Bd. 27, S. 412.

den Mißstand zu beseitigen, der es bei armen Patienten so oft als eine Erlösung erscheinen läßt, wenn endlich eine gemeingefährliche Handlung oder ein Suizidversuch dem längst Pflegebedürftigen das Tor der Anstalt öffnet."

Wie oben dargelegt, ist diese Lösung inzwischen gefunden und das Gesetz heute praktisch außer Wirkung gesetzt.

Ganz unabhängig aber von dieser gesetzlichen Regelung hat sich das Irrenwesen in Holland selbst in einer Art entwickelt, die allen Schilderungen nach recht gut zu sein scheint.

Einmal die Familienpflege [1]), offenbar nach dem Vorbilde des ganz nahe der holländischen Grenze gelegenen Gheel. Sodann moderne Anstalten mit vorzüglichen Einrichtungen und mit der fast sprichwörtlichen holländischen Sauberkeit [2]); vor allem aber findet man dort eine soziale Höhe des Pflegepersonals [3]), wie man sie etwa in romanischen Ländern vergebens suchen würde. Schon vor Beginn dieses Jahrhunderts wurden in Holland regelmäßige Unterrichtskurse abgehalten, die meist mit Examen abschlossen. Außerdem hat man damals schon dort den Versuch gemacht, die meisten hinfälligen männlichen Kranken durch weibliches Personal pflegen zu lassen, ein Versuch, der sich außerordentlich bewährte, und den man in Deutschland unter der Not des Krieges ebenfalls unternahm. Leider ist man bei uns trotz der vorzüglichen Erfolge dieses Systems aus anderen Gründen wieder davon abgekommen. Im übrigen zeigt diese Entwicklung des Irrenwesens in Holland, daß hierfür vielfach ganz andere Umstände maßgebend sind, nicht nur der allgemeine Kulturstand des ganzen Volkes, sondern auch der Volkscharakter und vor allem wirtschaftliche Faktoren. Holland ist ein reiches Land, es hat seit fast 100 Jahren keinen Krieg gesehen und zieht beständig große Reichtümer aus seinen Kolonien. Infolgedessen spielte dort scheinbar früher die Geldfrage, die sonst der größte Hemmschuh für eine moderne Entwicklung des Irrenwesens zu sein pflegt, nicht diese Rolle wie anderswo. Der Hauptgrund für diese Fortschritte dürfte aber wohl in der Einrichtung der Irreninspektoren zu suchen sein insbesondere in der überragenden Persönlichkeit eines *van Deventer*, der jahrelang dieses Amt versah und dem ganzen Irrenwesen des

---

[1]) *Berger*, „Zur Familienverpflegung der Irren in Holland". Psych.-neurol. Wochenschr. Bd. 4, S. 545.

[2]) *Hoppe*, „Irrenärztliches aus Holland", ebenda Bd. 9, S. 285.

[3]) *Gallus*, „Das Personal in Meerenberg", ebenda Bd. 3, S. 447.

Landes seinen Stempel aufdrückte; es sind eben doch letzten Endes immer wieder Persönlichkeiten, auf die es ankommt! —

Nach dem Kriege scheint sich aber auch in Holland manches geändert zu haben. Durch Einführung der 45-Stundenwoche und durch eine außerordentliche Erhöhung der Löhne haben sich die Kosten für die Pflege eines Geisteskranken fast verdreifacht, so daß eine allgemeine „Flucht aus der Irrenanstalt" eingesetzt hat: harmlose Kranke werden nach Möglichkeit anderweitig untergebracht. Leider spart man auch hier wieder, wie gewöhnlich, an der Stelle, an der eine Sparsamkeit sich nicht nur am wenigsten lohnt, sondern indirekt geradezu verteuernd wirkt, an der Zahl der Ärzte [1]). Von diesen, hoffentlich vorübergehenden Schatten abgesehen, bestehen aber jedenfalls noch aus früheren Zeiten die baulich modernen Anstalten und die sonstige Organisation der Irrenpflege.

Nachdem nun auch durch die geschilderte Umgehung des veralteten Gesetzes dort einmal — wenn auch nicht gerade Unsinn zu Vernunft und Plage zur Wohltat geworden ist, aber doch ein erträglicher Modus vivendi gefunden wurde, scheint Holland eines derjenigen europäischen Länder zu sein, in denen, vom ärztlichen Standpunkt aus, soweit sich das ohne persönliche Anschauung sagen läßt, im allgemeinen für die Kranken in moderner Weise gesorgt wird.

In England liegen die Verhältnisse so kompliziert, daß sie sich nicht mit wenigen Worten schildern lassen. Schon im Mittelalter gab es eine Art staatlicher Aufsicht der Irrenfürsorge, die allerdings im wesentlichen nur darin bestand, daß das Vermögen derjenigen Personen, die der Irrenpflege bedurften, dem Könige anheimfiel, und es beschäftigte sich schon frühzeitig eine Fülle von Erlassen und Parlamentsbeschlüssen mit dieser Frage. Vor etwa 100 Jahren noch waren die Zustände anscheinend sehr wenig erfreulich, namentlich in Privatanstalten und Armenhäusern: mangelnde Hygiene, schlechte Verpflegung, kalte Duschen, Zwangsmittel, Mißhandlungen, Überraschungsbäder und andere Quälereien, die an die gräßlichsten Schauer- und Schundromane erinnern, scheinen nichts Ungewöhnliches gewesen zu sein [2]), und „der praktische Sinn" des Engländers zusammen mit der Nationaleigenschaft des cant stellte sich recht lange einer Besserung, wie sie die Ärzte erstrebten, hindernd in den Weg. Daran änderte es nichts, daß *William Tuke* schon im Jahre 1796 mit dem „no restraint"

---

1) Vgl. *Stuurmann* l. c.

2) Vgl. *Pandy* S. 135, 178, 217/219 u. a.

begonnen hatte; nachdem 1838 noch der Versuch *Hills*, in Lincoln die Ideen *Pinels* zu verwirklichen, an den ihm gemachten Schwierigkeiten gescheitert war [1]), konnte dann allerdings im nächsten Jahre *Conolly* mit jenem „gefährlichen Versuche“ beginnen, der seinen Namen und das ganze Irrenwesen in England so berühmt gemacht hat, daß, wie *Meyer* schreibt [2]), eine Reise nach England früher für die Psychiater aller Völker fast so nötig erschien, wie den Künstlern der Besuch Italiens.

Trotz alledem aber scheinen manche Schauergeschichten, wie sie immer wieder agitatorisch aufgetischt werden, von widerrechtlichen Internierungen und den unglaublichsten Mißhandlungen, in den Zuständen des damaligen Englands gewisse Urbilder gehabt zu haben.

Jedenfalls waren die gesetzlichen bzw. verwaltungsrechtlichen Maßnahmen infolge der zweifellos bestehenden Mißstände dann um so radikaler. Zahllose Gesetze, Erlasse und Parlamentsbeschlüsse, oft recht unklar und widerspruchsvoll, beschäftigten sich mit dieser Frage [3]). Im Jahre 1845 erschien in England ein Gesetz, im Jahre 1857 in Schottland ein analoges Gesetz, die sogenannten „Lunatics Acts“, die später auch auf Irland ausgedehnt und die für das ganze Reich durch die „Lunacy Act“ von 1890 nochmals erweitert und ergänzt wurden [4]), ohne allerdings wesentliche Änderungen zu bringen. Leicht zu überblicken ist die Fülle der verschiedenen noch gültigen gesetzlichen Bestimmungen und der zahlreichen Verfügungen jedenfalls nicht, zumal da häufig noch unterschieden wird zwischen Selbstzahlern (private lunatics), ferner solchen, die auf öffentliche Kosten verpflegt werden (pauper lunatics) und schließlich den kriminal lunatics. Meist beziehen sich die Bestimmungen nur auf die beiden letzteren Gruppen. Die Idioten endlich bilden wieder eine besondere Gruppe mit besonderen Gesetzen.

Der erste und bedeutendste Erfolg der obengenannten wichtigsten Gesetze war jedenfalls die Möglichkeit, nun endlich die zur Fürsorge verpflichteten Stellen zwingen zu können, die nötigen Geldmittel auf-

---

[1]) Vgl. *Pandy* S. 218.

[2]) „Fürsorge für die Geisteskranken in England und Schottland.“ Arch. f. Psych. Bd. 39, S. 1201.

[3]) *Reuß* S. 52 und 13 und *Wyler* l. c.

[4]) Vgl. *Weygandt*, „Eindrücke von den Kongressen in London und Gent und von Anstaltsbesichtigungen in Großbritannien und Belgien“. Psych.-neurol. Wochenschr. Bd. 15, S. 463; *Hockauf*, Referat. Psych.-neurol. Wochenschr. Bd. 12, S. 138, und *Jacobsen*, Zeitschr. f. Medizinalbeamte VII, S. 341.

zuwenden und in entsprechend moderner Weise für die Geisteskranken zu sorgen. So entstanden zahlreiche, für die damalige Zeit hochmoderne und großzügig angelegte Irrenanstalten, deren bauliche Einrichtungen, zusammen mit dem allmählich weiter verbreiteten No-restraint-System, mit der allgemeinen Sauberkeit, den modernen hygienischen Einrichtungen, mit einer vorzüglichen Verpflegung und dem auf hoher sozialer Stufe stehenden Pflegepersonal, die Ursache für die obenerwähnten Wallfahrten der Psychiater aller Länder nach England waren. Auch heute sind, dem Reichtum des Landes entsprechend, die meisten englischen Anstalten baulich und wirtschaftlich modern und oft direkt großzügig. — Ebenso wie in Holland besteht bei hinfälligen männlichen Kranken vielfach weibliche Pflege.

Erzielt wurden die wichtigsten dieser Fortschritte in erster Linie durch Errichtung einer zentralen Oberaufsichtsbehörde, der „commissioners in lunacy", denen analoge Lokalorganisationen unterstellt sind. Diese Zentralbehörden bestehen zum Teil aus besoldeten fachärztlichen Mitgliedern, zum Teil aus ehrenamtlich tätigen Laien. Die ersteren sind die angesehensten Irrenärzte des Landes, meist frühere Direktoren größerer Anstalten, die durch diese Aufrückungsmöglichkeit jüngeren Kräften in der Leitung der Anstalt die Bahn frei machen [1]), die Laien sind meist höhere Richter. Die Befugnisse dieser Kommissionen sind ganz außerordentlich. Sie haben regelmäßige Besichtigungen vorzunehmen und der Öffentlichkeit ausführliche Berichte zu erstatten, insbesondere können sie auch Geldstrafen verhängen oder die Gerichte anrufen, auch die sofortige Entlassung eines Kranken anordnen usw. Auch untersteht ihnen das ganze Entmündigungswesen, dies ist deshalb wichtig, weil ein Entmündigter ohne weiteres allein auf Antrag seines Vormundes in jede Anstalt aufgenommen werden kann. Das Wichtigste ist jedoch, daß sich ihre Gewalt nicht auf die in öffentlichen Anstalten befindlichen Geisteskranken beschränkt, sondern auch alle diejenigen umfaßt, die in Privatanstalten, Armenhäusern und in Privatpflege untergebracht sind. Allerdings muß zugegeben werden, daß eine große Anzahl von Geisteskranken eben nicht zur Kenntnis der Kommission gelangt, sondern unter der Bezeichnung „nervös" und dergleichen in Privathäusern oder allgemeinen Krankenhäusern verbleibt. Der Grund liegt in den weiteren Bestimmungen des Gesetzes, die als Reaktion auf die oben angedeuteten Mißstände ganz im Sinne unserer deutschen Irrenrechtsreformler die persönliche Freiheit, die „liberty of the subject" eifersüchtig bewachen. Zu längerer Anstaltsbehandlung sind bei noch nicht Entmündigten zwei getrennte ärztliche Zeugnisse erforderlich [2]) sowie die Vollmacht eines höheren Justizbeamten

---

[1]) Vgl. *Weygandt* l. c.

[2]) Die Ärzte dürfen nicht Verwandte oder Verschwägerte, ja selbst nicht Gläubiger oder Verwandte oder Verschwägerte des Gläubigers des Direktors oder Arztes der Anstalt sein (!!), außerdem nicht Verwandte usw. des Kranken selbst. (S. *Wyler* l. c. S. 30.)

(judicial-authority), etwa des Friedensrichters, o. ä. oder eines Magistrates. Falls es für nötig erachtet wird, werden ein oder mehrere Termine abgehalten, die allerdings nicht öffentlich sind, bezüglich derer auch Schweigepflicht herrscht, und dann wird eine Entscheidung gefällt. In dringlichen Fällen genügt das Zeugnis eines einzigen Arztes zur Aufnahme, das Verfahren muß jedoch nachgeholt werden. Falls der erste einweisende Richter eine Entscheidung getroffen hatte, ohne den Kranken persönlich zu sehen, hat dieser das Recht, von einem anderen Richter untersucht zu werden. Jedem in die Anstalt aufgenommenen Kranken muß dies innerhalb 24 Stunden schriftlich mitgeteilt werden, es sei denn, daß der Arzt diese Mitteilung als schädlich für den Kranken ansieht; hierüber ist aber wiederum an die Irrenkommissare zu berichten. Außerdem wird jeder Aufgenommene in der Anstalt von dem Kommissar nochmals nachuntersucht. — Die Frage der kriminellen Geisteskranken ist in besonderen Gesetzen (criminal lunatic acts) behandelt, die auch die ganzen Fragen der Verhandlungsfähigkeit und Zurechnungsfähigkeit umfassen. Nicht verhandlungsfähige Kranke und solche, die wegen Geisteskrankheit freigesprochen wurden, werden in besonderen Anstalten interniert, „solange es Ihrer Majestät beliebt"; — praktisch hat also wohl der behandelnde Arzt der Anstalt die Entscheidung. Ähnlich ist es bei den im Strafvollzug erkrankten Verbrechern. Die Zustände in diesen Anstalten sollen nicht sehr erfreulich sein [1]).

Und schließlich wurde in neuester Zeit, im Jahre 1913 (wenigstens für England und Wales), ein Gesetz erlassen, das „Mental Deficiency Act" über die Internierung geistig minderwertiger Personen [2]), das sehr segensreich wirken könnte, trotzdem es an sich ja nur eine logische Fortbildung des Grundsatzes ist, Kranke nur mehr oder weniger nach dem Gesichtspunkte der Gemeingefährlichkeit in Anstalten aufzunehmen.

Unter „geistig Minderwertigen" versteht das Gesetz Idioten und Schwachsinnige der verschiedensten Grade sowie, was praktisch wohl das Wichtigste sein wird, auch moralisch Schwachsinnige. Auf Antrag des Vaters oder des Vormundes oder, im Falle der Kriminalität, oder bei Gewohnheitstrinkern, sowie wenn die Kranken vernachlässigt oder mittellos sind, oder im Fall einer unehelichen Gravidität, und schließlich sogar, falls die Unterrichtsbehörden es beantragen, werden die Betreffenden entweder entmündigt oder in einer Anstalt untergebracht oder beides. Es ist also gewissermaßen eine Verbindung unserer Entmündigung mit der „Unterbringung" im Sinne des neuen deutschen Strafgesetzentwurfes [3]).

Jeder Kranke, auch der harmloseste, wird also in England, ebenso wie in Holland, amtlich als geisteskrank abgestempelt, ähnlich wie es

---

[1]) Vgl. *Jacobson* l. c. S. 377 u. a.

[2]) Vgl. *Fehlinger*, „Das englische Gesetz über die Internierung geistig minderwertiger Personen". *Groß*, Arch. f. Krim.-Anthrop. Bd. 66, S. 333.

[3]) Im übrigen vgl. auch bezüglich der zivil- und strafrechtlichen Stellung der Geisteskranken in England: *Kornfeld*, „Englische Gesetzgebung bezüglich der Geistesstörungen". Psych. Wochenschr. Bd. 1, S. 208.

auch der später noch zu besprechende deutsche Reichsgesetzentwurf verlangte, und alles das, was man von einem derartigen Gesetze bei uns befürchten mußte, ist dort bereits praktisch in Erscheinung getreten: die außerordentliche Schwierigkeit einer zweckmäßigen Behandlung der beginnenden und kurz vorübergehenden Geisteskrankheiten, die ein häufig, aber vergeblich diskutiertes Problem zahlreicher fachärztlicher Versammlungen in England ist [1]), sowie zahlreiche Umgehungen des Gesetzes. Ein im Jahre 1899 eingebrachter Gesetzentwurf, der in ganz ungenügender Weise versuchte, diese Mißstände zu beseitigen, wurde wieder zurückgezogen. Eine Änderung des bestehenden Rechtes wird als dringend nötig anerkannt und soll demnächst erfolgen [2]).

Auch sonst liegt im englischen Irrenwesen noch manches im Argen, und es zeigt sich, daß auch das strengste Irrengesetz solche Mißstände nicht vermeiden kann, wenn man nicht den beamteten Irrenärzten das nötige Vertrauen entgegenbringt; so wurde noch im Jahre 1900 in der Fachpresse von recht bedauerlichen Schiebungen in England berichtet [3]).

Zwar werden die Direktoren der Anstalten, entsprechend der hohen Wertschätzung, deren sich der Arzt — im Gegensatz zu unserem Vaterlande — in England erfreut, sehr gut bezahlt, 2000 Pfund = 40 000 M. jährlich, doch ist die Zahl von gehobenen Stellen und überhaupt die Zahl der Ärzte viel zu gering [4]). Die Bettbehandlung fehlt fast ganz, Dauerbäder sind selten, Zellenbehandlung ist doch noch recht häufig, meist sogar in der Form der bei uns kaum bekannten „Gummizelle“ [5]). Es ist ferner zwar rühmend anzuerkennen, daß das Pflegepersonal auf einer außerordentlich hohen Stufe steht und reichlich vorhanden ist, doch kann dadurch natürlich der Mangel an Ärzten nicht ausgeglichen werden, da ja schließlich der Arzt und nicht der Pfleger den Kranken behandeln soll. Die nur für

---

[1]) Vgl. *Meyer* l. c. S. 1208/09 u. *Tuke*, Psych. Wochenschr. Bd. 1, S. 268.

[2]) *Mapother*, Allgem. Zeitschr. f. Psych. Bd. 84, S. 321.

[3]) Journ. of Mental Science, Juli 1900, zit. nach Psych. Wochenschr. Bd. II, S. 255.

[4]) Vgl. *Werner*, „Über englisches Irrenwesen“. Psych-neurol. Wochenschr. Bd. 16, S. 330, und *Hockauf*, „Ein Besuch ..“ ebenda Bd. 11, S. 162 ff., S. 285 sowie *Schlöß*, „Über das numerische Verhältnis ....“, Allgem. Zeitschr. f. Psych. Bd. 71, S. 945.

[5]) *Sauermann*, „Von einem Besuche in England“. Psych.-neurol. Wochenschr. Bd. 12, S. 443, und *Schwabe*, „Hill End, eine moderne englische Irrenanstalt“. Ebenda Bd. 3, S. 1; dort auch ältere Literatur.

vorübergehend Geisteskranke vorhandenen Aufnahmestationen oder die heimlichen psychiatrischen Abteilungen, die nicht als solche gelten dürfen, sind nicht gerade überall ein erfreuliches Bild. Außerdem ist die Aufnahme eines einzelnen Kranken oder einiger weniger, die dann als „einzelne" gelten, ohne Konzession gestattet [1]), wodurch der Winkelpsychiatrie Tür und Tor geöffnet sein dürfte. Nach dem Zugeständnis *Mapothers* [2]) ist die Behandlung frischer und heilbarer Fälle in England ungefähr 20 Jahre hinter der der fortgeschrittensten Länder Europas zurück, und er nennt die jetzige Regelung „unwürdig" und „absurd".

Erwähnt sei aber schließlich auf der andern Seite noch die bauliche Neugestaltung vieler Anstalten [3]) sowie die Ausgestaltung der Familienpflege in Schottland, die nach den vorliegenden Schilderungen [4]) ganz vorzüglich zu sein scheint und derjenigen von Gheel nicht nachstehen dürfte, doch wird wohl auch hier der ruhige Volkscharakter [5]) diese Behandlungsart sehr erleichtern.

Alles in allem sehen wir also bei der englischen Irrengesetzgebung zwar manches Gute, aber auch sehr viel Schatten [6]), und es wäre tief bedauerlich, wenn durch eine sklavische Nachahmung der dortigen gesetzlichen Bestimmungen die sich daraus ergebenden Zustände auf unser Vaterland übertragen und so Heuchelei und Gesetzesumgehung auch bei uns großgezogen würden.

In den nordischen Ländern findet man wenig von dem unsachlichen Mißtrauen gegen die Irrenärzte [7]), sondern liberale Bestimmungen. Es mag allerdings auch hinzukommen, daß, wohl dem Volkscharakter entsprechend, schwerere Erregungszustände und Gewalttätigkeiten hier, ebenso wie in England [8]), verhältnismäßig seltener

---

1) Vgl. *Jacobson* l. c. S. 341.

2) l. c.

3) *Robertson*, „Umwandlung der schottischen Anstalten", ref. Zentrbl. Bd. 32, S. 54.

4) *Hockauf*, Psych.-neurol. Wochenschr. Bd. 11, S. 162 u. 253.

5) Vgl. *Sauermann* l. c.

6) Nach Pressemeldungen hat die im Jahre 1924 eingesetzte Regierungskommission zur Reform der Irrengesetzgebung jetzt ihren Bericht erstattet und erklärt eine weitgehende Reform für unerläßlich. Ob man allerdings bei dem starren konservativen Geiste der Engländer eine wirklich durchgreifende Änderung vorzuschlagen den Mut finden wird, erscheint zweifelhaft.

7) Abgesehen vielleicht von Norwegen, s. d.

8) Vgl. *Sauermann* l. c.

sind als in südlicheren Ländern, und daß daher die Notwendigkeit, in erster Linie die unsozialen Elemente unschädlich zu machen, hier nicht so die ganze Frage beherrscht.

Dänemark hat kein Irrengesetz, die ganze Frage ist durch Verordnung geregelt, allerdings in so großzügiger und moderner Weise, daß man dort mit Recht stolz auf diese Regelung ist [1]).

An der Spitze des ganzen dänischen Irrenwesens steht eine Kommission, die sich aus einem leitenden Arzt als Vorsitzenden, einem höheren Beamten und einer Privatperson zusammensetzt und die dem Justizministerium untersteht [2]). Die Kontrolle der Anstalten soll allerdings nur auf dem Papier stehen.

Zur Aufnahme genügt ein Antrag der Angehörigen oder des Vormundes und ein ausführliches Attest eines praktischen Arztes, das nicht länger als 4 Wochen zurückliegen darf. In dringenden Fällen können alle Formalitäten gleichzeitig oder sogar erst nach der Aufnahme erledigt werden. Für die Hauptstadt Kopenhagen besteht in dem Gemeindehospital eine psychiatrische Aufnahmeabteilung, für die jedes einfache ärztliche Attest ausreicht; es darf nicht älter als 14 Tage sein.

Bei Gemeingefährlichkeit kann die Hilfe der Polizei zur Verbringung in die Anstalt in Anspruch genommen werden.

Die Entlassung erfolgt nach ärztlichem Ermessen.

Der Betrieb in den Anstalten ist nach *Pandys* Schilderung recht modern, namentlich soll eine ausgedehnte Beschäftigungstherapie Anwendung finden.

Auf der anderen Seite aber scheint es, als ob auch in Dänemark eine übel angebrachte Sparsamkeit die volle Entwicklung des Irrenwesens verhindere. Die meisten Anstalten waren bei dem Besuche *Pandys* baulich recht veraltet und außerordentlich überfüllt; das Pflegepersonal soll infolge mangelnder Bezahlung recht minderwertig sein, auch die Zahl der Ärzte erscheint nicht ausreichend. Die zahlreichen Kranken, die in den Anstalten keinen Platz fanden — die stellenweise sogar bei numerus clausus zurückgewiesen wurden —, werden, wie es scheint, nicht sehr liebevoll und human von den Ortsbehörden in improvisierten Räumen verwahrt.

Ob in diesen Dingen inzwischen eine grundlegende Änderung ein-

---

[1]) *Geill*, Allgem. Zeitschr. f. Psych. Bd. 59, S. 345 u. *Dedichen* ebenda Bd. 58, S. 520.

[2]) *Pandy*, S. 4.

getreten ist, konnte aus der uns zugänglichen Literatur nicht ermittelt werden, es scheint nicht sehr wahrscheinlich, da eine großzügige Modernisierung der veralteten Anstalten, schon allein der dazu erforderlichen außerordentlichen Geldmittel wegen, sicherlich Aufsehen erregt hätte und überall bekannt geworden wäre.

Auf eine diesbezügliche direkte Anfrage war von Dänemark, wie auch von einigen anderen Ländern, keine Antwort eingegangen.

Modern in ihren Baulichkeiten ist die Idioten- und Epileptikeranstalt in Ebberödgaard [1]), doch waren dort noch im Jahre 1909 Zwangsjacken und Fesselungen gang und gäbe. Gegen eine Überfüllung schützte sich die Anstalt damals ebenfalls durch einen numerus clausus, ein zwar bequemes Verfahren, aber keine Lösung des Problems.

Erwähnt sei übrigens noch, daß Dänemeark zwar, ähnlich wie Norwegen, nur einen Grad der Entmündigung kennt, daß dieser aber ungefähr unserer Entmündigung wegen Geistesschwäche entspricht, denn der Entmündigte ist geschäftsfähig in bezug auf Arbeits- und Dienstverträge und den „Selbsterwerb", die Zustimmung seines Vormundes vorausgesetzt [2]). Die gleich noch zu besprechenden Mißstände, die sich in Norwegen in dieser Hinsicht ergeben, dürften hier also keine Rolle spielen.

Norwegen besitzt ein Irrengesetz seit dem 17. VIII. 1848, das heute noch in Kraft ist und zu dem nur am 22. I. 10 ein Nachtrag durch königliche Verordnung erschienen ist.

Das Gesetz selbst [3]), das auf dem französischen Gesetze von 1838 beruht, ist für die damalige Zeit ausgezeichnet, ist so gut, daß es heute noch in Kraft sein kann; die Härten, die es mit sich bringt, sind anderer Ursache. Das Wichtigste dabei sind die liberalen Aufnahmebestimmungen, die an sich noch über das hinausgingen, was in dem französischen Gesetz vom Jahre 1838 bestimmt ist: der Arzt der Anstalt stellte hier das Aufnahmeattest aus.

Nach der Verfügung vom Jahre 1910 ist dies zwar eingeschränkt, und es ist jetzt ein einfaches ärztliches Attest erforderlich, das nicht älter als 1 Monat sein darf, sowie ein schriftlicher Antrag der Angehörigen usw. Entsprechend den großen Entfernungen in Norwegen und der Bedeu-

---

[1]) *Lomer*, „Ein Ausflug nach Ebberödgaard". Psych.-neurol. Wochenschr. Bd. 11, 1909, S. 156.

[2]) *Haff*, „Dänisches Recht". Handwörterbuch der Rechtswissenschaft von *Stier-Somlo* u. *Elster* (Walter de Gruyter & Co., Berlin-Leipzig 1925).

[3]) Wortlaut s. Allgem. Zeitschr. f. Psych. Bd. 20, 1863 Supplement S. 172.

tung, die dort Telephon und Telegraph haben, ist in dringenden Fällen telephonische Übermittlung des Attestes und des Aufnahmeantrages an die Irrenanstalt ausreichend zur Anmeldung des Kranken. Es ist dann eine telegraphische Bestätigung nötig, und es genügt, wenn die Aufnahmepapiere bei der Aufnahme mit vorgelegt werden.

Eine freiwillige Aufnahme in unserem Sinne ist nicht vorgesehen, was bei diesem Aufnahmeverfahren auch praktisch nicht besonders erforderlich wäre, wenn nicht andere, gleich zu besprechende Umstände die Wirkung des Gesetzes in der Praxis so verhängnisvoll gestalteten.

Die Entlassung findet nach Ermessen des Arztes statt oder auch gegen dessen Rat auf Wunsch der Angehörigen, es sei denn, daß der Kranke polizeilich eingewiesen oder von dem Arzte als gemeingefährlich erklärt wird, — alles ganz natürliche und selbstverständliche Bestimmungen.

Sogar die Familienpflege ist in dem Gesetze bereits vorgesehen: jeder, der einen Geisteskranken in Pflege hat, und sei es der eigene Verwandte, muß davon an den zuständigen Pfarrer oder an einen Arzt Meldung erstatten, die dann die Pflicht haben, die Art der Pflege dauernd zu kontrollieren und gegebenenfalls Mißstände an die Behörde weiter zu melden. Jeder Arzt hat jährlich an das Ministerium des Innern ein genaues Verzeichnis derjenigen Geisteskranken einzureichen, die gemäß dieser Bestimmung bei ihm angemeldet und von ihm besucht worden sind. Über die praktische Durchführung dieser Bestimmungen berichtete *Wingard* [1]).

Zur Beaufsichtigung der Anstalten besteht eine vom König ernannte Kommission aus drei Mitgliedern, unter denen sich wenigstens ein Arzt befinden muß, und die für ihre Tätigkeit Gehalt bezieht. Diese Kommission hat die Anstalten wenigstens zweimal monatlich zu besichtigen und alles zu kontrollieren, Beschwerden entgegenzunehmen usw. Über jede Besichtigung ist ein Protokoll aufzunehmen.

Trotz dieses scheinbar so vorzüglichen Gesetzes lag das Irrenwesen in Norwegen, noch als *Pandy* im Jahre 1903 es besichtigte, sehr im Argen: Geldmangel, Ärztemangel, Überfüllung der Anstalten, Zwangsmaßnahmen, mangelnde Hygiene usw. usw., kurz es bot das übliche Bild des Irrenwesens in Europa vor 100 Jahren. In neuerer Zeit sollen dann, namentlich durch den Neubau einer Reihe von modernen Anstalten hier grundsätzliche Änderungen geschaffen worden sein [2]).

Nun kommt aber noch ein besonderer Umstand hinzu, der die Wirkung des Gesetzes ganz unabhängig von dessen Fassung fast in das Gegenteil verkehrt: das allgemeine norwegische Recht. Der Begriff „Geisteskrankheit" ist nämlich dort in Zivil- und Strafrecht so eng gefaßt, daß nur die schwersten Erkrankungen darunter fallen. Jeder „Geisteskranke" ist ohne weiteres unzurechnungsfähig, nicht ge-

---

[1]) *Wingard*, „Die Entwicklung der familiären Irrenpflege in Norwegen". Psych.-neurol. Wochenschr. Bd. 13, S. 317.

[2]) Vgl. Psych.-neurol. Wochenschr. Bd. 3, S. 469.

schäftsfähig, heiratsunfähig; und besteht eine Geisteskrankheit während der Ehe 3 Jahre, so ist dadurch diese gelöst. Rechtliche Normen für das große Gebiet der Übergangsformen bestehen nicht, insbesondere keine beschränkte Geschäftsfähigkeit u. ä. Infolgedessen hat das Attest eines Arztes, daß jemand „geisteskrank“ sei, — die Voraussetzung zur Aufnahme in die Anstalt, — die schwerwiegendsten rechtlichen Folgen, zumal da von jeder Aufnahme in die Anstalt Meldung an das zum Teil aus Laien bestehende Kontrollkomitee und an die Heimatsgemeinde erstattet werden muß; die dann meist wohl eingeleitete offizielle Entmündigung wird veröffentlicht. Die Folge ist, daß sich jeder Arzt hütet, in allen auch nur einigermaßen zweifelhaften Fällen ein Aufnahmeattest auszustellen, und daß die Kranken selbst wie auch ihre Angehörigen die Aufnahme in eine Anstalt nach Möglichkeit zu vermeiden suchen, — also daß praktisch trotz eines scheinbar liberalen Gesetzes die Verhältnisse dort so schlimm liegen wie nur irgend möglich. Nur ein schwacher Ersatz dafür ist, daß sich in dem städtischen Krankenhause der Landeshauptstadt Oslo eine psychiatrische Abteilung von 120 Betten befindet, die nicht unter die Aufnahmebedingungen des Gesetzes fällt, und daß demnächst eine psychiatrische Klinik mit 100 Betten eröffnet werden soll, für die das gleiche gilt, so daß also im ganzen 220 Betten für eine moderne Behandlung frisch erkrankter und heilbarer Fälle zur Verfügung stünden. Bei einer Einwohnerzahl von über $2\frac{1}{2}$ Millionen und angesichts der riesigen Entfernungen nur ein Tropfen auf einen heißen Stein.

Doch mehren sich beständig die Stimmen sachverständiger Männer und einsichtiger Laien, die eine Änderung dieser unmöglichen Zustände verlangen, so daß zu hoffen steht, daß auch hier einmal mit der Zeit moderne Verhältnisse eintreten werden.

Als Kuriosum sei bei alledem die große Bedeutung erwähnt, die der gerichtliche Gutachter in Norwegen hat, der schon im Vorverfahren das entscheidende Wort spricht. Näheres über das norwegische Irrenwesen brachten noch kürzlich *Vogt* [1]) und *Dedichen* [2]) in der *Kraepelin*-Festschrift der allgemeinen Zeitschr. f. Psychiatrie.

Auch Schweden besitzt seit langer Zeit ein Irrengesetz „über Behandlung und Pflege der Geisteskranken“ vom 5. III. 1858, das im Jahre 1883 durch das sogenannte „Hospitalgesetz“ ergänzt und im

---

1—2) S. Literaturverzeichnis.

Jahre 1898 durch ein, mit dem ursprünglichen im wesentlichen übereinstimmendes Gesetz ersetzt wurde [1]).

Das alte Gesetz [2]) ist fast in jeder Hinsicht ganz ausgezeichnet, so daß man es verstehen kann, wenn es ziemlich unverändert in das neue übernommen wurde. Es ist von einer derartig ruhigen Sachlichkeit und von solch modernem Geiste, daß diejenigen Fachärzte, die es seinerzeit geschaffen, wohl einen Ehrenplatz in der Geschichte der Psychiatrie verdienten, und daß die Lektüre dieses Gesetzes nicht warm genug empfohlen werden kann.

Es seien hier nur diejenigen Bestimmungen herausgegriffen, welche auf die uns interessierenden Fragen Bezug nehmen.

Die Anstalten sind in erster Linie bestimmt für Patienten, „die kürzlich krank geworden sind und die aus diesem Grunde mehr Hoffnung zur Wiederherstellung geben", eine Bestimmung, die so modern anmutet, als sei sie heute geschrieben, und die das Grundprinzip aller psychiatrischen Tätigkeit ausdrückt, die Behandlung und Heilung der Kranken, eine Bestimmung, die man aber leider in den meisten anderen Irrengesetzen vergeblich sucht.

Weiter sind die Anstalten bestimmt für chronisch Kranke und solche, die gewalttätig und gemeingefährlich sind, dann für diejenigen, die zur Beobachtung ihres Geisteszustandes vom Gericht eingewiesen, und schließlich für solche, die wegen Geisteskrankheit freigesprochen wurden.

Zur Aufnahme ist erforderlich ein ärztliches Attest, ferner das übliche Gesuch der Angehörigen, ein Identitätszeugnis des Pfarrers, der hier als Vertrauensmann fungiert und dessen Mitwirkung mehr als alles andere das charitative Moment betont und die polizeiliche Färbung der ganzen Anstaltsaufnahme vermeidet. Der Pfarrer muß ebenfalls die Richtigkeit der Beantwortung eines Fragebogens über die Personalien usw. bescheinigen. Und schließlich ist, wie üblich, erforderlich die Regelung der Zahlungsverpflichtungen. In dringenden Fällen kann der Distriktsausschuß oder die Polizei den Kranken ohne weiteres der Anstalt überweisen und die Papiere nachliefern.

Dies hängt mit einer der wenigen unzweckmäßigen Bestimmungen des Gesetzes zusammen, nämlich mit dem numerus clausus der Anstalten, der zur Folge hat, daß die unglückseligen Exspektantenlisten, in früheren Zeiten wenigstens, recht lang waren. Bei Überfüllung der Anstalt ist der Kranke zunächst in ein allgemeines Krankenhaus aufzunehmen.

Ganz modern und weitblickend ist die Bestimmung des § 25: „Wenn jemand mit Zeichen von Geistesverwirrung erkrankt, muß von einem Arzt sein Zustand untersucht werden; wenn der Arzt nicht auf Veranlassung

---

[1]) Vgl. *Pandy* S. 20 u. *Hjertström*, Psych.-Wochenschr. Bd. 2, 1900, S. 195.

[2]) Wortlaut s. Allg. Zeitschr. f. Psych. Bd. XX, 1863, Supplement S. 214.

der Leute gerufen wird, welche den Kranken umgeben und pflegen, dann muß die betreffende Geistlichkeit, der Bezirksausschuß oder die Polizeibehörde dafür sorgen, daß der Kranke ohne gewaltsame Maßregeln außerstand gesetzt werde, sich oder anderen zu schaden, und daß er, solange er unter Privatpflege seiner Angehörigen oder anderer steht, die nötige und angemessene Pflege und Behandlung genieße." —

Es ist also nicht gestattet, einen Geisteskranken ohne ärztliche Behandlung und Pflege zu lassen.

Privatpersonen, die Geisteskranke verpflegen, müssen dies melden und werden von den Geistlichen und Kreisärzten überwacht. Übersteigt die Zahl der Kranken, die sich bei derselben Person zu gleicher Zeit in Pflege befinden, fünf, so treten die Bestimmungen über die Privatanstalten in Kraft (§ 24).

Auch hierüber sind genaue Vorschriften erlassen, eine Konzession ist erforderlich, die nur persönlich ist, ebenso muß jeder Wechsel des Arztes genehmigt werden, die Kontrolle ist festgelegt usw. (§ 23)

Die Entlassung erfolgt einmal, wie auch sonst, wenn ärztlicherseits festgestellt wird, daß keine Geisteskrankheit vorliegt, und steht im übrigen im ärztlichen Ermessen. Doch wird betont, daß chronisch Kranke im Notfalle, falls sie nicht gemeingefährlich sind, eher entlassen werden müssen, um für frisch Erkrankte Platz zu schaffen, eine Bestimmung, die wiederum für die damalige Zeit von einem außerordentlichen Weitblick zeugt und bei dem damaligen Raummangel und den baulichen Verhältnissen der Anstalten jedenfalls den besten Ausweg darstellte [1]).

Gegen den Willen des Arztes kann ein Kranker auf Wunsch der Angehörigen usw. nur entlassen werden, wenn dies „ohne Schaden für die allgemeine Sicherheit geschehen kann und die Angehörigen nachweisen, daß dem Kranken die erforderliche Pflege zu Hause oder anderwärts geboten werden kann". Kriminelle Geisteskranke können nur auf Antrag des Arztes nach Verfügung der Behörde entlassen werden.

Auch sonst finden sich zahlreiche Bestimmungen, die man nur billigen kann, die Instruktionen des Arztes, Vorschriften über die Führung der Krankengeschichten und die Verpflegung der Kranken (§ 21). Besuche sind nur mit Erlaubnis des Arztes zulässig. Charakteristisch für die damalige Zeit ist auch der § 14, der manchem anderen Kulturlande Europas dringend vonnöten gewesen wäre, und der ebenfalls für die damalige Zeit von einer außerordentlich hohen Menschlichkeit zeugt: „Die Kranken im Hospitale müssen milde behandelt werden. Keine anderen Zwangsmittel dürfen angewandt werden, als solche, durch welche der Kranke, ohne körperlich mißhandelt oder moralisch erniedrigt zu werden, außerstand gesetzt wird, sich und anderen zu schaden." Dies war im Jahre 1858. —

Die Ärzte und der Verwalter müssen in der Anstalt wohnen, eine Bestimmung, die ebenfalls für manches andere Land sehr nützlich gewesen wäre.

---

[1]) Da mir der Wortlaut des neuen Gesetzes nicht vorliegt, ließ sich nicht feststellen, ob diese Bestimmung ebenfalls mit übernommen wurde.

Die Leitung der Anstalt wird, und das ist vielleicht wieder eine der weniger glücklichen Lösungen, von einem Direktorium aus fünf Mitgliedern gebildet, an dessen Spitze der Direktor steht.

Ein von dem König auf 5 Jahre ernannter Oberinspektor kontrolliert sämtliche Anstalten und hat ziemlich weitgehende Befugnisse.

Das einzige Bedauerliche an dem Irrenwesen Schwedens ist vielleicht die durch das Hospitalgesetz 1883 neu durchgeführte Trennung von Heil- und Pflegeanstalten. Dadurch wurde natürlich die Gefahr nahegerückt, bei dem Bau und der Verwaltung der Pflegeanstalten möglichst zu sparen und diese unproduktiven Ausgaben für Unheilbare nach Möglichkeit herabzusetzen. Der Erfolg ist dann zum Teil allerdings gerade keine Ersparnis, wohl aber ein ärztlich sehr unbefriedigender Zustand, der *Pandy* [1]) zu der Kritik veranlaßte: „Die für das Irrenwesen verwandten Riesenkapitale bringen überall da nur einen minimalen Heilerfolg, — und eine sich fortwährend steigernde Belastung der Bürger, wo man bei dem Bau einer Anstalt zwar den Ingenieur, aber nicht den Psychiater zur Beratung heranzieht, und wo man kurzsichtig genug ist, die Zentralheizungen und Dampfkochanlagen für wichtiger zu halten als die Heilung der Kranken."

Damit wäre aber auch wohl so ziemlich alles, was man Ungünstiges über das schwedische Irrenwesen sagen könnte, erschöpft, und die noch von *Tucker* und *Pandy* beobachtete bauliche Rückständigkeit und Überfüllung mancher Anstalten ist inzwischen durch den Bau zahlreicher neuer Anstalten [2]), insbesondere auch durch den Neubau als Ersatz für die noch von *Pandy* so abfällig kritisierte Pflegeanstalt zu Upsala beseitigt. Sehr sympathisch ist auch die ruhige sachliche Offenheit, mit der in den Jahresberichten die noch bestehenden Mißstände zugegeben werden, und die Gründlichkeit, mit der an ihrer Beseitigung gearbeitet wird, ganz im Gegensatz zu der phrasenhaften und verlogenen Schönfärberei in manchen anderen Ländern. — Die Frage der Geschäftsfähigkeit ist ähnlich wie in Dänemark geregelt [3]), dies ist vielleicht keine ideale Lösung, immerhin drohen von dieser Seite her nicht jene verhängnisvollen Einflüsse, die in Norwegen praktisch die ganze Frage so bedauerlich umgestalten.

Zu alledem kommt die weite Ausdehnung der staatlich kontrollierten Familienpflege, sowie die Fürsorge für entlassene Kranke [4]).

---

[1]) l. c. S. 32.

[2]) Vgl. auch *Petrén*, „Schwedische Irrenpflege", ref. Zentrbl. Bd. 40, S. 845.

[3]) Vgl. *Haff* l. c.

[4]) Vgl. auch *Wigert*, „Hilfsbüro für psychisch Kranke in Stockholm", ref. Zentrbl. Bd. 27, S. 412.

Im übrigen stimmen alle Besucher[1]) schwedischer Anstalten darin überein, daß wohl nirgends eine derartige Ordnung und Sauberkeit und eine derartige humane Behandlung der Geisteskranken herrscht, wie gerade dort. Zum Teil ist dies wahrscheinlich auch darauf zurückzuführen, daß das Pflegepersonal, insbesondere das weibliche, fast ausschließlich den gebildeten Kreisen angehört, trotz der verhältnismäßig geringen Bezahlung, und daß diese vorzüglichen, systematisch vorgebildeten Pflegerinnen vielfach auch auf der Männerseite tätig sind. Die Pflege der Geisteskranken gilt als durchaus „gesellschaftsfähiger" Beruf für eine junge Dame, ähnlich wie der der organisierten Krankenschwester bei uns und steht unter dem Protektorate der Königin.

Jedenfalls, wenn schon ausländische Verhältnisse als Beispiel für die Regelung des Irrenwesens herangezogen werden sollen, dann haben sich unsere Augen in erster Linie auf Schweden zu richten und auf den Geist, der hier die Irrenpflege seit Jahrzehnten beherrscht.

Als nächstes der europäischen Länder sei Deutsch-Österreich besprochen, dessen Irrengesetz deutlich auf die deutschen Entwürfe eingewirkt hat, von denen in den nächsten Teilen dieses Buches die Rede sein soll.

In Österreich spielten sich schon seit langem dieselben Kämpfe ab wie in Deutschland, wahrscheinlich gingen sie zum Teil auch von denselben Kreisen aus, wie die mehrere Jahre später dort zum zweiten Male und ohne Quellenangabe erfolgte Veröffentlichung des berüchtigten Kreuzzeitungsaufrufes zeigt. Die Folge von alledem war dann, daß während des Krieges ein schon lange vorbereiteter Entwurf etwas überstürzt Gesetzeskraft erhielt: die k. k. Entmündigungsordnung vom 28. Juni 1916[2]), in der u. a. auch, entgegen der Stellungnahme des 25. deutschen Juristentages, die Fragen der Entmündigung und der Anstaltsaufnahme mit einander verquickt wurden. Hier haben wir es im wesentlichen nur mit dem zweiten Teile, der Regelung der Anstaltsaufnahme von Kranken zu tun. Dieses Gesetz ist heute noch in Deutsch-Österreich und in der Tschechoslowakei in Geltung.

Auch hier ist, wie in dem oben erwähnten bayrischen Entwurfe, eine Untersuchung durch das Gericht vorgesehen, und zwar über jede Anstaltsaufnahme eines Kranken. Allerdings haben wir einen immerhin

---

[1]) Wie z. B. auch *Wollenberg* (Psych.-neurol. Wochenschr. Bd. 15, S. 543).

[2]) Wortlaut s. Psych.-neurol. Wochenschr. Bd. 18, S. 200.

wesentlichen Unterschied gegenüber den noch zu besprechenden „Grundzügen“ zu einem deutschen Reichsgesetze, indem hier diese gerichtliche Prüfung und Enstcheidung nicht vor, sondern, ähnlich wie in Ungarn, erst nach der Aufnahme stattfindet, und zwar 24 bis 48 Stunden nachher. Es ist ein, unter Umständen sind auch zwei Sachverständige zu hören, von denen einer ein Arzt der Anstalt selbst sein kann. Allerdings dürfen diese Sachverständigen nicht der Privatanstalt angehören, wenn es sich um die Aufnahme in eine solche handelt, oder in beständiger geschäftlicher Fühlung mit ihr stehen, ebenso dürfen sie weder mit dem Kranken noch mit den Personen, auf deren Antrag die Aufnahme stattfindet, oder mit dem Eigentümer oder dem leitenden Arzt der Privatirrenanstalt „in auf- oder absteigender Linie verwandt oder verschwägert, oder in der Seitenlinie bis zum vierten Grade verwandt oder im zweiten Grade verschwägert sein“. Auch diese Bestimmung ist z. T. fast wörtlich in den deutschen Reichsgesetzentwurf übernommen und dort sogar auf die Aufnahme in die staatliche Anstalt ausgedehnt worden.

Es finden sich ferner in dem österreichischen Gesetz eine Reihe von sonstigen Bestimmungen, die ebenfalls zum Teil wörtlich in die „Grundzüge“ übergegangen sind, die Vernehmung des Kranken durch den Richter und dergleichen mehr.

Eine etwas eigenartige, sicher nicht gewollte, wahrscheinlich aber sehr erfreuliche Konsequenz dieser Verordnung ist nach Mitteilung österreichischer Kollegen die, daß die Ärzte jetzt im allgemeinen viel leichter ein Aufnahmeattest ausstellen sollen als früher, da der Fall ja doch spätestens innerhalb von 48 Stunden von neuem und amtlich nachgeprüft wird. —

Ausführliche Kritiken dieser dem Geiste nach jedenfalls recht psychiaterfeindlichen Bestimmungen sind erschienen von *Starlinger* [1]), *Bischoff* und *Handl* [2]). Über die Erfahrungen mit diesem Gesetz berichtete *Berze* auf der Tagung des Vereins für Psychiatrie und Neurologie in Wien im November 1917 [3]). Nach seiner Rundfrage ergab die verschiedene Auslegung dieses Gesetzes in dem damaligen Groß-Österreich eine kaum mehr zu übertreffende Buntscheckigkeit und schwankte von der vernünftigsten und weitherzigsten Auffassung, die dem ganzen Widersinn des Gesetzes die Spitze abbrach, bis zu den kleinlichsten und pedantischsten Schikanen. Weitere Stellungnahmen erfolgten von *Sternberg* [4]), ferner von *Wagner v. Jauregg* [5]) sowie von *Herschmann* [6]). Bezüglich weiterer Einzelheiten sei dahin verwiesen. — Nur ein Punkt sei zur Kennzeichnung dieses Gesetzes und des darin herrschenden Geistes noch erwähnt: Nach einer besonderen ministeriellen Ausführungsverordnung sind die Ärzte der Anstalten verpflichtet, bei Entmündigungen zwar die Beobachtung

---

[1]–[6]) s. Literaturverzeichnis.

des eingewiesenen Kranken durchzuführen, also den zeitraubendsten und mühsamsten Teil der Arbeit dabei zu leisten, dann aber ihr so gewonnenes Material den Gerichten zur Verfügung zu stellen und sich darüber als „Zeugen“ vernehmen zu lassen. Die eigentliche verantwortliche Begutachtung jedoch liegt in den Händen der Gerichtsärzte! — Der lapsus calami, mit dem in diesem Zusammenhange das Gesetz einmal in einem amtlichen Anschreiben als „Entwürdigungsverordnung“ bezeichnet wurde [1]), ist ein sehr schönes Beispiel zur *Freud*schen „Psychopathologie des Alltagslebens“.

Die österreichischen Kollegen kämpfen bis jetzt noch immer vergebens um Milderung dieser reaktionären Bestimmungen, und sei es nur eine Milderung auf dem Verordnungswege [2]). Hoffentlich ist ihnen in absehbarer Zeit ein Erfolg beschieden.

Das heute gültige Gesetz hatte übrigens als Vorläufer einen Entwurf, der noch wesentlich übler war und in mancher Hinsicht sogar den deutschen Reichsgesetzentwurf von 1923 noch in den Schatten stellte. Den einmütigen Protesten aller österreichischen Irrenärzte war es damals glücklicherweise gelungen, diesen unmöglichen Entwurf zu Fall zu bringen [3]), die Sonderverhältnisse des Krieges wurden dann aber in wenig schöner Weise ausgenutzt, und diesmal gelang es den psychiaterfeindlichen Kreisen leider, ihr Ziel zu erreichen. —

Das Anstaltswesen in Deutsch-Österreich dürfte sich nicht wesentlich von dem Deutschlands unterscheiden, so daß hier nicht näher darauf eingegangen sei. Bedenklich erscheinen die „Mammuthanstalten“ bei Wien.

Bezüglich der Entmündigung selbst sei in diesem Zusammenhange nur kurz erwähnt, daß nach dem Vorbilde des deutschen Bürgerlichen Gesetzbuches jetzt dort zwei Grade der Geschäftsfähigkeit bzw. der Entmündigung bestehen, allerdings mit einer glücklicher gewählten Nomenklatur („beschränkte“ und „volle“ Entmündigung), ferner eine Entmündigung wegen Verschwendung, Trunksucht und

---

[1]) Vgl. Psych.-neurol. Wochenschr. Bd. 19, S. 234.

[2]) *Berze*, „Die neue Entmündigungsordnung und die Irrenanstalten“. Psych.-neurol. Wochenschr. Bd. 19, S. 305.

[3]) Vgl. *Eisath*, „Die Anstaltsärzte und die Vorlagen für ein Entmündigungs- und Fürsorgegesetz in Österreich“. Psych.-neurol. Wochenschrift Bd. 2, 1910, S. 418, und „Über die Vorlagen eines Entmündigungs- und Irrenfürsorgegesetzes in Österreich“. Ebenda S. 439, und ebenda Bd. 12, S. 235 und *Ruzika*, ebenda Bd. 14 S. 579.

sogar wegen „Mißbrauchs von Nervengiften". Dies alles war jedenfalls ein wesentlicher Fortschritt gegenüber dem früheren Zustande. —

In der Tschechoslowakei gilt vorläufig noch die Entmündigungsordnung vom Jahre 1916, die soeben besprochen wurde. Ein neues Irrengesetz soll in Vorbereitung sein. Näheres ist jedoch noch nicht bekannt. Es dürfte vermutlich zusammen mit der Neugestaltung des Bürgerlichen Gesetzbuches und des Strafrechtes geschaffen werden.

In Böhmen waren schon vor dem Kriege die Irrenanstalten unter der Verwaltung der Provinz und infolge der dort herrschenden Majorität fast ausschließlich in tschechischer Hand. Die unglaublichen Zustände, die noch im Jahre 1907 in Böhmen herrschten [1]), dürften ja wohl beseitigt sein, immerhin besagten auch die damals noch bestehenden Verhältnisse schon genug. Heute hat man fast alle deutsch-böhmischen Ärzte vermittels des zu diesem Zwecke geschaffenen, ganz willkürlich gehandhabten Sprachenexamens, ebenso wie alle anderen deutschen Beamten im ganzen Lande, systematisch aus der Verwaltung entfernt.

Die bauliche Einrichtung, namentlich der neueren Anstalten, dürfte leidlich sein [2]), jedoch scheint auch hier infolge einer unangebrachten Sparsamkeit eine außerordentliche Überfüllung zu herrschen. Wenigstens soll sich erst kürzlich in der Anstalt in Brünn-Tschernowitz ein ganz ähnlicher Fall abgespielt haben, wie er oben aus Frankreich berichtet wurde: zwei Kranke wurden in dieselbe Zelle eingeschlossen, und der eine verletzte den anderen so schwer, daß der Tod eintrat [3]).

Die deutsche psychiatrische Universitätsklinik in Prag leidet von jeher, und jetzt noch mehr als früher, unter der systematischen Beschränkung aller staatlichen Zuschüsse, so daß die Baulichkeiten und der ganze Betrieb leider sehr rückständig sind. Eine Besserung ist bei den jetzt dort herrschenden innerpolitischen Verhältnissen in absehbarer Zeit wohl als ausgeschlossen zu betrachten. Die in Deutschböhmen geplante Anstalt in Lichtenstadt bei Karlsbad [4]) ist nicht

[1]) Kölnische Zeitung 1. XI. 07, ref. Psych.-neurol. Wochenschr. Bd. 9, S. 301.

[2]) *Hrase*, „Zur Eröffnung der königl. böhm. Landesirrenanstalt in Bohnitz bei Prag". Psych.-neurol. Wochenschr. Bd. 12, 1911, S. 471.

[3]) „Eine Narrentragödie". Leipziger Neueste Nachrichten vom 22. VII. 26.

[4]) Vgl. Psych.-neurol. Wochenschr. Bd. 15, S. 421.

erbaut worden, und es dürfte aus den oben angedeuteten Gründen auch wohl vorläufig nicht damit zu rechnen sein.

Ob die in letzter Zeit eingetretene innerpolitische Umstellung des Landes — die Beteiligung deutscher Parteien an der Regierung — mehr als ein vorübergehender Versuch ist und sich auf dem hier betrachteten Gebiete irgendwie bemerkbar machen wird, muß die Zukunft zeigen.

Die Regelung des Irrenwesens in Ungarn zeigt in ihrer praktischen Auswirkung eine gewisse Ähnlichkeit mit Holland.

Das Gesetz von 1876 bzw. 1883 ist noch in Kraft. Ein Gesetzentwurf, der im Jahre 1904 durch den Landessanitätsrat dem Ministerium des Innern vorgelegt wurde, ist nicht Gesetz geworden [1]).

Dieser Entwurf, der in den wesentlichsten Punkten, wie auch in anderen Staaten, die Bestimmungen des vorhergehenden Gesetzes beibehält, erscheint ebenso wie dieses auf den ersten Blick sehr rückständig. Als oberster und einzigster Grundsatz für die Aufnahme eines Kranken in eine Irrenanstalt war in dem Entwurfe die Frage der Gemeingefährlichkeit aufgestellt, während das zurzeit noch gültige Gesetz wenigstens auch die Heilbarkeit erwähnt. Ebenso wie in Holland besteht aber auch in Ungarn die Möglichkeit einer Umgehung, eine Möglichkeit, die allmählich derartige Dimensionen angenommen hat, daß die Hauptpforte, durch die die Kranken eigentlich in die Anstalt gelangen sollten, mehr oder weniger zur Nebensache geworden ist. —

Zur eigentlichen Aufnahme eines Kranken ist erforderlich eine Entscheidung des zuständigen Bezirksgerichtes, die allerdings erst nach der Aufnahme einzuholen ist, ähnlich also wie in dem österreichischen Gesetze.

Nun kommt es aber zu einer „humanen Umgehung" des Gesetzes" [2]) dadurch, daß ein Unterschied gemacht ist zwischen „provisorischer" und „endgültiger" Aufnahme. Bei allen heilbaren und akuten Fällen erteilt der Richter, dem jede provisorische Aufnahme zu melden ist, die Genehmigung zur endgültigen Aufnahme überhaupt nicht, sondern gestattet, daß der Kranke unter der Flagge einer weiteren Beobachtung für unbestimmte Zeit als provisorisch aufgenommen gilt; die meisten Kranken werden nach ihrer Heilung in dieser Weise entlassen, ohne überhaupt jemals „aufgenommen" worden zu sein. Bei alledem fungiert der Anstaltsleiter selbst als Sachverständiger ohne jede äußere Kontrolle. Ferner hat jede Anstalt eine Poliklinik.

Die meisten Kranken sind praktisch mit dieser provisorischen Aufnahme einverstanden; bei denjenigen, die so schwer krank sind, daß sie selbst einer Aufnahme nicht widersprechen, erheben sich bei diesem Ver-

---

[1]) Vgl. *Hudovernig*, „Der Entwurf des neuen ungarischen Irrengesetzes". Zeitschr. f. d. ges. Neurol. u. Psych. Bd. IV, 1911, S. 494.

[2]) Vgl. *Oláh*, „Stacheldrahtschutzgesetz und Irrenwesen. Brief aus Ungarn." Psych.-neurol. Wochenschr. Bd. 27, 1925, S. 64.

fahren sowieso keine Schwierigkeiten. Eigentlich „aufgenommen“ werden also nur diejenigen, die in anderen Staaten als gemeingefährlich oder aus ähnlichen Gründen polizeilich eingewiesen werden, alle anderen sind nur „provisorisch“ in der Anstalt.

Praktisch also eine ziemlich ideale Lösung, die aber ebenso wie in Holland schließlich den eigentlichen Zweck des ganzen Gesetzes gegenstandslos macht und aus diesem Grunde wohl nicht vorbildlich sein kann.

Zu erwähnen ist noch, daß allerdings die „Einweisung“ in die Anstalt auch verknüpft ist mit der Entmündigung. Provisorische Aufnahmen in Privatanstalten müssen innerhalb von 24 Stunden angemeldet werden, und das Gericht läßt durch amtliche Sachverständige den Kranken untersuchen, während bei öffentlichen Anstalten, wie schon erwähnt, der Direktor selbst als Sachverständiger fungiert. Es ist also in Ungarn das Verfahren, das z. B. in Hamburg bei allen Kranken geübt wird, nur auf die Privatanstalten beschränkt.

Der genannte Gesetzentwurf vom Jahre 1904 hatte, abgesehen von oben erwähnten Punkten, eine Reihe von recht zweckmäßigen Bestimmungen [1]), wie die Beaufsichtigungskommissionen, denen auch alle Geisteskranke außerhalb der Anstalt unterstellt waren, ferner Bestimmungen entsprechend den Vorschlägen des neuen deutschen Strafgesetzentwurfes über die Internierung von geistig Minderwertigen, Vorschriften über die fachärztliche Ausbildung der Ärzte, sowie die Bestimmung, daß in jeder Anstalt für je 100 Kranke ein Arzt vorhanden sein müsse, und schließlich auch Strafbestimmungen, sogar Gefängnis bis zu 2 Monaten und hohe Geldstrafen, nicht nur für Verstöße gegen die oben angeführten Bestimmungen, wie etwa gegen die Meldepflicht, sondern auch z. B. für alle solche, die in ein nicht als Irrenanstalt errichtetes Krankenhaus unberechtigterweise Geisteskranke aufnehmen usw. Bei Durchführung solcher Grundsätze würde vielleicht in anderen Ländern manche aufsehenerregende Strafe verhängt werden. —

Das ungarische Irrenwesen selbst hat durch den Ausgang des Krieges und durch die finanziellen Verluste des Staates infolge Abtrennung von Waldungen, Bergwerken und Wasserkräften sehr gelitten bzw. die ganze Entwicklung wurde unterbrochen; wie sich ein solcher Geldmangel bei der dann meist unvermeidlichen Überfüllung im einzelnen auswirkt, wird man sich unschwer ausmalen können. Noch schlimmer aber sieht es in den abgetrennten Gebieten aus, wo oft für mehrere Millionen Menschen keine Anstalt vorhanden ist, wie *Pandys* erschütternde Klagen[2]) zeigen.

Zurzeit wird in Ungarn ein neuer Gesetzentwurf von amtlicher sachverständiger Seite vorbereitet, über den ich Näheres der

[1]) Da mir das alte ungarische Gesetz nicht im Wortlaut vorlag, konnte nicht nachgeprüft werden, ob bzw. wie weit auch diese Vorschläge dort schon enthalten sind.

[2]) *Pandy*, „Das Irrenwesen Ungarns von 1917 bis 1921“. Psych.-neurol. Wochenschr. Bd. 26, 1924, S. 95.

Liebenswürdigkeit von Herrn Staatssekretär Professor Dr. *Olàh* verdanke. Interessant ist, daß auch hier wieder keine grundsätzliche Änderung vorgenommen wird, sondern daß die neuen Pläne sich formal ziemlich enge an die seitherigen Bestimmungen anschließen. Es wurde eingangs schon erwähnt, daß dies in allen Ländern stets so zu sein pflegt.

Es wird in den für den neuen Entwurf aufgestellten Grundlinien die „vorläufige" Unterbringung und die „endgültige Aufnahme" unterschieden; für die erstere Gruppe von Kranken soll bei jeder Anstalt eine „Abteilung für Nervenkranke" geschaffen werden, die allerdings in ihrer baulichen Einrichtung und ihrem Betriebe zur Behandlung jeder Art von Psychosen, auch von Erregungszuständen geeignet sein soll. Nur wo der Kranke sich einer etwa notwendig werdenden therapeutischen Beschränkung seiner persönlichen Bewegungsfreiheit nicht fügen will, kommt es zur eigentlichen „Aufnahme" auf Grund einer behördlichen Entscheidung.

Die nur „vorläufig" aufgenommenen Kranken sollen zur Beruhigung der öffentlichen Meinung dem betreffenden behördlichen Funktionär vorgestellt werden, jedoch in möglichst unauffälliger Weise und nur zur Kenntnisnahme der freiwilligen Entschließung bezw. des willenlosen Zustandes des Kranken. — Wenn nötig, ist auch sofortige Versetzung auf die geschlossene Abteilung möglich, und nachträglich erst die Durchführung des Aufnahmeverfahrens. Eine Zurückversetzung auf die offene Abteilung ist ebenso leicht möglich, desgleichen die Entlassung. Es ist also praktisch ein vollkommen freies Aufnahmeverfahren, das hier geplant wird, und nur die Aufnahme derjenigen, die anderswo behördlich als gemeingefährlich o. ä. eingewiesen werden, unterliegt hier einer amtlichen Nachprüfung.

Sachlich eine vorzügliche Regelung, die Form aber erscheint doch wohl etwas anfechtbar.

Weitere Pläne beziehen sich auf ausgedehnte poliklinische Behandlung und externen Dienst, ferner auf sehr energische und konsequente Erfassung der Alkoholiker nach den oben dargelegten Grundsätzen Für alle Kranken sollen Ausdrücke wie „Geisteskrank", „Internierung" u. ä. möglichst vermieden werden.

Auch sonst enthält der Entwurf zahlreiche, zum Teil ganz neue und wirklich großzügige Gedanken; überraschend und nachahmungswert ist der Plan, daß — „vor Ausstellung eines Reverses" würden wir in diesem Falle sagen — eine Kommission von drei von der Regierung ernannten erfahrenen Psychiatern vorher nicht nur den Zustand des Kranken, sondern auch die „materielle und moralische Verantwortungsfähigkeit der Angehörigen und aller äußeren Umstände" prüft.

Auch die Entmündigung soll nicht direkt eintreten, sondern das persönliche Verfügungsrecht soll „stufenweise abgebaut" werden und „in dem Grade (Beigabe eines Ratgebers, unsichtbare Bevormundung usw.), in dem es die Umstände als unvermeidlich zeigen" u. a. m.

Und schließlich sind eine Reihe von Strafbestimmungen vorgeschlagen, für Verleitung zum Trunke, Verabreichung geistiger Getränke an Trinker, für Mißhandlung, Verhöhnung usw. eines Kranken durch Pflegepersonal und — wiederum etwas grundsätzlich Neues — für Verbreitung von „unwahren oder tendenziös gefärbten Nachrichten über Heilanstalten" oder für „Erzählungen, Romane, Theaterstücke usw. die Geschehnisse erdichten, welche geeignet sind, im allgemeinen gegen die Heilanstalten das Gefühl des Grauens, des Mißtrauens oder des Geheimnisvollen zu erwecken". —

Dieses charakterisiert schon allein den modernen und humanen Geist des Entwurfes, und wenn auf Grund dieser Richtlinien das Gesetz gestaltet und angenommen würde, so hätte Ungarn — abgesehen von der äußeren Form der Aufnahme, die unserem Empfinden nicht zusagt — ganz zweifellos sachlich das modernste und großzügigste Irrengesetz Europas, wenn nicht der ganzen Welt.

Die Verhältnisse in der Schweiz liegen so kompliziert, daß es ganz unmöglich ist, eine genaue Schilderung des Irrenwesens in sämtlichen 22 Kantonen zu geben. Nur einige Beispiele: zwei dieser Kantone, Genf und Neuenburg, haben Gesetze, bei den übrigen ist die Frage auf dem Verordnungswege geregelt. Die beiden genannten Gesetze sind schon recht alt. Das Gesetz von Genf z. B. stammt vom 5. Februar 1838, ist also noch etwas älter als das oben erwähnte französische vom 30. Juni 1838. Es ist auffallend, daß trotz dieser zeitlichen und örtlichen Nähe und trotz des großen kulturellen Einflusses, den Frankreich auf die französischen Kantone der Schweiz von jeher ausgeübt hat, dieses Gesetz dem französischen wenig ähnelt [1]).

Es seien nur folgende Bestimmungen erwähnt: Zur Aufnahme eines Kranken gehört eine Ermächtigung der Polizei oder des Magistrats auf Grund eines ärztlichen Attestes eines in Genf approbierten Arztes. Diese Ermächtigung gilt nur für 6 Monate, muß in dieser Weise dreimal und dann von Jahr zu Jahr erneuert werden, wenn der Kranke in der Anstalt verbleibt. — Meldung an die Staatsanwaltschaft innerhalb 24 Stunden. Überwachung der Anstalten durch eine Kommission, die sich aus mehreren Staatsräten zusammensetzt, und die zahlreiche Befugnisse hat. Die Bestimmungen über die Entlassung sind sinngemäß.

Dies Gesetz besteht heute noch, über seine praktische Durchführung konnte nichts in Erfahrung gebracht werden, wahrscheinlich gibt es auch hier Umgehungen in reichlichem Maße.

Ganz anders z. B. im Kanton Zürich: Aufnahme auf Grund eines ärztlichen Attestes, das nicht älter als 14 Tage sein darf, sowie der übrigen allgemein üblichen Papiere (Aufnahmeantrag, Personalien, Sicherstellung der Zahlung). Gegebenenfalls Einweisung durch die Polizeibehörde, ebenfalls auf Grund eines entsprechenden ärztlichen Attestes, wenn der

---

[1]) Wortlaut s. Allgem. Zeitschr. f. Psych. Bd. XX, Supplementheft S. 18.

Kranke der öffentlichen Sicherheit oder sich selbst gefährlich ist und nachgewiesen wird, daß man auf andere Weise für denselben nicht sorgen kann oder will. Ferner vorübergehende Aufnahme von Kranken, die von der Polizei aufgegriffen werden, u. U. auf einfache polizeiliche Anordnung, ebenso sinngemäß Einweisung durch die Gerichte zur Beobachtung auf ihren Geisteszustand. Überwachung der Anstalten durch eine besondere Aufsichtskommission, die auch die Beschwerden erledigt.

Eine ähnliche liberale Regelung besteht auch in den meisten übrigen Kantonen; Einzelheiten siehe bei *Wyler* (l. c.).

In Italien liegen die Verhältnisse in mehr als einer Hinsicht eigenartig und sind nicht gut mit den unseren zu vergleichen. Die zur Zahlung der Pflegekosten verpflichteten Stellen haben es verstanden, sich nach Möglichkeit dieser Last zu entziehen.

Nach dem Gesetz vom 11. II. 1904 [1]) werden in Irrenanstalten nur solche Kranke aufgenommen, die für sich oder andere gefährlich sind oder öffentliches Ärgernis erregen und die außerhalb der Anstalt nicht entsprechend bewacht oder verpflegt werden können.

Man kann sich ungefähr vorstellen, aus welchem Materiale sich auf Grund dieses Gesetzes die Kranken der Irrenanstalten zusammensetzen. Es kommt aber noch schlimmer: Zur Aufnahme gehört — [abgesehen von dem Antrage der nächsten Verwandten oder des Vormundes und einer ärztlichen Bescheinigung, die nicht älter als 3 Tage sein darf, und die von dem Bezirksarzte amtlich beglaubigt sein muß] — ein offizieller Beschluß des Gerichts erster Instanz, also etwa des Amtsgerichtes, es sei denn, daß es sich um dringliche Fälle handelt, bei denen dieser Beschluß nachgeholt wird. Die in dieser Weise eingewiesenen Kranken müssen auf einer besonderen „Beobachtungsabteilung" der Anstalt untergebracht werden, und der Direktor hat über den Befund nach spätestens einem Monat einen Bericht zu erstatten. Auf Grund dieses Berichtes wird dann auf Antrag der Staatsanwaltschaft von dem Gerichte zweiter Instanz [dem Landgerichte] die endgültige Internierung beschlossen. Zugleich damit wird ein Vermögensverwalter für den Kranken ernannt bis die endgültige Entmündigung, die ebenfalls eingeleitet wird, durchgeführt ist. Also eine große Ähnlichkeit mit dem holländischen und den englischen Gesetzen.

Sinngemäß sind auch die Bestimmungen über die Entlassung, die ebenfalls nur auf Antrag von dem Landgericht verfügt werden kann, abgesehen von versuchsweisen Beurlaubungen.

Die Zustände in italienischen Irrenanstalten unterscheiden sich aber wahrscheinlich wesentlich von den in Holland herrschenden, sie spotten nach übereinstimmenden Schilderungen vielfach jeglicher Beschreibung und stehen teilweise ungefähr auf dem Standpunkte,

---

[1]) Wortlaut: *Aschaffenburg*, Monatsschr. f. Krim. Psych. u. Strafrechtsref. Bd. 3, 1907, S. 239. Vgl. ferner *Belmondo*, „Der Entwurf eines Irrengesetzes in Italien". Psych. Wochensch. Bd. 2, 1900, S. 17.

auf dem die Irrenanstalten zivilisierter Länder vor etwa 100 Jahren gestanden haben; die Anstalten sind größtenteils gefängnisartige, nicht sehr sauber gehaltene Gebäude, in denen sich nur die erregtesten und gefährlichsten Geisteskranken sowie schwer verblödete befinden, und in denen die Anwendung von Zwangsmitteln der schlimmsten Art nicht nur die Regel zu bilden scheint, sondern vielfach noch in einem Umfange vorkommen dürfte, von dem man sich kaum einen Begriff machen kann. Es sei verwiesen auf die Schilderung von *Pandy* (S. 163 ff.) und auf die ganz unabhängig davon erfolgte Schilderung über die Anstalt in Venedig von *Weygandt*[1]). Auch Verfasser dieser Zeilen sah noch im Jahre 1911 in der Anstalt von Genua genau das gleiche Bild. — Eine rühmliche Ausnahme scheint nach der Schilderung von *Pandy* die Anstalt in Reggio-Emilia zu sein, die offenbar den Stempel ihres damaligen Direktors Tamburini trägt[2]), ferner die neue Provinzialirrenanstalt San Onofrio in Campagna[3]) bei Rom.

Es ist nicht wahrscheinlich, daß inzwischen das ganze Irrenwesen einer gründlichen Reform unterzogen worden wäre, schon im Hinblick auf die beträchtlichen Summen, die dies bei der seitherigen Rückständigkeit der meisten Irrenanstalten erfordert hätte; wenn vielleicht noch einige weitere Anstalten einen etwas moderneren Eindruck machen oder wenn in neuerer Zeit hier und da gewisse Reformen durchgeführt sein sollten, über die nichts Näheres bekannt geworden ist, so ändert dies doch nichts an der Tatsache, daß in Italien eben nur die schwersten Geisteskranken, und zwar nach einer gerichtlichen Verurteilung zur Irrenanstalt in diese aufgenommen werden, und daß für sämtliche übrigen Kranken, insbesondere für die beginnenden und heilbaren Formen keine entsprechende fachärztliche Behandlung zur Verfügung steht. Das italienische System, nur die unsozialen Elemente zu internieren und sich um die übrigen nicht zu kümmern, hat vielleicht den Vorteil der Billigkeit, dies dürfte jedoch wohl auch sein einziger Vorzug sein, und es wäre allen deutschen Irrenrechtsreformlern, die ähnliche Zustände bei uns herbeisehnen, nur dringend zu wünschen, wenn sie die italienischen Verhältnisse einmal aus eigener Erfahrung kennen lernen würden.

---

[1]) *Weygandt*, „Die venezianische Anstalt S. Servolo". Psych. Wochenschr. Bd. 2, 1900, S. 188. Allerdings wurde diese Anstalt später aufgehoben, vgl. ebenda Bd. 5, S. 56.

[2]) *Reggio-Emilia*. Psych.-neurol. Wochenschr. Bd. 4, S. 542.

[3]) *Bonfiglio*. Allgem. Zeitschr. f. Psych. Bd. 80, 1924, S. 137.

Selbst *Antonini*[1]) kann in seiner, man möchte sagen „Verteidigungsschrift" unter etwa 32 norditalienischen Anstalten nur vielleicht 5 bis 6 zur Besichtigung empfehlen.

Man könnte nun vielleicht einwenden, das italienische Gesetz sei den dortigen Verhältnissen angepaßt; es mag sein, daß bei dem lebhaften, zu Affektausbrüchen und zu Gewalttätigkeiten neigenden italienischen Volkscharakter die Mehrzahl der Kranken doch mehr oder weniger bald asozial oder gemeingefährlich werden und also doch schließlich unter das Gesetz fallen, und daß aus dem gleichen Grunde stille Depressionszustände und Selbstmorde mehr zurücktreten als bei uns, so daß die Mängel einer derartigen Gesetzgebung nicht in so schroffer Weise zutage treten, wie es bei uns der Fall sein würde; wahrscheinlich ist auch der Kulturstand des ganzen Volkes nicht so entwickelt, um solche Zustände als unmöglich zu empfinden, dies zeigt schon allein die Tatsache, daß ein derartig rückständiges Irrenwesen überhaupt geduldet wird, — das eine aber bleibt unbestreitbar, daß jenes Gesetz die eines modernen Kulturstaates unwürdigen Verhältnisse des Irrenwesens nicht nur nicht verhindert, sondern sogar noch verschärft hat, so daß schon wenige Jahre nach seiner Einführung, auf dem III. Internationalen Kongreß für Irrenpflege in Wien namhafte italienische Autoren, *Mongeri* und *Anfosso*[2]), dringend eine Änderung des Aufnahmeverfahrens forderten, und *Bischoff*[3]) konnte, allerdings nicht nur mit Bezug auf Italien, mit Recht sagen: „Je mehr Aufsicht durch die Verwaltungsbehörde eingeführt ist, desto ungeordneter sind die Verhältnisse". Es lassen sich eben diese komplizierten Dinge nicht vom grünen Tisch aus regeln und durch Juristen, durch Laien und durch die Zwangsmaßnahmen eines schematisch-starren und von Mißtrauen diktierten Gesetzes, sondern, ebenso wie die ganze Behandlung der Geisteskranken überhaupt, nur durch ein juristisch-verwaltungsrechtliches „No-restraint-System" und durch die einzig Sachverständigen und Fachkundigen auf diesem Gebiete, die Irrenärzte selbst.

Im übrigen gibt es auch in Italien selbstverständlich die unvermeidlichen ganz öffentlichen Umgehungen, die jedes derartige Gesetz

---

[1]) *Antonini*, „L'assistance des aliénés en Italie". Psych.-neurol. Wochenschr. Bd. 8, S. 211.

[2]) Psych.-neurol. Wochenschr. Bd. 11, 1909, S. 310.

[3]) „Die österreichische Entmündigungsordnung". Psychiatr. Bemerkungen. Monatsschr. f. Krim.-Psych. u. Strafrechtsr. Bd. 22, 1921/22, S. 7.

nach sich zieht; so erwähnt z. B. *Bonfiglio* [1]) ganz harmlos, daß die 500 Patienten in der Anstalt für chronische Kranke in Cecano nicht gesetzlich internierte Kranke seien, und die Dinge werden wohl in anderen Provinzen vielfach ganz ähnlich liegen.

Nach Zeitungsmeldungen soll jetzt übrigens eine Änderung des Gesetzes geplant sein.

Rühmenswert soll nur die Ausbildung des Pflegepersonals sein, für das, wie *Tamburini* [2]) berichtete, ausgedehnter Unterricht stattfinden soll; ob diese Einrichtung beibehalten und ausgebaut bzw. auf alle Anstalten ausgedehnt wurde und mit welchem tatsächlichen Erfolg, ist uns allerdings nicht bekannt. Nach dem Eindruck, den Verfasser dieser Zeilen seinerzeit in Genua erhalten hat, scheint es, als ob, an den Anforderungen gemessen, die wir in diesem Punkte zu stellen gewohnt sind, damals doch auch noch recht viel zu wünschen übrigbliebe. — Die Obstruktion streikender Pfleger in Rom [3]) ,die den Kranken kleine Nägel in das Brot praktizierten, die Mäuse, Ratten, Insekten, schmutzige Lappen und Haarbüschel in die Suppenkessel warfen, spricht nicht gerade für sehr großen Erfolg dieses Unterrichts.

Spanien und Portugal besaßen nach *Pandy* (l. c.) keine gesetzliche Regelung des Irrenwesens. Die Zustände waren damals in beiden Ländern höchst betrüblich [4]) und haben sich inzwischen wohl auch nicht wesentlich geändert. Übrigens irrt *Pandy* in einem Punkte: es besteht in Spanien seit dem 19. V. 1885 ein königlicher Erlaß mit Gesetzkraft [5]), der dann durch weitere Ministerialverordnungen ergänzt wurde und der, ganz wie in Italien, Holland und England, ausschließlich diktiert ist von der Sorge für möglichst umfassenden juristischen Schutz der persönlichen Freiheit. Zur Aufnahme erforderlich ist, abgesehen von dem Gesuche der Angehörigen, ein ärztliches Zeugnis [6]) von zwei Ärzten unterschrieben, das von dem Amtsarzte außerdem noch gegengezeichnet sein muß. Diese Gesuche unter-

---

[1]) S. oben S. 106.

[2]) Psych.-neurol. Wochenschr. Bd. 11, S. 310.

[3]) Psych.-neurol. Wochenschr. Bd. 11, S. 310 u. 460.

[4]) *Magelhães Lemos*. Psych.-neurol. Wochenschr. Bd. 11, S. 309, und *Weygandt*, „Psychiatrisches aus Spanien“. Ebenda Bd. 5, S. 155; vgl. auch ebenda S. 477.

[5]) S. *Wyler* l. c.

[6]) Der Arzt darf weder mit dem Besitzer oder dem Arzt der Anstalt, dem Kranken oder den Antragstellern bis zum IV. Grade nach kanonischem Rechte verwandt sein!

liegen dann der fachärztlichen Begutachtung des betreffenden Ortsbürgermeisters! Stimmt dieser zu, dann ist eine „Beobachtung" bis zu einem Jahre in der Anstalt zulässig. Auf Grund eines ärztlichen Zeugnisses des Anstaltsleiters entscheidet dann das Gericht nach freiem Ermessen, ebenso wie auch über die Entlassung aus der Anstalt; (allerdings ist dem Direktor der Anstalt eine zeitweilige Entlassung eines gebesserten Kranken gestattet). Auch bei „dringlichen Aufnahmen zur Beobachtung" muß der Bürgermeister und der beamtete Arzt die Notwendigkeit bescheinigen und solche Aufnahmen dürfen nur einmal bei demselben Kranken stattfinden.

Die Folgen dieser Bestimmungen sind denn nun, ebenso wie in Italien, derartig, daß *Sacristàn*[1]) sagt, einige Privatanstalten seien die einzigen, die man in Spanien fremden Besuchern zeigen könne, ohne daß einem die Schamröte ins Gesicht steige. Ein psychiatrischer Unterricht bestehe so gut wie überhaupt nicht, und die Kenntnisse der spanischen Ärzte auf diesem Gebiete seien dementsprechend.

Alle Versuche, eine moderne Regelung des Irrenwesens herbeizuführen, sind bisher gescheitert. Die Schilderungen von *Schmitz*[2]), der offenbar nicht aus persönlicher Erfahrung, sondern auf Grund von schön gefärbten amtlichen Berichten urteilt, stehen in derartigem Widerspruch mit allen anderen Mitteilungen, daß wohl einige Zweifel berechtigt sind. Verfasser dieser Zeilen kennt aus eigener Anschauung keine der Anstalten des spanischen Mutterlandes, wohl aber die Anstalt in Las Palmas (Gran Canaria), die für den östlichen Teil der kanarischen Inseln zuständig ist. Die Verhältnisse sind dort nicht ganz so schlimm, wie sie *Pandy* und *Sacristàn* in Spanien schildern, was zum Teil vielleicht auch auf das alte Guanchenblut der dortigen Bevölkerung zurückgeführt werden könnte. Ebenso wie das ganze Volk auch in den untersten Volkskreisen dort sich durch eine außerordentliche Liebenswürdigkeit, Harmlosigkeit und innere Vornehmheit auszeichnet, scheinen auch bei den Geisteskranken Erregungszustände und Gewalttätigkeiten verhältnismäßig seltener zu sein als in Spanien und Italien. Nur eine Kranke sah ich in einer Zelle, und ein Patient war an den Füßen gefesselt. Allerdings hat die Anstalt nur etwa 70 Betten, so daß eine derartige Statistik natürlich nicht allzuviel beweist. Doch war sonst dort alles, so weit sich dies in dem früheren Kloster einrichten ließ, sauber und mit Blumen geschmückt, auch

---

[1]) *Sacristàn*, „Die Fürsorge für Geisteskranke in Spanien". Allgem. Zeitschr. f. Psych. 1924, Bd. 80, S. 469.

[2]) Allgem. Zeitschr. f. Psych. Bd. 41, S. 366 u. Bd. 43, S. 211.

schien die Behandlung durch die katholischen Ordensschwestern freundlich und liebevoll zu sein.

Etwas anderes aber war dabei sehr charakteristisch und man darf wohl annehmen, daß dies eine, wenn auch unbewußte Folge der ganzen Tendenz des spanischen Irrengesetzes ist. In dem gleichen Hause, in dem sich im Erdgeschosse die Geisteskranken befanden, wurden im ersten Stockwerk die Leprakranken der ganzen kanarischen Inseln verpflegt, und zwar ohne jede Trennung, versorgt von den gleichen Ordensschwestern, ja sogar ruhige Geisteskranke halfen oben bei der Pflege der Leprosen mit und vielleicht auch umgekehrt. Offenbar war die ganz unwillkürliche Erwägung dabei die, daß bei denjenigen Geisteskranken, die unter diesem Gesetz wirklich in die Anstalt aufgenommen werden, es schließlich auch weiter nicht viel schade, wenn sie sich auch noch mit Lepra infizierten. Zwar soll seit Jahren keine derartige Ansteckung vorgekommen sein, doch ändert dieser Glückszufall an der ganzen Tatsache natürlich nicht das Geringste.

Eine objektive Schilderung des Irrenrechtes und des Irrenwesens in Rußland zu geben, dürfte wohl unmöglich sein. Waren schon vor dem Kriege die Verhältnisse in dem Riesenreiche fast nicht zu überblicken und wahrscheinlich an den verschiedenen Stellen ganz verschieden, so ist ein Einblick unter den jetzigen Umständen ganz ausgeschlossen. Die Schilderung, die *Weygandt* [1]) seinerzeit gegeben hatte, trifft heute wohl sicherlich nicht mehr zu. Wie furchtbar die Revolution und ihre Folgen unter den Irrenärzten und in den Irrenanstalten gehaust, deutet *Gilarowsky* [2]) selbst an. Die schön gefärbten Berichte, die die jetzige Regierung auf allen wirtschaftlichen und kulturellen Gebieten ausgibt, und die strenge Zensur, die über allen Veröffentlichungen waltet, legen sich wie ein dichter Schleier über die wirklichen Verhältnisse. Wie die Aufnahmebestimmungen zurzeit sind, konnte nicht in Erfahrung gebracht werden, wahrscheinlich regionär ganz verschieden und vermutlich auch zahlreichen Willkürlichkeiten ausgesetzt. Im übrigen wird man wohl nicht fehlgehen in der An-

---

[1]) *Weygandt*, „Bericht über den internationalen Irrenfürsorgekongreß in Moskau 8.—13. I. 14". Psych.-neurol. Wochenschr. Bd. 16, S. 21 u. 23. — Das gleiche gilt wohl auch für *Ssokalski* und ähnliche Berichte. (Ebenda Bd. 5, S. 16.)

[2]) *Gilarowsky*, „Über den Zustand der psychiatrischen Krankenhäuser in Rußland". Allgem. Zeitschr. f. Psych. 1924, Bd. 80, S. 295, und „Die Moskauer Psychiatrie im Jahre 1924". Ebenda 1925, Bd. 82, S. 354.

nahme, daß in russischen Anstalten nicht gerade ideale Verhältnisse herrschen, und die Bestrebungen, psychiatrische Hilfe weitesten Volkskreisen zuteil werden zu lassen, — einmal durch offene psychiatrische Abteilungen mit absolut freier Aufnahme, die äußerlich durch nichts von den gewöhnlichen Krankenhäusern unterschieden sein sollen und weiterhin als noch „niedrigere", populärere Stufe psychiatrische Polikliniken, angegliedert an die Polikliniken für Tuberkulose und Geschlechtskrankheiten[1]), — alles das ist sehr ideal gedacht, wie vieles in der kommunistischen Weltanschauung, wie es aber im einzelnen praktisch durchgeführt wird bzw. ob und wie es unter den gegebenen Verhältnissen überhaupt durchführbar ist, und welche Ergebnisse es erzielt, das ist eine andere Frage, zu deren Beantwortung die Schilderungen von russischer Seite wohl nicht ausreichen.

Aus ähnlichen Gründen, sowie auch vor allem deshalb, weil die ganzen inneren Verhältnisse dort noch nicht genügend geklärt zu sein scheinen, wurde auch davon Abstand genommen, das Irrenwesen der früher russischen Randstaaten sowie das der Balkanstaaten in den Kreis unserer Betrachtungen zu ziehen.

Erfreulich scheinen die Dinge dort vielfach gerade nicht zu liegen, namentlich aus Rumänien, das schon vor dem Kriege sehr rückständig war[2]), wird Furchtbares berichtet, während die verhältnismäßig günstigen Zustände, die schon früher in Finnland[3]) bestanden, sich wohl nicht wesentlich zu Ungunsten geändert haben dürften.

Außereuropäische Anstalten wurden nicht in den Kreis dieser Betrachtungen gezogen, um diese nicht über Gebühr auszudehnen. Erwähnt seien hier nur die Schilderungen von *Hockauf*[4]) und *Hoppe*[5]) über die Verhältnisse in Nordamerika. Die gesetzliche Regelung ist dort zum Teil ähnlich wie in England, die Umgehung,

---

[1]) *Galant*, „Die Grundlagen der neuen Organisation der Irrenpflege in Sowjet-Rußland". Ebenda 1925, Bd. 82, S. 81, und *Gilarowsky* l. c.

[2]) *Merklin*, „Psychiatrisches aus Rumänien". Psych.-neurol. Wochenschrift Bd. 7, S. 347.

[3]) *Pandy*, „Das Irrenwesen in Finnland". Psych.-neurol. Wochenschrift Bd. 9, 365.

[4]) „Eine Studienreise in Nordamerika". Psych.-neurol. Wochenschrift Bd. 8, S. 371 ff. und des gleichen Autors Referate über amerikanische Anstaltsberichte in den verschiedenen Jahrgängen der gleichen Zeitschrift.

[5]) „Psychiatrisches aus Nordamerika". Allgem. Zeitschr. f. Psych. Bd. 64, S. 320.

namentlich durch psychiatrische Kliniken, ähnlich wie in Holland. Doch liegen die Dinge in den einzelnen Staaten der Union teilweise recht verschieden. Die Theorie von der Möglichkeit wirtschaftlicher Ersparnisse durch Konzentrierung des Betriebes in „Mammuthanstalten" scheint durch die geradezu groteske Übertreibung dieses Prinzips dort gründlich ad absurdum geführt zu werden, denn was Schreiber dieser Zeilen selbst bei einem Besuche im Jahre 1923 dort gesehen hat, weist, wenigstens vom ärztlichen Standpunkte, vom Standpunkte des Wohles der Kranken aus, mit wirklich fast noch mehr als zwingender Deutlichkeit auf die Notwendigkeit kleiner Anstalten hin. Vielleicht bietet sich Gelegenheit diesen Punkt einmal an anderer Stelle eingehender zu besprechen.

Ein nicht allzu liberales Gesetz scheint Argentinien zu haben, unter teilweiser Anlehnung an Frankreich. Die Änderungsvorschläge von *Obarrio* und *Cabello* [1]) sind teilweise sehr rückschrittlich.

Die Anstalten in der Hauptstadt sind, dem Reichtum des Landes entsprechend, recht großzügig und modern, ebenso die Kolonie „Open door"; wie es im Innern des Landes aussieht, darüber konnte nichts Sicheres ermittelt werden. —

Das brasilianische Irrengesetz ähnelt etwas der ungarischen Regelung. Beneidenswert ist die Zahl von 24 Ärzten, einschließlich des Direktors auf etwa 1000 Kranke in der Anstalt in Rio de Janeiro [2]), die auch baulich durchaus modern zu sein scheint; ob man über die übrigen Anstalten des Landes das gleiche sagen kann, bleibe dahingestellt.

Über Chile war nichts Näheres zu erfahren. Über die Anstalten dürfte das gleiche gelten, was über Argentinien und Brasilien gesagt wurde [3]).

Es ist also im wesentlichen kein sehr erfreuliches Bild, das uns ein solcher Überblick über das Irrenwesen anderer Staaten bietet.

Fast überall das gleiche, gehässige, teils direkt kindliche Mißtrauen gegen die Irrenanstalt. Daneben aber noch ein anderes, nämlich die Tatsache, daß der Stand des Irrenwesens eines Landes von den gesetzlichen Bestimmungen ziemlich unabhängig zu sein scheint. Doch dürfen daraus keine voreiligen Schlüsse gezogen werden.

[1]) ref. Zentrbl. Bd. 40, S. 838 u. Bd. 42, S. 234.

[2]) *Moreira*, „Reform der Irrenfürsorge in Rio de Janeiro und Gesetz, über Irrenfürsorge in Brasilien". Psychiatr.-neurol. Wochenschr. Bd. 7 S. 305 u. 307.

[3]) Über die moderne Anstalt in der Hauptstadt Santiago de Chile vgl. Psych. neurol. Wochenschr. Bd. 4, S. 142.

Wir haben hier zweifellos auch Zusammenhänge in der Art, daß ein gutes Gesetz mit einem vorzüglichen Irrenwesen Hand in Hand geht, wie z. B. in Schweden, oder daß ein schlechtes Gesetz auch dem Irrenwesen seinen Stempel aufdrückt, wie in Italien und Spanien. Es ist also keineswegs so, daß wir uns in der Hoffnung wiegen könnten, daß ein selbst noch so schlechtes Gesetz bei dem hohen Stande des Irrenwesens in Deutschland nicht den geringsten Schaden anzurichten vermöge, und daß es uns von diesem Gesichtspunkte aus also gleichgültig sein könnte, welches Reichsgesetz wir einmal bekämen. Gerade bei einer so hoch entwickelten Organisation, wie wir sie in Deutschland besitzen, könnte ein reaktionärer[1]) gesetzgeberischer Einfluß von den verhängnisvollsten Folgen begleitet sein.

Daß dies nicht überall der Fall ist, namentlich nicht dort, wo ein solches Gesetz schon seit vielen Jahrzehnten besteht, und wo es erlassen wurde zu einer Zeit, als das Irrenwesen dort noch nicht sehr weit fortgeschritten war, und es also noch nicht viel daran zu verderben gab, ändert an dieser Tatsache nichts. Die kulturellen Fortschritte auf diesem Gebiete wären wahrscheinlich in jenen Ländern wesentlich größer und wären jedenfalls früher in Erscheinung getreten, wenn ein großzügiges Gesetz hier freie Bahn für eine solche Entwicklung geschaffen hätte. Dazu kommt vor allem aber der Umstand, daß in denjenigen Staaten, in denen ein schlechtes Gesetz nicht vermocht hat, eine solche Entwicklung zu unterbinden — wie z. B. in Holland oder Ungarn —, sich in der Praxis eine geradezu geniale Umgehung des Gesetzes herausgebildet hat, so daß dieses de facto dort mehr oder weniger gegenstandslos geworden ist.

Also entweder bringt ein schlechtes Gesetz unübersehbaren Schaden, oder aber es wird von der Entwicklung beiseite geschoben und zur harmlosen Atrappe erniedrigt.

Neben dieser zunächst scheinbar so paradoxen Erscheinung, daß trotz eines schlechten Gesetzes das Irrenwesen eines Landes mehr oder weniger modern sein kann, finden wir die andere, vielleicht nicht weniger überraschende Tatsache, daß trotz verhältnismäßig guter Gesetze das Irrenwesen der betreffenden Länder eine geradezu unglaubliche und eines Kulturstaates unwürdige Rückständigkeit zeigt, wie in Frankreich und in Belgien.

Bei näherer Betrachtung sehen wir aber, daß dies zum Teil zwar

[1]) Dies Wort ist hier selbstverständlich nicht in parteipolitischem Sinne gemeint; voreingenommene Gegner der Irrenanstalten finden sich leider wohl noch in allen politischen Parteien.

auch in dem Gesetze begründet ist, — wie z. B. in der Institution des Verwaltungsdirektors in Frankreich und in der ganz unzulänglichen Besoldung der Ärzte, die zu allgemeiner Praxis zwingt und die Qualität der Ärzteschaft verhängnisvoll beeinflußt, — daß es zum allergrößten Teile aber doch aus Gründen geschieht, die völlig außerhalb des Gesetzes liegen, durch die Tatsache vor allem, daß die wichtigsten Bestimmungen der Gesetze dort nicht nur umgangen, sondern einfach in der naivsten Weise mißachtet werden, insbesondere diejenigen bezüglich der amtlichen Besichtigung und der zu erstattenden Berichte.

Und schließlich hat sich in einem anderen Lande, in Norwegen — ob durch den Gesetzgeber gewollt oder nicht, bleibe dahingestellt —, eine Auslegung des Gesetzes herausgebildet, die ein auf den ersten Blick gut erscheinendes Gesetz zu einem der rückständigsten in Europa macht. Die Folgen sind dann hier auch wieder so, wie erwartet werden mußte.

England steht in der Mitte: viel Licht und viel Schatten, gute Ergebnisse und üble Folgen bunt gemischt, auf keinen Fall aber ein nacheifernswerter Zustand, wenn auch manches Gute uns als Beispiel dienen könnte.

Aus alledem geht aber mit ziemlicher Deutlichkeit noch etwas anderes hervor, nämlich daß Imponderabilien bei der praktischen Auswirkung der Irrengesetze eine große Rolle spielen: einmal wirtschaftliche Umstände, Reichtum oder Armut eines Landes, ferner die ganze Kulturhöhe des betreffenden Volkes, — wobei auch unser Sonderfall aufs neue wiederum zeigt, daß „Kultur“, wie wir sie aufzufassen pflegen, nicht gleichbedeutend ist mit der von französischer Eitelkeit so hoch gepriesenen westlichen „Zivilisation“ —, und schließlich der Einfluß einzelner überragender Persönlichkeiten, wie etwa *van Deventer* in Holland oder *Olàh* in Ungarn.

Das wichtigste aber, — es kann dies hier natürlich nur ganz flüchtig angedeutet werden, — scheinen letzten Endes rassenmäßig bedingte Charaktereigenschaften eines Volkes zu sein. Einmal natürlich, indem diese psychischen Rasseeigenschaften auch das Bild der Geisteskrankheit und die größere oder geringere Erregbarkeit und Gefährlichkeit der Kranken beeinflussen, dann aber auch ganz allgemein.

Die größere Neigung zur Reinlichkeit bei überwiegend nordischen Völkern, wie z. B. bei den Schweden, aber auch bei den Holländern — und ihr Gegenstück bei Franzosen und Italienern —, tritt deutlich in dem ganzen Betriebe der Irrenanstalten zutage. Aber auch noch mehr: die ethischen Gefühle der Menschlichkeit und des Mitleides, ferner Ordnungsliebe, organisatorische Befähigung und soziales Gewissen auf der einen Seite, — Neigung zu Grausamkeit, wie sie den mit westischem Blute durchsetzten Völkern in so starkem Maße eigen ist, auf der anderen Seite, ferner hier noch Leichtfertigkeit, Oberflächlichkeit, Unordnung, Mangel an organisatorischer Begabung und an Verantwortlichkeitsgefühl, politische Korruption, ein oft kindlich-naiver Egoismus des Einzelnen und der ganzen Nationen, und vor allem jene typisch westrassische Neigung zu einer glänzenden Fassade ohne sachliches Eingehen auf den Kernpunkt einer Frage, ohne jenes „Eine Sache um ihrer selbst willen tun", — alles das und vieles andere mehr sind Dinge, die jene scheinbaren Widersprüche zwischen Theorie und Praxis, zwischen Irrengesetz und Irrenwesen zu erklären vermögen, und nur von solch höherem Standpunkte aus wird man die Vielseitigkeit der Erscheinungen richtig beurteilen können.

Andererseits dürfen wir aber aus solchen Erwägungen heraus der Hoffnung Raum geben, daß in unserem Vaterlande einmal ein Irrengesetz kommen werde, das dem Stande unseres Irrenwesens, aber auch unserem Volkscharakter entspricht.

V. Der Reichsgesetzentwurf vom Jahre 1923.

Trotzdem der mehrfach erwähnte Entwurf eines Reichsirrenschutzgesetzes vom Jahre 1923 inzwischen wieder zurückgezogen wurde, ist es vielleicht nicht unzweckmäßig, auf ihn doch noch einmal etwas näher einzugehen, da er als Zeiterscheinung bewertet werden muß und aufs deutlichste die Bestrebungen zeigt, die bis dahin mit so großem Erfolge auf die zuständigen Stellen einzuwirken vermocht haben, und die sicherlich auch jetzt und in Zukunft nichts unversucht lassen werden, bei jeder Gelegenheit ihren Einfluß aufs neue geltend zu machen, sei es bei der Ausgestaltung der Ausführungsbestimmungen des neuen preußischen Gesetzes, sei es bei den zu erwartenden gesetzlichen Regelungen anderer Länder oder schließlich bei einem späteren Reichsgesetze.

Die formaljuristische Unzulänglichkeit des Reichsgesetzentwurfes vom Jahre 1923, seine juristische Inkonsequenz, um nicht zu sagen Ahnungslosigkeit, die wohl in erster Linie es veranlaßt hat, daß er so rasch zurückgezogen wurde, interessiert heute höchstens noch als Symptom. Für den Juristen spricht der Wortlaut dieses Entwurfes, der vorsichtigerweise allerdings selbst nur den Namen „Grundzüge" in Anspruch nahm, für sich allein (vgl. S. 130).

Wichtiger ist die ganze Tendenz dieser Grundzüge und ihr sachlicher Inhalt.

In der Fachpresse wurde dies alles schon zur Genüge gewürdigt, wie z. B. in der Stellungnahme des geschäftsführenden Vorstandes des Reichsverbandes beamteter deutscher Irrenärzte (E. V.)[1]) oder von *Försterling*[2]), *Bresler*[3]), *Marthen*[4]), *Simon*[5]), *Rittershaus*[6]), ferner *Dubbers*[7]) und *Lustig*[8]).

Immerhin seien noch einige Worte dazu gestattet.

Der Entwurf nannte sich „Irrenschutzgesetz". In welchem Sinne

[1])–[8]) Psych.-neurol. Wochenschr. 1923, Bd. 25, S. 191. S. 183. S. 195. S. 197. S. 215. S. 227., A. Ps. 70, S. 648 und Fortschr. d. Med. Bd. 42, S. 103.

das gemeint war, bedarf keiner weiteren Erklärung. Die deutschen Irrenärzte verwahren sich auf das Allerentschiedenste dagegen, daß man die ihnen anvertrauten Kranken vor ihnen schützen müsse, vor Unfähigkeit, vor beschränkter fachwissenschaftlicher Voreingenommenheit und Weltfremdheit oder vor Bestechlichkeit und Schurkerei.

Es ist keine Überempfindlichkeit, wenn diese Verwahrung an der Spitze der Ausführungen über den Entwurf selbst steht; in einer derartig undankbaren und verantwortlichen Stellung, die durch Mißdeutung und Gehässigkeit, durch offene und versteckte Verleumdung seit Jahren systematisch beschimpft wird, muß ein solcher Stand auf die Wahrung seiner Standesehre bedacht sein, wenn er sich nicht selbst aufgeben will. Es ist auch nicht so, daß wir uns gekränkt fühlten durch das Verhalten von Leuten, die nicht ernst zu nehmen sind; es handelte sich hier um einen amtlichen Entwurf der Reichsregierung, der den Regierungen der einzelnen Länder und der Standesorganisation, — letzterer allerdings nur auf ihr wiederholtes Drängen hin, — zur Kenntnisnahme und Äußerung zugestellt worden war. Man setze nur einmal den Fall, es würde in gleicher Weise ein Entwurf vorbereitet zum „Schutze der Angeklagten" gegen die „Unfähigkeit und Bestechlichkeit der deutschen Richter" —, und niemand würde diesem Stande es verdenken, wenn er sich in gleicher Weise auf das Schwerste gekränkt fühlte.

Man könnte vielleicht einwenden, daß solche Forderungen, von Mißtrauen gegen die Richter diktiert, ja früher einen großen Raum eingenommen hätten unter den Fragen, die als liberale Fortschritte erstrebt und heiß umkämpft wurden, und daß sie mit Einführung der Geschworenen- und Schöffengerichte ja auch ihr Ziel erreicht hätten. Man könnte weiter sagen, worauf *Groth* [1]) kürzlich noch hingewiesen hat, daß sich eben jetzt auf unserem Gebiete nur das gleiche wiederhole, was sich damals auf dem Gebiete des allgemeinen Rechtslebens abgespielt hat.

Immerhin ist dieser Vergleich nicht ganz zutreffend. Einmal hat man ja mit der Mitwirkung des Laienelementes in der Rechtspflege inzwischen reichliche Erfahrungen gesammelt, Erfahrungen, die mit solch zwingender Logik sprechen, daß heute wohl kein vernünftiger Mensch mehr eine noch weitere Ausdehnung dieses Prinzipes in der

---

[1]) *Groth*, „Die gesetzliche Regelung der Irrenfürsorge in Preußen". Zeitschr. f. d. ges. Krankenhauswesen Bd. 22, 1921, H. 13, S. 394.

Justiz fordert, und daß kürzlich erst noch eine wesentliche Einschränkung der Laienmitwirkung stattfinden konnte, ohne daß sich die Öffentlichkeit irgendwie darüber aufgeregt hätte.

Ein zwingender Grund, nun auf einem umschriebenen Sondergebiet des Rechtslebens die Laienmitwirkung im weitesten Umfange einzuführen, besteht auf Grund dieser Erfahrungen doch zunächst wohl nicht.

Weiterhin ist die Mitwirkung von Laien bei der Rechtssprechung etwas Uraltes und an sich etwas recht Naheliegendes, da es sich vielfach um Dinge handelt, bei denen das innerste Rechtsempfinden des Menschen, das tief eingewurzelte Gerechtigkeitsgefühl zum Ausdruck kommt, jenes Recht, das mit uns geboren, und das, namentlich in deutschen Landen, seit langem deshalb in einem gewissen Gegensatze zu dem Berufsrichtertum steht, weil unser geltendes Recht sich in vielen Dingen aufbaut auf dem römischen Rechte, jenem reinen Sachenrechte, das für germanisches Ehrempfinden und für so viele andere Imponderabilien kein richtiges Verständnis hat. Es ist daher historisch begründet, wenn das Volk sein uraltes Rechtsempfinden diesem römischen Sachenrechte, also den Berufsjuristen gegenüber zur Geltung bringen will, und man muß dieses Bestreben durchaus als berechtigt anerkennen.

Ganz anders in psychiatrischen Dingen. Auch hier stehen sich einander gegenüber die Meinung, die das Volk von dem Geisteskranken hat, als einem gemeingefährlichen oder lächerlichen Individuum, und die Meinung der Psychiatrie. Nur mit dem Unterschiede, daß hier die Volksmeinung zwar ebenfalls alt, aber falsch und unberechtigt ist und in ihren Konsequenzen zu einer Grausamkeit gegenüber den Geisteskranken führt, die mit modernem, menschlichen Empfinden nicht mehr vereinbar ist.

Zu allem aber kommt hier noch hinzu, daß die Mitwirkung von Laien bei der Beaufsichtigung und Kontrolle der Pflege Geisteskranker ja nicht etwas Neues ist, das erst erkämpft zu werden brauchte, sondern etwas, das im weitesten Umfange schon besteht, wie in den vorhergehenden Ausführungen im einzelnen dargelegt wurde.

Kein vernünftiger Irrenarzt wird sich heute mehr gegen die Mitwirkung des Laienelementes sträuben, sondern freudig diese günstige Gelegenheit benutzen, möglichst weiten Kreisen des Volkes Einblick in die wirkliche Lage der Dinge zu gewähren und zu zeigen, daß hinter den Mauern der Irrenanstalt, — die vielfach auch heute schon nur mehr aus leichten Holzzäunen bestehen —, nichts ist, was das Licht der Öffentlichkeit zu scheuen hätte.

Der Vergleich mit der Einführung des Laienelementes in die Rechtsprechung ist also nur sehr bedingt zulässig.

Dazu kommt noch ein weiterer Punkt. Justizirrtümer sind vorgekommen und aktenmäßig festgelegt. Noch weit größer ist die Zahl jener Fälle, in denen ein Urteil, das aus formalen Gründen so fallen mußte, mit Recht dem Empfinden weiter Volkskreise widerstrebt.

Es ist aber, wie bereits mehrfach betont, noch nie in Deutschland ein einziger Fall objektiv nachgewiesen worden, in dem es sich um die widerrechtliche Internierung eines geistig gesunden Menschen gehandelt hätte.

Man kann wohl einmal bei einem Grenzzustande verschiedener Meinung darüber sein, ob hier eine Anstaltsbehandlung schon notwendig oder ob man den Kranken vielleicht gerade eben noch versuchsweise außerhalb der Anstalt belassen kann, oder umgekehrt, ob ob man ihn in der Anstalt noch zurückbehalten, oder schon den Versuch einer Entlassung machen soll.

Es mag vorkommen, daß solche Grenzfälle, für die die Ärzte die Anstaltsbehandlung für zweckmäßig gehalten haben, schließlich doch draußen lebten, ohne erst einen anderen Menschen zu ermorden oder sonstiges Unheil anzurichten. Doch trifft das nicht den Kern der Frage. Es soll auf diesen Punkt später noch einmal näher eingegangen werden.

Neißer hat bei der Diskussion über die oben erwähnten Richtlinien von *Schultze* und *Kahl* mitgeteilt, daß z. B. in Schlesien in 35 Jahren unter jährlich etwa 4000 Aufnahmen, im ganzen also unter etwa 140 000 Fällen nur ein- bis zweimal die Frage der widerrechtlichen Internierung überhaupt ernstlich aufgeworfen und auch dann zugunsten der Ärzte entschieden worden sei (z. B. „Fall Lubecki", s. Kunowski l. c.).

Viel häufiger ist der umgekehrte Fall, daß man sich im Zweifel gegen eine Anstaltsaufnahme oder für eine verfrühte Entlassung entscheidet, und daß dann ein schweres Unheil die Folge ist.

Auch für die Privatanstalt und ihre ärztlichen Leiter gilt das Gesagte in gleicher, wenn nicht in verstärkter Weise; ein solcher Anstaltsleiter wird sich sehr hüten, auch nur die geringste Inkorrektheit zu begehen auf die Gefahr hin, seine Konzession zu verlieren oder doch wenigstens wirtschaftlich ruiniert zu sein. So gut, daß dieses Risiko darin enthalten wäre, pflegen selbst die üblichen „verbrecherischen Angehörigen" nicht zu zahlen. Privatanstalten sind deshalb erfahrungsgemäß bei der Aufnahme von Kranken noch viel vorsichtiger als öffentliche Anstalten.—

Nun zu den Einzelheiten des Entwurfes. Dieser Entwurf war noch nicht einmal das, was er zu sein vorgab — ein Irrenschutzgesetz.

Wie oben schon anläßlich des bayrischen Entwurfes erwähnt, suchte er in einseitigster und tendenziösester Weise allein nur die angeblich Kranken vor widerrechtlicher Internierung in der Irrenanstalt zu schützen, er schützte aber nicht die wirklich Kranken außerhalb der Anstalt. —

Er faßte die Begriffe „persönliche Freiheit" ganz einseitig auf, allein als die rein äußerliche, mechanische Bewegungsfreiheit; dabei vergaß er ganz, daß die wirkliche Freiheit, die Möglichkeit auf Grund einer freien Willensbestimmung, auf Grund geordneter eigener Erwägungen sein Leben einzurichten, — daß diese den Kranken meist schon lange vorher verloren gegangen ist und nicht erst durch die Anstaltsaufnahme genommen wird. Die rein äußerliche, sachlich nicht mehr begründete Bewegungsfreiheit, diese rein äußerliche Freiheit des Handelns wird von den wirklichen Kranken — und das sind doch schließlich die Mehrzahl —, meist entweder zu ihrem eigenen Schaden, oder zu dem anderer mißbraucht, oder aber, sie wird ihnen von den eigenen Angehörigen oder der Umgebung genommen. Hier sollte ein Gesetz eingreifen.

Gerade wenn der Kranke nicht in die Anstalt kommt, ist er ohne jede behördliche Kontrolle der Willkür, dem Unverstand, der Fahrlässigkeit oder aber auch der Böswilligkeit seiner Mitmenschen ausgesetzt. Auch eigennützige Beweggründe spielen hier nicht selten eine Rolle: Vermögensrechtliche Schiebungen aller Art, wie sie angeblich immer gegen geistig gesunde, widerrechtlich in der Anstalt Internierte begangen werden sollen, sind hier den wirklich Geisteskranken gegenüber, die sich nicht in der Anstalt befinden, die auch nicht den Schutz einer Entmündigung oder Pflegschaft genießen, wahrscheinlich an der Tagesordnung.

Oder aber, der Kranke wird eingesperrt — im Hühnerstalle oder in Schweinekoben — alljährlich gehen wohl mehrere derartige Fälle durch die Tagespresse—, oder er wird mißhandelt, gefesselt, verprügelt, oder aber es kümmert sich überhaupt niemand um ihn, und er verkommt. Wir Irrenärzte sehen oft bei den Kranken, die dann — viel zu spät — in die Anstalt gebracht werden, die unglaublichsten und grausamsten Bilder: in tiefster Verwahrlosung, von Ungeziefer wimmelnd, von Schmutz starrend, voll blauer Flecken, Striemen, Beulen und Abszessen kommen die Kranken an, und das erste warme Bad nach langer Zeit und das saubere Bett ist ihnen wie eine Erlösung.

Eine Kranke kam z. B. in Lumpen gehüllt und hatte sich die Beine und den ganzen Rumpf mit Packpapier umwickelt, hatte sich zum Schutze gegen ihre Sinnestäuschungen mit Suppentellern gepanzert und monatelang in dieser „Kleidung" gelebt; einer anderen war ein Ring tief ins Fleisch geeitert und heute noch ist der Finger von Narben krumm verzogen; wieder eine andere, die vollkommen hilflos ankam, hatte Nägel an den Zehen, die als dicke Krallen bis zu 5 und 6 cm gewachsen und zur Seite gebogen waren und abgesägt werden mußten; gehen konnte die Kranke wohl schon seit Jahren nicht mehr. Dies sind nur ein paar Beispiele aus der eigenen Erfahrung des Verfassers und aus ganz kurzer Zeit, Beispiele, die jeder Irrenarzt nach Belieben in gleicher Weise vermehren könnte.

Günstigstenfalls werden die Kranken ins heimatliche Spritzenhaus eingesperrt oder kommen in kleine Landkrankenhäuser, wo man sie in „Zellen" verkommen läßt, „an den Gurt" legt, sonstwie fesselt oder in Zwangsjacken steckt. Wie oft dies alles vorkommt, darüber gibt es leider keine Statistik [1]).

Hier brauchen wir, wie schon der Entwurf von *Schultze* und *Kahl* verlangte, ein „Irrenfürsorgegesetz", eine Kontrolle durch die Fürsorge- und Wohlfahrtsämter, bzw. durch hauptamtlich dazu angestellte Irrenärzte.

Die gleiche Kontrolle müßte stattfinden nach der Entlassung, ähnlich wie die Tuberkulösen nach der Entlassung aus der Lungenheilstätte von dem Wohlfahrtsamt weiter betreut werden. Auf den Schutz der geistig Gesunden vor den Kranken sei hier nur andeutungsweise hingewiesen. — Von alledem war in dem Entwurfe nicht mit einem einzigen Worte die Rede. —

Also kein „Irrenschutzgesetz", sondern ein „Irrenfürsorgegesetz" wäre vonnöten. —

Welche Konsequenzen hätte nun aber der letzte Entwurf in der praktischen Durchführung gehabt? Zunächst in der Anstalt. Der Entwurf identifizierte sozusagen den ärztlichen Begriff „geistige Erkrankung" mit „Gemeingefährlichkeit", einem rein juristisch-polizeilichen Begriffe, der sich nicht im geringsten mit jenem deckt, ihn nur ganz wenig überschneidet, und der, wie *Schultze* [2]) einmal sehr

---

[1]) Selbst die drohende Haftpflicht bei Verletzungen, Selbstbeschädigungen oder Selbstmord des Kranken infolge unsachgemäßer Behandlung (Reichsger.-Entscheidung vom 27. XI. 17 (*Voß*, Psych.-neurol. Wochenschrift Bd. 20, S. 194) schreckt hier sonderbarerweise nicht.

[2]) l. c.

richtig sagt, auf die Geschlechtskranken viel eher zutreffen würde, als auf die Geisteskranken.

Der Entwurf ignorierte vollständig die ganze Entwicklung der Psychiatrie in den letzten 100 Jahren; er ignorierte vollständig die Tatsache, daß die rein äußerliche Freiheitsbeschränkung [1]), wie sie in den Anstalten noch geübt werden muß, nur ein Mittel ist, neben zahlreichen anderen, die der Irrenarzt zum Wohle der ihm anvertrauten Kranken anwendet, und dabei noch nicht einmal das Wesentlichste, oder überhaupt ein überall angewandtes Mittel. Er vergaß vollkommen die offenen Häuser, die offenen Abteilungen, die grundsätzliche Durchführung des No-restraint, er vergaß alle die Freiheiten wie Geländefreiheit, Stadturlaub u. a. m. Nach dem Entwurf sollte die Anstalt ein polizeiliches Verwahrungshaus sein, fast ausschließlich für gemeingefährliche Geisteskranke, oder für solche, die amtlich als „verrückt" abgestempelt sind. Die wenigen freiwilligen Aufnahmen wären zahlenmäßig selbstverständlich überhaupt nicht mehr in Betracht gekommen.

Alle die Bemühungen der Irrenärzte, die Mauern der Irrenanstalt niederzureißen und Fühlung mit der Außenwelt zu gewinnen, — all das Bestreben der Anstalt, Krankenhaus zu sein und nichts als Krankenhaus um der Kranken willen, ein Krankenhaus wie jedes andere auch, zur Behandlung und Heilung seiner Patienten, — alle Bemühungen, das veraltete Vorurteil zu bekämpfen, das auch heute noch in kritiklosen Kreisen jedem unserer Kranken den Makel der Irrenanstalt aufdrückt, und das durch verspätete Anstaltsbehandlung oder verfrühte Entlassung schon so viel Unheil angerichtet hat, — alles das, die ganze moderne Entwicklung des Irrenwesens wäre rücksichtslos niedergetrampelt, die Irrenanstalt wäre wieder degradiert worden zu dem, was sie vor 100 Jahren war, und was sie in der voreingenommenen Meinung weiter Kreise leider heute noch sein soll, zu einem Parallelinstitut des Zuchthauses, aus dem sie hervorgewachsen, degradiert zu einer „Rumpelkammer unsozialster Elemente", wie *Försterling* [2]) derb aber zutreffend sich ausdrückte.

Der Entwurf degradierte weiterhin den Kranken zu einem amtlich abgestempelten „Verrückten". Der Makel der Irrenanstalt

---

[1]) Gemeint ist selbstverständlich hier nicht die mechanische Beschränkung durch „Zwangsjacke", „Zelle", „Gurt" u. ä., die in einer modernen Anstalt überhaupt nicht mehr vorkommt, sondern die mehr juristische Tatsache der Einschließung.

[2]) l. c.

wäre ihm wie ein unauslöschlicher Stempel aufgedrückt worden und hätte ihm die Rückkehr ins bürgerliche Leben außerordentlich erschwert, wenn nicht unmöglich gemacht. Erinnert sei auch an das Reichsgerichtsurteil vom 5. 7. 08 (vgl. S. 61) das derartige amtlich eingewiesene Kranke als „Gefangene" im Sinne der §§ 120 u. 347 StGB. erklärt.

Man muß wissen, welche Schwierigkeiten jetzt schon ein Geheilter oft hat, wenn er wieder Stellung finden will. — Wenn er aber erst durch ein förmliches gerichtliches Verfahren und durch ein gerichtliches Urteil zur „Irrenanstalt" verurteilt worden wäre, wer hätte ihn dann noch aufnehmen und ihm Arbeit geben wollen? Der Entwurf drängte so dem Kranken einen Schutz auf, der ihm unter allen Umständen hätte schaden müssen, und den die meisten von ihnen bei richtiger Überlegung sich wohl sehr verbeten hätten.

Aber, und das ist die wichtigste Konsequenz: Jeder hätte in Zukunft die Irrenanstalt gescheut wie das höllische Feuer. Jeder, den das Unglück trifft, in seiner Familie einen Geisteskranken zu haben, — einen wirklich zweifelsfreien Geisteskranken, und das kommt doch schließlich auch einmal vor, nicht nur „widerrechtliche Internierungen", — wird doch froh und dankbar sein, wenn es möglich ist, ohne viel Aufhebens in der Öffentlichkeit und ohne künstlich verlängerten Kampf mit dem vielleicht unsinnig widerstrebenden Patienten diesen so schnell wie möglich in das einzig zuständige spezialistische Krankenhaus zu verbringen. „Einen Furunkel am Gesäß zeigt man auch nicht überall herum", wie *Försterling* drastisch sagt. —

Nun aber wäre das Verfahren gekommen, der Kranke hätte widerstrebt, Zeugen benannt, die ganze engere und weitere Verwandtschaft, liebe Freunde, getreue Nachbarn und dergleichen hätten sich eingemengt, — und diese nehmen erfahrungsgemäß immer für den Kranken und gegen die Angehörigen Partei, wenn der Patient nicht gerade tobt, brüllt oder ein offensichtliches Verbrechen begangen hat —, der Verein für Irrenrechtsreform hätte sich aufgedrängt und seinen Vertreter entsendet, der dann seinerseits wieder überall hätte „Erhebungen anstellen" können, die Öffentlichkeit, die Presse wären u. U. hinzugekommen; — man kann sich leicht ausmalen, welch peinliche Situation das alles für eine Familie hätte geben können, den gesamten Familienklatsch zusammen mit recht viel böswilliger Verleumdung sozusagen in aller Öffentlichkeit mühsam widerlegen zu müssen. Semper aliquid haeret. —

Und die Folge? Jede Familie würde selbstverständlich danach

getrachtet haben, nach Möglichkeit die Aufnahme eines Angehörigen in eine Anstalt zu vermeiden; der Kranke würde also nicht so schnell wie möglich dem für ihn einzig geeigneten Spezialkrankenhause zugeführt, sondern in noch weit ausgedehnterem Maße wie bisher wäre er in der eigenen Familie verblieben und wäre all den Gefahren ausgesetzt gewesen, die oben bereits geschildert wurden, einschließlich denen des Selbstmordes.

In größeren Städten wäre der Verlauf vielleicht etwas anders gewesen: Die Überfüllung der meisten Irrenanstalten hätte sich gemildert, mit der Zeit aber hätte die Zahl der Kranken immer mehr abgenommen, das ganze große, in den Anstalten investierte Kapital an Geld, Menschen und wissenschaftlicher Erfahrung hätte zum großen Teile brach gelegen. Alle Krankenhäuser dagegen, die keine psychiatrischen Abteilungen haben, wären überfüllt gewesen von Geisteskranken, — (diejenigen mit psychiatrischen Abteilungen hätten ja als Irrenanstalten gelten müssen). — Es wäre dort schließlich dann alles auf das gleiche hinausgekommen wie in den kleinen Krankenhäusern: ungeeignetes, unerfahrenes ärztliches und Pflegepersonal, mangelnde bauliche Einrichtungen, dazu die Überfüllung und schließlich Zwangsmaßregeln und Mißhandlungen.

Mit großen Kosten hätte man in den allgemeinen Krankenhäusern heimlich große Irrenabteilungen schaffen müssen, die nach außen hin keine Irrenabteilungen hätten sein dürfen, während auf der anderen Seite, wie gesagt, die schon vorhandenen Irrenanstalten mehr oder weniger leer stünden; — eine doppelte Geldverschwendung, die sich unser Vaterland in den heutigen Zeiten wirklich nicht leisten könnte.

Von diesen üblen Folgen wären aber in erster Linie diejenigen Kranken betroffen worden, die der sachgemäßen, fachärztlichen Behandlung am bedürftigsten sind, und die andererseits die besten Heilungsaussichten bieten, die aber erfahrungsgemäß gerade für sich oder ihre Umgebung die allergefährlichsten sind: Manisch-Depressive, Cykloide, Hysterische, Schizoide, Psychopathen, leicht Schwachsinnige mit vorübergehenden Erregungszuständen, ferner Alkohol-, Morphium-, Kokainkranke usw. Für alle diese stellte der Entwurf eine gesetzliche Zwangsjacke dar, wie sie schlimmer kaum gedacht werden könnte, und der sich jeder nach Möglichkeit zu entziehen gesucht hätte. Eine Zunahme von Selbstmorden und anderen Schreckenstaten Geisteskranker, eine schwere Schädigung der öffentlichen Gesundheit wäre die notwendige Folge gewesen, — wenigstens solange, bis die nötige Umgehung des Gesetzes richtig funktioniert hätte —, von den übrigen oben erwähnten Schädigungen für die Kranken selbst, von Verwahrlosung und unkontrollierbaren vermögensrechtlichen Schädigungen ganz abgesehen.

Man darf auch nicht sagen, solche „Stadtasyle" zur „vorläufigen" Unterbringung und zur „Beobachtung" zweifelhafter Fälle, um diesen die Irrenanstalt zu „ersparen", seien an sich wünschenswert, da die Dauer der Internierung dort doch nur kurz sei. Ganz abgesehen davon, daß man letzteres nach den seitherigen Erfahrungen etwas bezweifeln muß, wäre ein solcher Einwand unlogisch, denn die Dauer der „Freiheitsberaubung" hat mit dem Begriff als solchem gar nichts zu tun[1]). Im übrigen ist es den Irrenärzten gerade jetzt erst einigermaßen gelungen, den verhängnisvollen Unterschied zwischen „Heil-" und „Pflege"-Anstalt einigermaßen zu verwischen, und schon würde so eine neue Schranke errichtet, und alles, was hinter derselben liegt, aufs neue degradiert im Sinne dieses Entwurfes und in verstärktem Maße dem Fluche des Vorurteils ausgeliefert, — von den oben dargelegten sachlichen Bedenken gegen solche mehr oder weniger verkappten Irrenabteilungen ganz zu schweigen[2]). —

Die in dem Gesetz vorgesehenen „freiwilligen Aufnahmen" wären überhaupt nur eine mehr oder weniger schön aussehende Geste gewesen; nach den hier vorgesehenen Bestimmungen wäre dies wohl praktisch kaum in Erscheinung getreten. Es wäre wohl nie vorgekommen, daß ein Kranker zwar geisteskrank ist, aber doch so weit geschäftsfähig, daß er in der gewünschten Weise die Tragweite seiner Handlungen übersieht, und daß er dann trotzdem seine Aufnahme in eine dieser oben des näheren charakterisierten polizeilichen Verwahrungsanstalten beantragt hätte. —

Und schließlich noch ein Punkt: Oben wurde schon auf die indirekte, sicherlich nicht ausbleibende, unsinnige Geldverschwendung hingewiesen; die Kosten des direkten gerichtlichen Verfahrens in jedem einzelnen Falle, die Ausgaben für den ganzen großen Apparat wären ebenfalls nicht gering gewesen und hätten sich schwer mit unserer so heroisch auf Ersparnis ausgehenden Justizreform vertragen.

Über das Beschwerdeverfahren ist wenig zu sagen. Es entsprach im wesentlichen dem *Schultze-Kahl*schen Entwurf, von dessen Geiste in den „Grundzügen" im übrigen allerdings kaum ein Hauch zu ver-

---

[1]) Vgl. *Schultze* l. c.

[2]) Vgl. auch Teil VII.

spüren war. Wir Irrenärzte haben eine Kontrolle nicht zu fürchten, wenn sie sachgemäß ausgeübt wird. Dann ist es uns gleichgültig, ob eine Irrenkommission oder ein gerichtliches Verfahren nach Art der Entmündigung die Beschwerden der Kranken nachprüft; aber man beschränke diesen Schutz auf diejenigen Patienten, die in der Form einer Beschwerde selbst danach verlangen, man verschone aber alle die übrigen damit, die man mit einem solchen Bärendienste doch nur sozial, wirtschaftlich und gesellschaftlich totschlägt.

Alle diese eben dargelegten unmöglichen Konsequenzen wurden aber nun gewissermaßen gegenstandslos gemacht durch die Tatsache, daß in § 8, sinngemäß ebenso wie in allen ähnlichen Gesetzen, die Möglichkeit gegeben war, alles das vorher Angeordnete praktisch mehr oder weniger illusorisch zu machen, wenn man nur die Ausnahme zur Regel werden ließ.

Aber auch selbst dabei müßte man letzthin doch immer wieder auf die Erfahrung der wirklich Sachverständigen zurückgreifen. Dann hätte man doch lieber von vornherein das nötige Vertrauen zu ihnen haben sollen, es hätte dann dieses ganzen umständlichen und kostspieligen Apparates überhaupt nicht bedurft.

Während aber der Entwurf dem Arzte keinerlei Urteil zugestand bezüglich der Entscheidung über die Anstaltspflegebedürftigkeit bei der Aufnahme, gab er ihm umgekehrt fast unumschränkte Vollmacht zur Entlassung, — auch gegen den Willen des Gerichtes, — wenn er eine Geisteskrankheit als nicht mehr vorhanden ansah, — also möglichste Erschwerung der Anstaltsaufnahme, möglichste Erleichterung der Entlassung! — Über diesen Widersinn ist wohl kein Wort mehr zu verlieren. —

Zusammenfassend also könnte man sagen: Der Entwurf beruhte nicht auf einer verständnisvollen Durcharbeitung der ihm zu Grunde liegenden Gesetze und Gesetzesentwürfe anderer Länder, er beruhte nicht auf Kenntnis der wirklichen Verhältnisse, und er war ohne jede juristische Logik und Konsequenz zusammengestellt; es hatte sicherlich weder ein wirklich sachverständiger Irrenarzt noch ein Jurist von irgend welchen Qualitäten bei seiner Abfassung mitgewirkt. Man hatte in einseitigster und tendenziösester Weise ein Ausnahmegesetz gegen die deutschen Irrenärzte geschaffen, man hatte die sachlich nicht begründeten, tendenziös übertriebenen Forderungen einer kleinen Gruppe unverantwortlicher und weltfremder Phantasten in einer für die deutschen Irrenärzte ehrkränkenden Form erfüllt.

Man hatte dazu unter Mitwirkung dieser Leute, — [wozu hierbei

20 und mehr Konferenzen erforderlich waren, ist allerdings schwer einzusehen,] — einfach aus bereits anderweitig vorhandenen Gesetzen das herausgegriffen, was am psychiaterfeindlichsten war und hatte es zu einem unorganischen Ganzen zurecht gestutzt. Aus dem *Schultze-Kahl*schen und dem bayrischen Entwurf nahm man das Beschwerdeverfahren und das Amtsgericht, ließ aber aus dem bayrischen Entwurf die Fürsorge für die Kranken außerhalb der Anstalt grundsätzlich außer acht. Aus dem österreichischen Entwurf nahm man die Entscheidung des Amtsgerichts über die Aufnahme, ferner die von kleinlichstem Mißtrauen zeugenden Bestimmungen über verwandtschaftliche Beziehungen usw. Aus dem badischen Gesetz schließlich nahm man die vorherige Entscheidung vor der Aufnahme und übertrug dies auf das Amtsgericht; weil aber die praktische Undurchführbarkeit einer derartigen Regelung wohl auch dem voreingenommensten Laien klar geworden war, mußte man aus dem badischen Gesetze die Ausnahmebestimmungen mit hereinnehmen, um den Entwurf nicht von vornherein zur Unmöglichkeit zu verurteilen, und hätte dann praktisch im besten Falle das gleiche erzielt, was dort erreicht ist.

Es ist nur erfreulich, — andererseits aber auch charakteristisch für die fachliche Vorbildung und die wissenschaftliche Gründlichkeit jener Mitglieder des Vereins für Irrenrechtsreform, die wohl als die geistigen Väter des Entwurfes anzusehen sind, — daß sie anscheinend keine Ahnung von außerdeutschen Irrengesetzen hatten, insbesondere von dem englischen, dem holländischen, dem spanischen und dem italienischen, — nirgends findet sich in der „Irrenrechtsreform" auch nur der leiseste Hinweis auf jene Länder. — Wir sind stolz darauf, daß wir in Deutschland derartige „Zwangsgesetze" nicht nötig haben, und daß wir sie nicht haben, und wir vertrauen darauf, daß der gesunde Sinn unseres Volkes einen derartigen kulturellen Rückschritt nicht zulassen wird. —

Der Reichsgesetzentwurf vom Jahre 1923 war für die deutschen Irrenärzte unannehmbar. Wäre er dennoch wider Erwarten Gesetz geworden, oder sollte einem ähnlichen Gesetzentwurf dies später je einmal beschieden sein, so wird voraussichtlich das einmütige Zusammenhalten der gesamten Irrenärzte ein solches Gesetz in kürzester Zeit zu Fall bringen; wir haben eine äußerst scharfe Waffe in der Hand in einer Art von umgekehrter passiver Resistenz.

Wir brauchten ein solches Gesetz nur rein wörtlich zu befolgen, ganz genau nach dem Sinne des Gesetzgebers und seiner Hintermänner, wir brauchten nur den berühmten § 8 des Entwurfes oder einen entsprechenden neuen Paragraphen als das aufzufassen, was er ursprünglich sein sollte, nämlich als seltene Ausnahme, und uns zu weigern, unsere Hand dazu zu bieten, durch dieses Hintertürchen eine Lebensmöglichkeit für das Gesetz hereinzulassen. Die Folgen wären bei der jetzt bereits erreichten hohen Entwicklung des deutschen Irrenwesens unübersehbar. —

Wir Irrenärzte könnten diese Möglichkeit ruhig an uns herantreten lassen, ein solches Gesetz würde sich von selbst sehr rasch ad absurdum führen. —

Ganz gleichgültig aber, ob eine neue Regelung im Reiche oder in einzelnen Ländern des Deutschen Reiches jetzt oder später einmal erfolgt: Auf jeden Fall fordern wir deutschen Irrenärzte Vertrauen in unsere Tätigkeit und Anerkennung für das seither Geleistete. Wir haben ein Recht auf solches Vertrauen und haben nicht nötig, es uns jetzt erst langsam zu verdienen [1]).

Irrenärzte waren es, die die Kranken in den letzten 100 Jahren von Fesseln und Peitschen und aus dem Zuchthause befreiten, die sie in ein modernes Krankenhaus überführt und ihnen ein menschenwürdiges Dasein bereitet haben, nicht Juristen, Politiker, Irrenrechtsreformer, Kurpfuscher, Phantasten und querulierende Geisteskranke; und wenn diese Entwicklung an manchen Stellen langsamer vor sich ging, als es wünschenswert gewesen wäre, so waren finanzielle und sonstige Hemmungen der Grund, für die die Irrenärzte nicht verantwortlich gemacht werden dürfen, Hemmungen, deren Überwindung gerade ebenfalls ein Ruhmesblatt der deutschen Psychiatrie darstellt.

Wenn also ein neues Reichsirrengesetz einmal gemacht werden soll, dann nur mit den Irrenärzten und nicht gegen sie. —

Im Anschluß an Ausführungen solcher Art wurde damals nach kurzer Diskussion von der hamburgischen forensisch-psychologischen Gesellschaft folgende Entschließung gefaßt, die wohl eine autoritative Kritik des Entwurfes darstellt. Sie wurde an den Herrn Reichsminister des Innern in Berlin weiter geleitet und wird vielleicht ebenfalls einen gewissen Anteil an der Zurückziehung des Entwurfes beanspruchen dürfen. —

---

[1]) Die Zitierung dieser Stelle ohne den übrigen Zusammenhang durch *Groth* (l. c.) ist mißverständlich. Ich habe mich auch früher stets für eine entsprechende Mitwirkung von Laien ausgesprochen. (Vgl. auch Psych.-neurol. Wochenschr. Bd. 27, 1925, S. 79, sowie Teil V, S. 176 u. 188 und Teil VII, S. 203.)

An den Herrn Reichsminister des Innern,

Berlin.

Die forensisch-psychologische Gesellschaft in Hamburg, eine wissenschaftliche Gesellschaft, die sich aus Juristen und Ärzten, vornehmlich psychiatrisch gebildeten, zusammensetzt, hat sich in ihrer Sitzung vom 28. III. 24 mit den „Grundzügen" des Reichsministeriums des Innern zu einem Schutzgesetz für Geisteskranke (Irrenschutzgesetz) I. M. II. 2425 beschäftigt.

Nach Vorträgen des Privatdozenten an der Hamburger Universität Dr. med. *Rittershaus* und des Rechtsanwaltes [1]) Dr. *Walter Fischer* und nach stattgehabter Besprechung hat die Gesellschaft die anliegende Entschließung gefaßt, welche ich die Ehre habe, dem Herrn Reichsminister des Innern zu überreichen.

gez. Ipsen,
Oberlandesgerichtspräsident.

Entschließung.

Die forensisch-psychologische Gesellschaft Hamburg lehnt den vorliegenden Entwurf der „Grundzüge zu einem Schutzgesetz für Geisteskranke (Irrenschutzgesetz)" als ungeeignet ab; sie bedauert, daß die Reichsbehörden Grundzüge von einem so einseitigen Standpunkte aus aufgestellt haben.

I.

Die Regelung des Schutzes der Irren, insbesondere die Bestimmungen über die Aufnahme von Geisteskranken in Anstalten, mit denen sich der Entwurf ausschließlich beschäftigt, ist vorwiegend Sache der Verwaltung. Gegen eine einheitliche Regelung im Wege des Reichsgesetzes bestehen Bedenken nicht. Für die richterliche Tätigkeit ist jedoch Raum nur im Rahmen der Verwaltungsgerichtsbarkeit.

Der Entwurf erfüllt die an einen Gesetzentwurf zu stellenden Anforderungen in keiner Weise.

II.

Der Entwurf läßt die ganze Entwicklung des deutschen Irrenwesens außer acht.

1. Er ist kein „Irrenschutzgesetz", denn er behandelt nur die Unterbringung der Geisteskranken in Krankenanstalten, ohne sich mit der übrigen, wesentlich wichtigeren Frage des Schutzes der Geisteskranken nur irgendwie zu beschäftigen.
2. Der Entwurf macht aus den Irrenanstalten Verwahrungsanstalten fast nur für gemeingefährliche Geisteskranke und für Patienten, deren Krankheit durch einen Gerichtsbeschluß amtlich festgestellt ist. Er entkleidet die Anstalten ihres Krankenhauscharakters und wirft die moderne Entwicklung des Irrenwesens, bei der die äußere Freiheitsbeschränkung nur ein, nicht einmal wesentlicher Punkt ist, und die vor allem die Behandlung und Heilung der Kranken erstrebt, um viele Jahrzehnte zurück.

---

[1]) Jetzt ebenfalls Professor an der Universität.

3. Durch den Entwurf werden die Anstaltsinsassen als Geisteskranke amtlich abgestempelt; dadurch wird ihnen die Rückkehr ins bürgerliche Leben nach erfolgter Heilung und somit die Heilung selbst in unverantwortlicher Weise erschwert. Der Entwurf drängt den Kranken einen „Schutz" auf, der ihnen schadet.
4. Der Entwurf verzögert, ja verhindert die rechtzeitige Aufnahme zahlreicher Kranker, namentlich der leichteren und heilbaren Fälle.

III.

Erstrebenswert ist nicht ein Irrengesetz im Sinne des Entwurfes, sondern ein Fürsorgegesetz für Geisteskranke.

1. Dieses Gesetz soll den Kranken außerhalb der Anstalt vor vermögensrechtlicher Ausbeutung, vor Verwahrlosung, Mißhandlung, Kriminalität und Selbstmord schützen. Das ist zu erreichen durch die verstärkte Betonung des Krankenhauscharakters der Anstalt, durch möglichste Erleichterung der Aufnahme und dadurch, daß diejenigen, welche gegen ausdrücklichen ärztlichen Rat oder sonst aus grober Fahrlässigkeit die Anstaltsbehandlung verzögern oder eine vorzeitige Entlassung herbeiführen, für jeden etwaigen, den Kranken oder anderen Personen erwachsenden Schaden haftbar gemacht und gegebenenfalls mit strafrechtlicher Verfolgung bedroht werden.
2. Der Schutz der Anstaltsinsassen ist auf die Sicherheit dafür zu beschränken, daß alle Anträge und Beschwerden den zuständigen Stellen zuverlässig zugeleitet werden, und daß die Aufsichtsstellen das Schicksal der internierten Geisteskranken von sich aus nachprüfen. Ein Ausbau des Beschwerderechtes im Sinne der Vorschläge von *Schultze* und *Kahl* erscheint angebracht. —

Ähnliche Entschließungen dürften auch von anderer Seite zahlreich an die zuständigen Stellen gelangt sein, dies eine Beispiel möge genügen.

Auch die einzelnen Landesregierungen sprachen sich wohl übereinstimmend in ablehnendem Sinne aus, und noch im Frühjahr 1924 wurde der Entwurf von der Regierung zurückgezogen.

Reichsgesetzentwurf vom Jahre 1923.

Zu T. M. II. 2425.

Grundzüge zu einem Schutzgesetz für Geisteskranke. (Irrenschutzgesetz)

1. Als Irrenanstalten gelten alle öffentlichen oder privaten Krankenanstalten, in denen für den gesamten Anstaltsbereich oder für einzelne Abteilungen mit der Unterbringung von Geisteskranken bis zu deren Entlassung der gänzliche oder beschränkte Verlust der persönlichen Freiheit verbunden ist.

2. Ein Geisteskranker darf ohne oder gegen seinen Willen für vorübergehende Zeit oder für die Dauer in einer Irrenanstalt [1]) untergebracht werden, wenn das zuständige Amtsgericht die Unterbringung auf Antrag oder von Amtswegen durch Beschluß anordnet.

Der Eintritt in eine Irrenanstalt kann auch freiwillig erfolgen, sofern der Kranke volljährig und nicht entmündigt ist.

Als Geisteskranke im Sinne dieser Grundzüge gelten auch Geistesschwache.

3. Berechtigt zur Stellung des Antrags auf Unterbringung eines Kranken in einer Irrenanstalt sind:

a) bei minderjährigen und entmündigten Kranken der gesetzliche Vertreter;

b) bei volljährigen nicht entmündigten Kranken die Eltern, Voreltern, Abkömmlinge, der Ehegatte, soweit die Ehe noch besteht, und die Geschwister;

c) beim Fehlen oder bei Verhinderung der unter a und b aufgeführten Antragsberechtigten die mit der Fürsorge für den Kranken befaßten Behörden und sonstigen öffentlichen Organe sowie die übrigen Verwandten und Verschwägerten;

d) bei Kranken, die im armenrechtlichen Sinne hilfsbedürftig sind, der unterstützungspflichtige Armenverband;

e) bei Fürsorgezöglingen die die Fürsorge leitende Behörde;

f) bei aktiven Militärpersonen die vorgesetzte Militärbehörde.

4. Der Antrag auf Unterbringung eines Kranken in einer Irrenanstalt ist schriftlich bei dem zuständigen Amtsgericht einzureichen oder dort zu Protokoll zu erklären; er muß von dem Antragsteller eigenhändig unterschrieben sein.

Zuständig ist das Amtsgericht, in dessen Bezirk der Kranke seinen allgemeinen Gerichtsstand hat, in Ermangelung eines solchen das Amtsgericht des Anstaltsortes.

Zu dem freiwilligen Eintritt eines volljährigen nicht entmündigten Kranken in eine Irrenanstalt bedarf es eines schriftlichen Antrags des Kranken; der Antrag ist an den Leiter der Anstalt zu richten oder dort zu Protokoll zu erklären.

5. Dem Antrag [2]) sind 2 ärztliche Zeugnisse beizufügen, die von 2 im Deutschen Reiche approbierten Ärzten je besonders ausgestellt sind. Die Ärzte dürfen mit dem Kranken nicht im I. oder im II. Grade verwandt oder verschwägert sein; auch darf keiner von ihnen Arzt der Irrenanstalt sein, in der die Unterbringung erfolgen soll, zu der Anstalt in geschäftlicher Beziehung stehen oder an den Zahlungen des Kranken Anteil haben.

Die Zeugnisse müssen auf Grund einer nicht länger als 2 Wochen zurückliegenden persönlichen Untersuchung und, soweit eine Ver-

[1]) Also auch in der dazugehörigen offenen Abteilung nur unter diesen Voraussetzungen?

[2]) Welchem? Zu § 4 Abs. 1 oder Abs. 3 oder beiden?

nehmung des Kranken möglich ist, auf einer solchen Vernehmung [1]) beruhen; sie müssen das Bestehen einer Geisteskrankheit und die Notwendigkeit der Unterbringung in einer Irrenanstalt bescheinigen sowie die Zeit und den Ort der Untersuchung, den Grund der Ausstellung, die Angaben des Kranken und den ärztlichen Befund erkennen lassen.

6. Die Entscheidung für die Unterbringung eines Geisteskranken in einer Irrenanstalt ohne oder gegen seinen Willen erfolgt, abgesehen von den in Ziffer 3 [2]) vorgesehenen Fällen, ausschließlich durch das Amtsgericht.

Unberührt bleiben die im Straf- oder im Entmündigungsverfahren ergehenden gerichtlichen Entscheidungen auf zeitliche Beobachtung des Kranken in einer Irrenanstalt sowie die nach Freisprechung aus § 51 des Strafgesetzbuchs vom Gericht [3]) angeordnete zeitlich unbeschränkte Unterbringung in einer Irrenanstalt; das Gleiche gilt für die auf Anordnung des Vormundschaftsgerichts erfolgende Unterbringung von Zwangszöglingen oder von solchen Personen in Irrenanstalten, über die das Zwangserziehungsverfahren eingeleitet ist.

Erscheint der Antrag begründet, so ordnet das Amtsgericht die Unterbringung des Kranken in der Irrenanstalt an. Andernfalls hat es nach freiem Ermessen weitere Erhebungen zu veranlassen, wenn tunlich, eine Vernehmung des Kranken selbst vorzunehmen, gegebenenfalls dessen nochmalige Untersuchung durch andere Ärzte (Psychiater, beamteten Arzt) herbeizuführen und Zeugen und Sachverständige zu vernehmen; auch kann es eine vorläufige Beobachtung des Kranken in einer Irrenanstalt auf die Höchstdauer von 6 Wochen anordnen.

7. Von Amtswegen kann das Amtsgericht die Unterbringung solcher Geisteskranken in einer Irrenanstalt anordnen, die für sich selbst oder für andere Personen oder in wesentlichem Umfange für das Eigentum gefährlich oder für die öffentliche Sittlichkeit anstößig sind (gemeingefährliche Geisteskranke). Das Vorliegen dieser Voraussetzung sowie das Bestehen der Geisteskrankheit und die Notwendigkeit der Unterbringung in einer Irrenanstalt muß auf Grund einer unmittelbar voraufgegangenen persönlichen Untersuchung durch den für den Kranken zuständigen beamteten Arzt oder seinen Vertreter oder durch den leitenden Arzt einer öffentlichen Irrenanstalt oder seinen Vertreter oder durch die Leiter einer psychiatrischen Universitätsklinik festgestellt sein.

8. Läßt in dringenden Fällen die Unterbringung des Kranken in einer Irrenanstalt zu seinem eigenen Schutze oder zum Schutze der All-

---

[1]) Es gibt also auch eine psychiatrische Untersuchung eines Kranken ohne seine „Vernehmung" ??

[2]) ??

[3]) Nach dem noch geltenden StGB. geschieht dies nicht durch das Gericht, sondern durch die Polizeibehörde! Das müßte ein amtlicher Gesetzentwurf eigentlich wissen.

gemeinheit einen längeren Aufschub nicht zu, so kann die Polizeibehörde des Wohn- oder Aufenthaltsorts des Kranken die sofortige Unterbringung anordnen, wenn die Geisteskrankheit und die Notwendigkeit der sofortigen Unterbringung zum Zwecke der Heilung des Kranken oder zur Vermeidung von Gefahren für den Kranken selbst oder für andere Personen oder in wesentlichem Umfange für das Eigentum oder für die öffentliche Sittlichkeit von dem für den Kranken zuständigen beamteten Arzt auf Grund einer unmittelbar voraufgegangenen persönlichen Untersuchung durch ein ärztliches Zeugnis bescheinigt worden ist. Kann ein solches Zeugnis vorher nicht beschafft werden, so darf der Leiter der Irrenanstalt den Kranken vorläufig aufnehmen, das Zeugnis muß jedoch spätestens innerhalb 48 Stunden nach der Unterbringung in der Anstalt ausgestellt und dem Leiter der Anstalt zugegangen sein.

Die Unterbringung hat in der Regel in einer öffentlichen Irrenanstalt zu erfolgen. Dabei kann das Zeugnis des beamteten Arztes durch das Zeugnis eines Arztes der Anstalt, in der die Unterbringung erfolgen soll, ersetzt werden.

Ist nach der Lage des Einzelfalles die Unterbringung in einer Privatirrenanstalt erforderlich, so kann das Zeugnis des beamteten Arztes durch ein Zeugnis des Arztes der Privatirrenanstalt ersetzt werden. Der Kranke ist jedoch in diesem Falle binnen 24 Stunden nach der Unterbringung durch den für ihn zuständigen beamteten Arzt zu untersuchen und unverzüglich zu entlassen, wenn dieser die Voraussetzungen für die Unterbringung nicht als gegeben erachtet.

Von der erfolgten Unterbringung hat der Leiter der Irrenanstalt dem zuständigen Amtsgericht und der Staatsanwaltschaft binnen 24 Stunden unter Beifügung der ärztlichen Zeugnisse Anzeige zu erstatten.

Das Amtsgericht hat nach den Bestimmungen unter Ziffer 6 und 9 zu verfahren und die polizeiliche Unterbringung des Kranken entweder für zulässig zu erklären oder sie aufzuheben, letzterenfalls ist die sofortige Entlassung des Kranken anzuordnen.

9. Die Verhandlung vor dem Amtsgericht ist mündlich, aber nicht öffentlich. Zu ihr sind, sofern es sein Zustand erlaubt, der Kranke selbst, sein gesetzlicher Vertreter oder ein von ihm mit der Wahrnehmung seiner Rechte Beauftragter sowie der Antragsteller zuzuziehen und mit ihren Anträgen zu hören. Auch den Verwandten des Kranken kann auf deren Antrag der Zutritt gestattet werden. Jedem gesetzlich oder durch einen Beauftragten nicht vertretenen Kranken ist von dem Amtsgericht für die Verhandlung ein Fürsorger zu bestellen. Ferner ist der Staatsanwaltschaft von jedem Termin Kenntnis zu geben und ihr auf Verlangen zur Wahrnehmung der öffentlichen Interessen die Mitwirkung im Termin zu gestatten.

Dem Kranken darf der Verkehr zur Wahrnehmung seiner Rechte mit den vorerwähnten Personen nicht beschränkt werden.

Der Beschluß des Amtsgerichts ist dem Kranken, seinem gesetzlichen Vertreter, dem von ihm mit der Wahrnehmung seiner

Rechte Beauftragten, dem bestellten Fürsorger und dem Antragsteller zuzustellen; die Zustellung hat ferner an die Staatsanwaltschaft, an den Leiter der Irrenanstalt, in der der Kranke untergebracht werden soll oder in der er sich befindet, sowie an die Polizeibehörde des Wohn- oder Aufenthaltsorts des Kranken zu erfolgen.

10. Gegen den die Unterbringung eines Kranken in einer Irrenanstalt anordnenden Beschluß des Amtsgerichts steht dem volljährigen Kranken, sofern er nicht geschäftsunfähig ist [1]), seinem gesetzlichen Vertreter, dem gerichtlich bestellten Fürsorger sowie den Antragsberechtigten in Ziffer 3 mit Ausnahme des Antragsstellers selbst das Recht der Beschwerde zu. Im Falle der Ablehnung des Antrags auf Unterbringung des Kranken in einer Irrenanstalt hat auch der Antragsteller das Recht der Beschwerde.

Die Einlegung der Beschwerde hat durch Einreichung einer Beschwerdeschrift bei dem Amtsgericht oder durch Erklärung zum Protokoll des Gerichtsschreibers zu erfolgen, und zwar binnen einer Notfrist von 2 Wochen, die mit der Zustellung des Beschlusses, für Antragsberechtigte, an die eine Zustellung nicht zu erfolgen hat, mit der Unterbringung beginnt.

Das Amtsgericht ist zu einer Änderung seines der Beschwerde unterliegenden Beschlusses nicht befugt, sondern hat die Beschwerde vor Ablauf einer Woche dem zuständigen Landgericht vorzulegen. Das Landgericht entscheidet auf Grund mündlicher, nicht öffentlicher Verhandlung in der Besetzung von 3 Mitgliedern endgültig.

Für das Verfahren vor dem Landgericht finden die Vorschriften der Ziffer 6, Abs. 3 und der Ziffer 9 Abs. 1 und 2 entsprechende Anwendung. Zu der Verhandlung ist der Beschwerdeführer, ein von ihm Beauftragter und der in erster Instanz gerichtlich bestellte Fürsorger zu laden; die Verhandlung ist auch bei ihrem Nichterscheinen zulässig. Ferner ist der Staatsanwaltschaft von jedem Verhandlungstermin Kenntnis zu geben und ihr auf Verlangen zur Wahrnehmung der öffentlichen Interessen die Mitwirkung im Termin zu gestatten. Das Landgericht hat seinen Beschluß dem Beschwerdeführer zuzustellen und dem Amtsgericht unter Rücksendung der Akten Mitteilung zu machen. Dieses hat den Kranken, seinen gesetzlichen Vertreter, den Antragsteller, den Leiter der Irrenanstalt, in welcher der Kranke untergebracht werden soll oder in der er sich befindet, und die Polizeibehörde des Wohn- oder Aufenthaltsorts des Kranken von dem Beschluß des Landgerichts zu verständigen.

11. Hat im Falle der Ziffer 8 das Amtsgericht die von der Polizeibehörde angeordnete Unterbringung eines Kranken in einer Irrenanstalt abgelehnt, so steht auch der Polizeibehörde das Recht der Beschwerde zu[2]). Die Vorschriften der Ziffer 10 finden entsprechende Anwendung.

---

[1]) Das soll doch gegebenenfalls gerade durch die Beschwerde festgestellt werden! —

[2]) Gilt hier § 22 oder nicht?

12. Meldet sich ein volljähriger, nicht entmündigter Kranker freiwillig zum Eintritt in eine Irrenanstalt, so darf seine Unterbringung nur bei Vorlegung eines Zeugnisses des für ihn zuständigen beamteten Arztes erfolgen; in dem Zeugnis muß auf Grund einer nicht länger als 2 Wochen zurückliegenden persönlichen Untersuchung des Kranken und einer mit ihm erfolgten Unterredung[1]) das Bestehen einer Geisteskrankheit und die Notwendigkeit oder Zweckmäßigkeit der Unterbringung in einer Irrenanstalt bescheinigt und zugleich ausgesprochen sein, daß der Kranke die Tragweite seines Entschlusses klar übersieht, und daß er für die Unterbringung in einer Irrenanstalt geeignet ist.

In der Irrenanstalt ist der Kranke binnen 24 Stunden erneut zu untersuchen, dabei ist festzustellen, daß er Verständnis für seine Lage hat und für die Unterbringung in der Irrenanstalt geeignet ist.

Innerhalb weiterer 24 Stunden hat der Leiter der Irrenanstalt dem zuständigen Amtsgericht und der Polizeibehörde des Wohn- oder Aufenthaltsorts des Kranken und dessen gesetzlichem Vertreter Anzeige zu erstatten. Gleichzeitig sind dem Amtsgericht die ärztlichen Unterlagen abschriftlich mitzuteilen. Nach Ablauf von 4 Wochen nach der Unterbringung und alsdann alle 2 Monate hat der Leiter der Irrenanstalt dem Amtsgericht ein weiteres Zeugnis über das Befinden des Kranken mit der Versicherung einzureichen, daß dieser bisher einen Wunsch auf Entlassung aus der Anstalt nicht geäußert hat. Das Amtsgericht hat, wenn bei ihm keine Bedenken bestehen, den Kranken in der Irrenanstalt zu belassen, oder wenn es dessen Verbleiben in der Anstalt für nicht zweckdienlich hält, mit dem gesetzlichen Vertreter oder einem der Antragsberechtigten in Ziffer 3 zwecks Stellung eines Entlassungsantrags in Verbindung zu treten. Wird ein solcher Antrag gestellt, so hat das Amtsgericht nach den Ziffern 6 und 9 zu verfahren.

13. Soll ein Geisteskranker aus dem Auslande übernommen werden, so genügt zur vorläufigen Unterbringung das Zeugnis des Arztes einer ausländischen öffentlichen Irrenanstalt oder eines deutschen beamteten Arztes. Von der erfolgten Unterbringung hat der Leiter der Irrenanstalt dem Amtsgericht und der Polizeibehörde des Anstaltsorts binnen 24 Stunden Anzeige zu erstatten.

Das Amtsgericht hat zu prüfen, ob die weitere Unterbringung nach den vorliegenden Bestimmungen statthaft ist. Die Vorschriften der Ziffern 6 und 10 finden entsprechende Anwendung.

14. Soll ein Geisteskranker, der freiwillig in die offene Abteilung[2]) einer Irrenanstalt eingetreten ist, ohne oder gegen seinen Willen aus der offenen in die geschlossene Abteilung überführt werden, so hat der Leiter der Anstalt entweder vor der Überführung oder, wenn ein Aufschub nicht möglich war, binnen 24 Stunden nach der Überführung dem Amtsgericht unter Angabe der Gründe, die für die

---

[1]) Also auch hier die „psychiatrische Untersuchung" ohne „Unterredung"?

[2]) S. Anm. 1 S. 131. Widerspruch!

Überführung maßgebend sind, Anzeige zu erstatten. Das Amtsgericht hat sodann nach den Ziffern 6, 7 und 9 zu verfahren.

15. Die wegen Geisteskrankheit in einer Irrenanstalt untergebrachten Personen dürfen ohne oder gegen ihren Willen dort nicht zurückgehalten werden:
 a) wenn sie nicht geisteskrank sind [1];
 b) wenn sie geheilt sind;
 c) wenn sie zwar noch nicht geheilt sind, aber der Anstaltspflege und -fürsorge nicht mehr bedürfen, die Entlassung auch keine Gefahr für ihre Person oder für die Allgemeinheit bildet und eine Unterbringung außerhalb der Anstalt sichergestellt ist, die ausreichenden Schutz für ihre und ihrer Angehörigen Sicherheit sowie für angemessene Behandlung und Pflege gewährleistet;
 d) wenn ihre Entmündigung rechtskräftig abgelehnt oder rechtskräftig wieder aufgehoben ist [2];
 e) wenn die die Unterbringung des Kranken in einer Irrenanstalt anordnende amtliche Verfügung zurückgezogen oder aufgehoben ist;
 f) wenn eine Überführung in eine andere Irrenanstalt in Frage kommt und die Unterbringung in dieser Anstalt sichergestellt ist;
 g) wenn es sich um eine Unterbringung zur vorläufigen Beobachtung in einer Irrenanstalt handelt und die dafür bestimmte Frist abgelaufen, eine Verlängerung aber nicht erfolgt ist.

16. Der in einer Irrenanstalt untergebrachte Kranke kann jederzeit seine Entlassung aus der Anstalt beantragen. Das gleiche Recht steht dem gesetzlichen Vertreter des Kranken und den Antragsberechtigten in Ziffer 3 zu. Der Antrag ist schriftlich bei dem Leiter der Irrenanstalt zu stellen. Eines besonderen Antrags bedarf es nicht, wenn in den Fällen der Ziffer 15 a und b der Leiter der Irrenanstalt selbst den in der Anstalt Untergebrachten als nicht geisteskrank oder als geheilt erkannt hat und deshalb seine Entlassung für unbedenklich erachtet. Die Entlassung ist durch den Leiter der Irrenanstalt zu bewirken und von ihm dem zuständigen Amtsgericht, der Staatsanwaltschaft und der Polizeibehörde des Wohn- oder Aufenthaltsorts des Kranken anzuzeigen; der Anzeige an das Amtsgericht muß eine Abschrift des die Entlassung rechtfertigenden ärztlichen Zeugnisses beigefügt werden. Ferner ist der gesetzliche Vertreter des Kranken und der Antragsteller, auf dessen Antrag die Unterbringung des Kranken in einer Irrenanstalt erfolgt ist, zu benachrichtigen.

 Eines Antrags bedarf es ferner nicht, wenn der die Unterbringung des Kranken in einer Irrenanstalt anordnende Beschluß des Amtsgerichts von ihm selbst auf Grund eines veränderten Sachverhalts zurückgezogen oder von dem Landgericht aufgehoben worden ist. In diesem Falle hat das Amtsgericht die Entlassung herbeizuführen und den Kranken, seinen gesetzlichen Vertreter,

---

[1]) Das hat doch grade das Amtsgericht erst rechtskräftig entschieden! ? — Vgl. auch Anm. 3 S. 137.

[2]) Vergl. S. 36.

den Antragsteller, auf dessen Antrag die Unterbringung des Kranken in einer Irrenanstalt erfolgt ist, sowie die Staatsanwaltschaft und die Polizeibehörde des Wohn- oder Aufenthaltsorts des Kranken zu benachrichtigen.

Ohne Vorliegen eines Antrags hat der Leiter der Irrenanstalt auch in dem Falle der Ziffer 15 g den in der Anstalt Untergebrachten zu entlassen[1]) und die Stelle, die die Beobachtung angeordnet hat, das zuständige Amtsgericht, die Staatsanwaltschaft, die Polizeibehörde des Wohn- oder Aufenthaltsorts des Entlassenen und den gesetzlichen Vertreter des Kranken zu benachrichtigen.

17. Der Leiter der Irrenanstalt hat die Entlassungsanträge sorgfältig zu prüfen und ihnen, wenn ihm die Entlassung sowohl für den Kranken wie für die Allgemeinheit unbedenklich erscheint[2]), stattzugeben[3]). Von der Entlassung ist dem zuständigen Amtsgericht, der Staatsanwaltschaft und der Polizeibehörde des Wohn- oder Aufenthaltsorts des Entlassenen Anzeige zu erstatten[4]); auch ist der Antragsteller zu benachrichtigen.

Hat der Kranke einen gesetzlichen Vertreter, so muß der Leiter der Irrenanstalt vor der Entlassung dessen Zustimmung einholen, sofern dieser nicht selbst der Antragsteller ist. Wird die Zustimmung nicht erteilt oder glaubt der Leiter der Irrenanstalt nach seiner Beurteilung des Sachverhalts dem Antrage nicht stattgeben zu können, so hat er ihn unter Beifügung der Akten und eines seinen Widerspruch begründenden ärztlichen Zeugnisses dem zuständigen Amtsgericht zu übersenden. Der Beifügung eines Zeugnisses bedarf es nicht, wenn es sich um die Wiederholung eines bereits abgelehnten Entlassungsantrags handelt und der Leiter der Irrenanstalt wegen der unveränderten Sachlage an einem Widerspruch festhält.

18. Über den Widerspruch gegen den Entlassungsantrag entscheidet das Amtsgericht; vor seiner Entscheidung hat es den Antragsteller,

---

[1]) Auch wenn er ihn für noch anstaltsbedürftig oder gemeingefährlich hält?

[2]) Nach völlig freiem Ermessen? Man macht doch grade den Anstaltsärzten stets den Vorwurf, daß sie in Zweifelfällen gefährliche Geisteskranke zu früh „auf die Menschheit losließen?"

[3]) Der unfähige Anstaltsarzt, dem das Gesetz noch nicht einmal die Fähigkeit zutraut, in den allerklarsten Fällen das Bestehen einer Geisteskrankheit festzustellen und über die Anstaltspflegebedürftigkeit zu entscheiden, hat also andererseits das Recht, wenn er, — auch irrtümlich, — annimmt, daß eine geistige Erkrankung nicht oder nicht mehr vorliege, — entgegen dem gerichtlichen Urteile und entgegen dem Urteile anderer, u. U. höchst autoritativer Sachverständiger, auf die sich das Gericht stützte, — eine äußerst schwerwiegende Entscheidung zu fällen und den Kranken zu entlassen! —

[4]) Wenn das Gericht anderer Meinung ist, kann es ja sehen, wie es den Kranken wiederbekommt, — und hat es ihn, dann kann das Spiel von neuem beginnen! —

erforderlichenfalls auch den Kranken, seinen gesetzlichen Vertreter und den Antragsteller, auf dessen Antrag die Unterbringung des Kranken in einer Irrenanstalt erfolgt ist, zu hören.

Das weitere Verfahren richtet sich nach den Bestimmungen der Ziffern 6 und 9.

19 Hat das Amtsgericht einen Entlassungsantrag des Kranken abgelehnt, so kann es, wenn es die Sachlage für unverändert hält, bei sich wiederholenden Anträgen anordnen, daß ihm diese nur in bestimmten Zeitabständen vorgelegt werden, es sei denn, daß in dem Antrag neue Tatsachen behauptet werden oder daß der Leiter der Irrenanstalt seinen früher erhobenen Widerspruch nicht mehr aufrecht erhalten will.

Das Amtsgericht hat seinen Beschluß dem Kranken, seinem gesetzlichen Vertreter und dem Antragsteller sowie dem Leiter der Irrenanstalt, der Staatsanwaltschaft und der Polizeibehörde des Wohn- oder Aufenthaltsorts des Kranken zuzustellen. Wird dem Entlassungsantrag stattgegeben, so ist der Beschluß auch dem Antragsteller, auf dessen Antrag die Unterbringung des Kranken in einer Irrenanstalt erfolgt ist, zuzustellen.

20. Gegen den die Entlassung ablehnenden Beschluß des Amtsgerichts steht dem volljährigen Kranken, sofern er nicht geschäftsunfähig [1]) ist, seinem gesetzlichen Vertreter und dem Antragsteller, gegen den die Entlassung anordnenden Beschluß, dem Antragsteller, auf dessen Antrag die Unterbringung des Kranken in einer Irrenanstalt erfolgt ist, sowie den Antragsberechtigten in Ziffer 3 das Recht der Beschwerde zu [2]).

Die Bestimmungen der Ziffer 10 Abs. 2—4 gelten entsprechend.

21. Der Anstaltsleiter ist verpflichtet, den behördlichen Entscheidungen auf Entlassung eines Kranken aus der Irrenanstalt unverzüglich zu entsprechen und von dem Vollzug der Entlassung der betreffenden Behörde, der Staatsanwaltschaft und der Polizeibehörde des Wohn- oder Aufenthaltsorts des Kranken sofort Anzeige zu erstatten.

22. Die Beschwerde gegen den die Entlassung anordnenden Beschluß hat aufschiebende Wirkung. Das Gleiche gilt für die Beschwerde gegen die Anordnung der Unterbringung in einer Irrenanstalt, falls der Kranke sich noch nicht in der Anstalt befindet, es sei denn, daß neue Tatsachen eingetreten sind, die eine sofortige Unterbringung in einer Irrenanstalt erforderlich machen.

23. Die Reichsregierung kann mit Zustimmung des Reichsrats über die Verwahrung von Geisteskranken in Irrenanstalten Anweisungen erlassen.

---

[1]) Vgl. Anm. 1 S. 134.

[2]) Also nicht dem Anstaltsleiter! —

V. Der preußische Gesetzentwurf vom Jahre 1924/25.

Von der Tatsache, daß dieser eben näher charakterisierte Reichsgesetzentwurf im Frühjahr 1924 zurückgezogen wurde, erfuhr man zuerst durch einen Artikel des mehrfach erwähnten Referenten für Psychiatrie im preußischen Ministerium für Volkswohlfahrt, Dr. *Alfred Beyer*, in der psychiatrisch-neurologischen Wochenschrift vom 5. IV. 24 (Bd. 26, S. 3), ein Aufsatz, der mit den Worten begann: „Auch wenn oder gerade weil die Arbeiten zur Schaffung eines Reichsirrengesetzes vorläufig nicht fortgeführt werden dürften, erscheint mir eine kurze Besprechung der nach dem Bekanntwerden des „Irrenschutzgesetzes" gegebenen Situation nützlich zu sein. Dies umso mehr, weil Preußen nunmehr vor der Notwendigkeit steht, seinerseits dem Wunsche des Parlamentes nach Neuregelung des Irrenwesens irgendwie Rechnung zu tragen."

Eine amtliche Mitteilung über die Zurückziehung des Entwurfes ist an die Standesvertretung der deutschen Irrenärzte nicht gelangt. —

In dem Artikel heißt es weiter: „Die einhellige Ablehnung, die dieser — (der Entwurf) — bei den Fachärzten und sonstigen Sachkennern erfuhr, würde eine völlige Umarbeitung, Beratungen mit den Vertretern der Länder und Sachverständigen, sowie sonstige Zeit und Geld kostende Arbeiten erforderlich machen. Es scheint mir daher sicher, daß das Reich seine Absicht, ein Irrengesetz zu schaffen, zunächst völlig aufgibt. Bei den Beratungen des Etats des preußischen Wohlfahrtsministeriums verlangten bisher die großen Parteien des Landtages einhellig eine gesetzliche Regelung des Irrenwesens. Diese Forderung wurde Jahr für Jahr wiederholt. Es fiel mir also die Aufgabe zu, mich zunächst über die Wünsche der durch das Parlament vertretenen Öffentlichkeit zu unterrichten und aus den Akten, sowie aus den Parlamentsdrucksachen und in Verhandlungen mit interessierten Laien das ganze Wunschmaterial zu sammeln und zu prüfen."

In diesem Artikel äußert der Verfasser weiterhin durchaus sachliche psychiatrische Gedanken, die mit dem letzten Reichsgesetzentwurf in so schreiendem Widerspruch stehen, daß man entweder annehmen muß, daß er seine Auffassung vollkommen geändert habe, oder aber, daß der von dem preußischen Ministerium für Volkswohlfahrt seiner Zeit vorbereitete, der Öffentlichkeit nicht bekannt gewordene Entwurf, der nach Mitteilung dieser Dienststelle vom 19. IV. 23 auf Wunsch des Reichsministeriums des Innern diesem zur Verfügung gestellt worden war, nicht die Grundlage des Reichsgesetzentwurfes gebildet hatte, sondern im Reichsministerium vollkommen unberücksichtigt geblieben war [1]).

Es wurde in dem genannten Aufsatz weiter ausgeführt, daß die Irrenärzte mehr mit der Öffentlichkeit und der Presse Fühlung nehmen müßten, worauf später von anderer Seite erwidert wurde, daß dies schon längst geschehen, und es wurde verwiesen auf die Artikel von *Rein* [2]), das mehrfach erwähnte Buch von *Bernhard Beyer*, den Presseausschuß des Reichsverbandes und vieles andere mehr. —

Immerhin ist dem Verfasser zuzugeben, daß auf diesem Gebiete noch viel mehr getan werden könnte [3]), und es ist nicht sehr erfreulich zu sehen, welch geringe Unterstützung der Presseausschuß auch in den Kreisen der Fachärzte findet. Vor allem aber ist es tief bedauerlich, daß die s. Z. im Einverständnis mit dem Reichsverband der Deutschen Presse beschlossene juristisch-psychiatrisch-publizistische Vertrauenskommission [4]) damals nicht zu Stande gekommen oder vielmehr wahrscheinlich nie in Tätigkeit getreten ist. Es wäre höchst erfreulich, wenn es gelingen sollte, diese Kommission wieder ins Leben zu rufen. —

Außerdem wurde in dem Artikel von *A. Beyer* betont, daß voraussichtlich auch Preußen trotz alledem in absehbarer Zeit kein eigenes Irrengesetz vorbereiten werde, da durch die Bestimmungen des Finanzausgleichgesetzes die Länder verpflichtet seien, die Kosten der von ihnen neu geschaffenen Gesetze auch für den Fall weiter zu tragen, daß etwa eines dieser Gesetze von dem Reiche übernommen und zu einem Reichsgesetze gemacht würde. Es komme also höchstens ein Gesetz

[1]) Nach neueren Mitteilungen soll diese letztere Möglichkeit tatsächlich zutreffen, was im Interesse der Entwicklung des Irrenwesens in Preußen außerordentlich erfreulich ist. (Vgl. Psych.-neurol. Wochenschr. Bd. 28, 1926, S. 148.)

[2]) „Zur Frage der Irrengesetzgebung". Psych.-neurol. Wochenschr. Bd. 25, 1923, S. 86. „Psych. Aufklärungsarbeit" ebenda S. 13.

[3]) Er selbst hat später in äußerst dankenswerter Weise zu dem Fall v. Gunten (vgl. Nachtrag S. 258) Stellung genommen. (Vossische Zeitg. 6. V. 27.)

[4]) Vgl. *Rittershaus*, „Irrsinn und Presse". G. Fischer, Jena 1913. S. 2.

in Frage, das keinerlei Kosten verursache, oder aber ein Ausbau bzw. ein Abbau der bestehenden Verordnungen. Leider wurde dieser Erwägung später nicht stattgegeben.

Ein neuer Gedanke wurde in die ganze Diskussion geworfen von *Fischer*[1]), der vorschlug, das badische Gesetz, das sich bewährt habe, probeweise auf 5—10 Jahre auf das Reich zu übernehmen und später nur etwaige Verbesserungen in Erwägung zu ziehen.

Dieser Gedanke wurde dann von dem preußischen Referenten für Psychiatrie wieder aufgenommen[2]), der mitteilte, daß der preußische Landtag die Vorlage eines Irrengesetzes verlange, und daß das Reich die Arbeit an einem Irrengesetze vorläufig ganz eingestellt habe. In dem ersten dieser Artikel schlug er vor, daß das preußische Gesetz sich die Vorzüge des badischen Gesetzes nutzbar machen solle und entwickelte dann in dem zweiten Artikel, (allerdings ohne diesen Zusatz, was zu einem bedauerlichen Mißverständnis führte), als seine persönliche Ansicht Anschauungen, die im wesentlichen die Bestimmungen des badischen Gesetzes mit etwas anderen Worten darlegten. Dabei betonte er nochmals ausdrücklich, daß sich im Irrenwesen Preußens Mißstände, die ein Gesetz erforderlich machten, nicht gezeigt hätten.

In der ausführlichen Diskussion, die sich zunächst hieran anschloß[3]), wurde die Frage von fachärztlicher Seite ausführlich erörtert; z. T. ging man dabei schon sehr in die Einzelheiten. Erwähnt sei von allem hier nur der Hinweis von *Bresler* (S. 177), daß in Preußen bereits ein Fürsorgegesetz für Geistes- und Gemütskranke bestehe, an dessen Schöpfung und Gestaltung allerdings nicht Mißtrauen gegen die Irrenärzte, sondern lediglich Fürsorge für jene Kranken mitgewirkt hätte, nämlich das Gesetz vom 11. 7. 1891. „Die Landarmenverbände... sind verpflichtet, für Bewahrung, Kur und Pflege der hilfsbedürftigen Geisteskranken, Idioten, Epileptischen, Taubstummen und Blinden, soweit dieselben der Anstaltspflege bedürfen, in geeigneten Anstalten Fürsorge zu treffen...."

„Die Bestimmungen über die Aufnahme und Entlassung der Anstaltspflegebedürftigen sowie über die Höhe der zu erstattenden Kosten

---

[1]) „Das Badische Irrenfürsorgegesetz in der Bewährung." Monatsschrift f. d. Krim.-Psych. u. Strafrechtsreform Bd. 14, 1923, S. 231.

[2]) Volkswohlfahrt Bd. 5, Nr. 19, 1. X. 24, S. 394 u. Psych.-neurol. Wochenschr. Bd. 26, 18. X. 24, S. 151.

[3]) Psych.-neurol. Wochenschr. Bd. 26, S. 173, 187; Bd. 27, S. 1, 4, 11, 59, 79, 429.

werden in Reglements getroffen, welche der Genehmigung der zuständigen Minister unterliegen." —

Bresler fügt dann noch hinzu: „Die beiden (und einige andere) Paragraphen wurden bekanntlich als § 30 bzw. 31 b in das preußische Gesetz vom 8. März 1871 betr. die Ausführung des Bundesgesetzes über den Unterstützungswohnsitz eingefügt und stehen jetzt als § 6 I. und § 8 in der preußischen Ausführungsverordnung vom 17. April 1924 zur Reichsverordnung über die Fürsorgepflicht vom 13. Februar 1924. Es hat sich also durch das „Ermächtigungsgesetz" — das Merkwürdige ereignet, daß ein preußisches Irrengesetz, nämlich das vom 8. März 1871 bzw. 11. Juli 1891, Bestandteil einer „Verordnung" geworden ist." —

In ein neues Stadium trat die ganze Frage dann dadurch, daß ein Entwurf auf der Basis des badischen Gesetzes mit den Vertretern der vereinigten Provinzen und einigen zu diesem Zwecke geladenen Fachärzten unverbindlich besprochen wurde. Von dieser Seite wurde dann unter Mitwirkung von *Schultze*-Göttingen, *Zinn* (Eberswalde) sowie dem Landesmedizinalrat der Rheinprovinz, Dr. *Wiehl*, und anderen namhaften Vertretern ein Gegenentwurf ausgearbeitet, der sich ebenfalls im Prinzip an den badischen Entwurf anlehnt und versucht, mit dem Mißtrauen und Vorurteil des Volkes und des Parlamentes ein Kompromiß zu schließen und alles Erreichbare herauszuholen. Die Gegenüberstellung (Vgl. S. 148) zeigt dieses Bestreben deutlich. Im preußischen Landtage hat dann der Herr Minister für Volkswohlfahrt diesen Entwurf amtlich angekündigt[1]), unter der Mitteilung, daß dieser zunächst noch dem Landkreistag, sowie dem deutschen Städtetag auf deren Ersuchen zur Begutachtung vorgelegt werden solle. Man hoffe, daß der Entwurf dem Landtage noch im Winter 1925/26 zugehen könne. Dies war allerdings nicht der Fall.

Wenn man überhaupt jetzt den Zeitpunkt schon für gekommen hält, auf der bis heute erkämpften Basis ein derartiges Kompromiß zu schließen, so ist zweifellos dieser Gegenentwurf das Beste, was wohl erreicht werden könnte, und man merkt fast in jedem Satze die geschickte und diplomatische Hand eines so erfahrenen Kenners der Materie, wie es z. B. *Schultze* ist.

Abgesehen von kleinen redaktionellen Änderungen sind es eine ganze Reihe von Punkten, die diesen Gegenentwurf von dem Referentenentwurf unterscheiden.

Der erste ist die grundsätzliche Einstellung zu der ganzen Frage: es ist nicht mehr die des Verwaltungsjuristen, der vom grünen Tisch aus

[1]) Vgl. „Ärztliche Mitteilungen" Bd. 26, Nr. 46, S. 1241.

Paragraphen verfaßt, die sich mit der „Verwahrung“ von mehr oder weniger „gemeingefährlichen“ oder doch jedenfalls sozial unschädlich zu machenden Menschen befassen, — sondern der Standpunkt des modernen Irrenarztes, der eben in erster Linie Arzt ist und nichts weiter, der sich insbesondere nicht in die Rolle eines polizeilichen Aufsehers drängen lassen will. Charakteristisch hierfür ist die grundsätzliche Anwendung des Ausdruckes „Unterbringung“ an Stelle des Wortes „Verwahrung“, das der Referenten-Entwurf, allerdings nicht immer, gebraucht, sowie die Umschreibung des Begriffes der Heil- und Pflegeanstalt, bei der der Referentenentwurf bedauerlicherweise die „Aufhebung“ oder „Beschränkung“ der persönlichen Freiheit als einzigstes Kriterium kennt, während der Gegenentwurf allein die „fachärztliche Behandlung“ betont.

Der zweite grundsätzliche Unterschied ist der, daß über die Zulässigkeit der Anstaltsaufnahme nicht mehr der zuständige Landrat oder die Polizeibehörde entscheidet, also Behörden, die doch letzten Endes zur Aufrechterhaltung der öffentlichen Sicherheit und Ordnung vorhanden sind und schließlich doch immer, selbst bei dem besten Willen, diesen polizeilichen Gesichtspunkt in den Vordergrund schieben müssen, — sondern die Landesfürsorgeverbände.

Damit ist der Entwurf im wesentlichen seines Polizeicharakters entkleidet, und der Weg für rein fürsorgerische Maßnahmen ist offen; als Konsequenz dieses Standpunktes fehlt dann auch der § 5 des Referentenentwurfes über die „Statthafterklärung“, die als „polizeiliche Verfügung“ angesehen werden sollte.

Der dritte grundsätzliche Unterschied ist der, daß auch der § 6 des Referentenentwurfes vollkommen fehlt, nämlich die Unterbringung — hier heißt es auch in dem Referentenentwurf einmal nicht „Verwahrung“ — auf landrätliche Anordnung. Die Fälle, die hier vorgesehen sind, sind kurz und sachlich schon in dem § 4 des Gegenentwurfes zusammengefaßt, der hier einfach unterscheidet: „die Unterbringung muß erfolgen, wenn ....“, oder „kann erfolgen, wenn .....“. Der Gegenentwurf ist hier viel folgerichtiger und, wenn man so will, auch strenger, indem er den Kreis derjenigen Kranken, die aufgenommen werden müssen, viel weiter zieht (s. u.).

Zweckmäßig wäre vielleicht noch gewesen, auch in diesem Paragraphen ausdrücklich zu betonen, daß diese Unterbringung stets aus ärztlichen Gründen erfolgt, zur Heilung und zur Pflege des betreffenden Kranken. In den Fällen, in denen die Unterbringung erfolgen muß, also:

a) wenn ein Kranker „die öffentliche Ruhe, Sicherheit und Sittlichkeit, die Ehre, die Gesundheit und das Eigentum eines anderen oder anderer in solchem Grade gefährdet, daß er mit Rücksicht auf die Allgemeinheit in besondere Obhut und Aufsicht genommen werden muß, oder wenn er

b) sich selbst nach dem Leben trachtet und seine Beaufsichtigung zur Abwehr einer Selbstbeschädigung notwendig ist“, — in allen diesen Fällen wird also wohl als selbstverständlich angenommen, daß sich dann irgendwelche der zur Stellung eines Antrags Berechtigten, insbesondere „die mit der Fürsorge für hilfsbedürftige Personen befaßten Behörden“, finden werden (§ 5 d), die einen dementsprechenden Antrag stellen, und schließlich [und in diesem Satze ist der ganze § 6 des Referentenentwurfes enthalten] „kann der Antrag in den Fällen des § 4 auch von der zuständigen Ortspolizeibehörde gestellt werden“ (§ 5, 3).

Wichtig ist auch die Bestimmung des § 4 Ziffer 2 c, daß die Unterbringung auch erfolgen kann, wenn der Kranke irgendwie zu verwahrlosen droht, was sonderbarerweise in dem Referentenentwurfe fehlt.

Bedauerlich erscheint bei alledem die Tatsache, daß auch der Gegenentwurf an der vorherigen Entscheidung einer nicht sachverständigen Dienststelle über die Berechtigung der Anstaltsaufnahme grundsätzlich festhält, und seien es eben auch Fürsorgeämter (§ 7/1). Wenn auch damit theoretisch an der seitherigen Regelung in Preußen nicht viel geändert wird, so war doch bis jetzt stets die Möglichkeit vorhanden, daß, wie es im Rheinland, in Westfalen und Schleswig-Holstein schon einmal geschehen, auch hier durch Verfügung jederzeit etwas anderes bestimmt hätte werden können; die Verankerung dieser veralteten Lösung jedoch in einem Gesetze schließt eine solche Möglichkeit aus.

Bei der Unterbringung im Dringlichkeitsverfahren sind ebenfalls viele von veraltetem Mißtrauen diktierten Bestimmungen des Referentenentwurfes geändert: es fehlt die Forderung eines kreisärztlichen Zeugnisses, während andererseits, wie es sich ja auch in zahlreichen deutschen Ländern bereits seit Jahren bewährt hat, der Direktor der Anstalt ein etwa fehlendes ärztliches Zeugnis durch seine eigene gutachtliche Äußerung ersetzen kann. Der Begriff der „Dringlichkeit“ ist hier nicht noch einmal eng umschrieben, sondern alles ist anscheinend dem Ermessen des ärztlichen Direktors überlassen, um allen etwa eintretenden unvorhergesehenen Möglichkeiten gerecht werden zu können.

Es fehlt weiterhin in dem Gegenentwurfe die Bestimmung, daß bei dringenden Aufnahmen in einer privaten Heil- und Pflegeanstalt der Kranke innerhalb 24 Stunden von einem Kreisarzt nachuntersucht werden muß. Ebenso hat nach diesen Vorschlägen einfach der Direktor bei der zuständigen Fürsorgebehörde unverzüglich die nachträgliche Statthafterklärung zu beantragen, während nach dem Referentenentwurf „binnen 24 Stunden“ dem Landrat Mitteilung zu machen ist. Dieser kann, wie ausdrücklich betont wird, „die sofortige Entlassung des Verwahrten „verfügen“, wenn ihm die in § 9, 2 genannten Bedingungen als nicht gegeben erscheinen, mit anderen Worten, der Landrat hätte zu entscheiden, — und zwar ohne gezwungen zu sein, nochmals einen Sachverständigen gutachtlich zu hören, — über die rein ärztliche Frage, ob der Kranke überhaupt anstaltspflegebedürftig oder für sich selbst, für andere usw. gefährlich ist — eine nicht sehr erfreuliche Konzession an das Vorurteil. — Recht überflüssig ebenfalls, weil teilweise selbstverständlich, ist Ziffer 6 des genannten § 9 des Referentenentwurfes, der mit Recht in dem Gegenentwurfe fehlt.

In dem § 9 Ziffer 1 des Gegenentwurfes, der Unterbringung „zur Beobachtung“, der dem § 10 des Referentenentwurfes entspricht, ist auch eine Unterbringung „sonstiger Personen auf Antrag der zuständigen Ortspolizeibehörde“ vorgesehen, eine Bestimmung, die dieser die Möglichkeit gibt, in zweifelhaften Fällen der Gemeingefährlichkeit oder Gemeinlästigkeit auch schon diese vorläufige und damit vorbeugende Maßregel zu ergreifen und nicht erst abwarten zu müssen, bis ein Unglück geschehen, und dadurch die Frage geklärt ist. Im übrigen enthalten die Bestimmungen über die „Beobachtung" nichts wesentlich Neues. Auch eine freiwillige Aufnahme kann nach § 10 des Gegenentwurfes einfach als „Aufnahme zur Beobachtung" gelten, der Beibringung eines ärztlichen Zeugnisses bedarf es hierbei nicht. Vielleicht hätte man diese Forderung doch beibehalten können, unter Umständen ersetzt durch das „Zweckmäßigkeitsattest" wie es zum Beispiel in Hamburg üblich, das auch von einem Arzte der Anstalt ausgestellt werden kann; man hätte dafür dann wohl Ziffer 2 dieses Paragraphen entbehren können, daß von jeder Aufnahme zur Beobachtung die zuständige Ortspolizeibehörde in Kenntnis zu setzen ist.

Davon unterschieden ist dann noch einmal die eigentliche „freiwillige Aufnahme", die sich auf Erkrankungen bezieht, die länger als 6 Wochen dauern, für die aber sonst ebenfalls die Bestimmungen des § 10 in Betracht kommen, also auch das Fehlen des ärztlichen Zeugnisses und die Anzeige an die zuständige Polizeibehörde.

Der Referentenentwurf § 11 hat hier dagegen das ärztliche Zeugnis, das bei einer Aufnahme in eine private Heil- und Pflegeanstalt von dem Kreisarzt ausgestellt sein muß. Bekanntlich wünschen viele Privatanstaltsbesitzer hier die Vorschrift eines amtsärztlichen Aufnahmezeugnisses, um gegen die üblichen gehässigen Unterstellungen und Verleumdungen geschützt zu sein.

Daß sogar in dem Referentenentwurf auch bei der freiwilligen Aufnahme immer von der „Verwahrung" gesprochen wird, ist besonders ungeschickt und wenig wohlwollend. —

Die Bestimmungen über die Entlassung sind in dem Gegenentwurfe (§ 13) wesentlich exakter, es spricht aus ihnen die praktische Erfahrung des Arztes.

In § 15 des Gegenentwurfes sind die Rechtsmittel der Beschwerde gegen alle behördlichen Anordnungen zusammengefaßt, die im Referentenentwurf nur teilweise und an anderer Stelle enthalten sind.

Auffallend ist es, daß dabei im Referentenentwurf, ähnlich wie es auch im badischen Gesetze der Fall ist, nach § 5 Abs. 2 der Kranke die Einweisungsverfügung des Landrates dann nicht anfechten kann, wenn er geschäftsunfähig ist; das aber soll doch gerade durch die Anfechtungsklage unter Umständen erst festgestellt werden. Es gilt hier sinngemäß das gleiche, was oben bei dem badischen Gesetze an der entsprechenden Stelle gesagt wurde [1]).

In dem Gegenentwurfe fehlt eine solche Einschränkung mit Recht. Auch sonst weist der Gegenentwurf viele wesentliche Verbesserungen auf.

Bezüglich der Privatanstalten heißt es hier kurz und sachlich, daß die vorstehenden Bestimmungen auch hier entsprechende Anwendung finden, während der Referentenentwurf es für nötig hält, an verschiedenen Stellen noch eine ganze Reihe von Stacheldrahtzäunen um diese höchst verdächtigen Institutionen herum aufzurichten.

Bezüglich der Überwachung läßt der Gegenentwurf die wesentlichsten Bestimmungen des ersten Entwurfes bestehen, da die Anstalten keine Überwachung zu scheuen haben, doch sucht man die nötige Sachlichkeit zu erreichen dadurch, daß nach den neuen Vorschlägen die Hälfte

[1]) Vgl. auch *Schwabe* l. c.

der Mitglieder des Zentralbeirats auf Vorschlag der Landesdirektoren-Konferenz zu ernennen sind. *Schultze* [1]) stand früher auf dem Standpunkte, daß die Mitwirkung des Laienelementes abzulehnen sei, jene „unabhängigen Männer" des berüchtigten Kreuzzeitungsaufrufes, „die das Vertrauen ihrer Mitbürger genießen, nicht nach Fachkenntnissen urteilen, auch nicht durch medizinische Gutachten beeinflußt sind, sondern auf den Augenschein sehen", — er meinte damals, entweder hörten diese doch auf den sachverständigen Psychiater, dann seien sie überflüssig, oder sie hörten nicht auf ihn, dann habe man alle Nachteile einer reinen Laienjury. — Immerhin wird man wohl, wie es ja auch der Gegenentwurf tut, hier Konzessionen machen können; nach den in Hamburg und an anderen Stellen gemachten Erfahrungen wenigstens hat sich die Macht der Tatsachen auf die Dauer doch stets als stärker erwiesen als jede etwaige Voreingenommenheit; als Mittel zur Gewinnung von Vertrauen aber kann ein derartiges Entgegenkommen sicherlich nur von Nutzen sein [2]).

Die beleidigende und von veraltetem Mißtrauen diktierte Bestimmung, daß die Besichtigungen durch den Überwachungsausschuß „unvermutet" vorzunehmen sind, fehlt in den Gegenentwurf, ebenso fehlt der ganze § 21 des Referentenentwurfes, der aus dem gleichen Geiste entstanden ist, und der bei den Direktoren der Anstalten recht zweifelhafte Charaktereigenschaften vorauszusetzen scheint. In gleicher Weise fehlt § 20 des Referentenentwurfes, der, aus ähnlichem Mißtrauen geboren, ebenfalls nur Selbstverständlichkeiten enthält oder aber höchst bedenkliche Forderungen, wie etwa die „freie Aussprache mit dem Anstaltspersonal". Man wird sich unschwer vorstellen können, wohin es führen könnte, wenn politisch unzufriedene Elemente unter dem Pflegepersonal ihren etwa dem Ausschuß angehörenden Parteigenossen ihre subjektiv gefärbten Berichte übermitteln, ohne daß der Direktor Gelegenheit hätte, diesen Aussprachen beizuwohnen und sofort Stellung dazu zu nehmen. Sollte eine derartige Bestimmung tatsächlich entsprechend dem Referentenentwurf im Gesetze verbleiben, so wäre ein Zusatz, daß derartige Aussprachen nur in Gegenwart des Direktors oder des von diesem bestimmten Stellvertreters stattfinden dürften, unumgänglich nötig.

Eine kleine Konzession bezüglich der Privatanstalten enthält § 20 des Gegenentwurfes, der bei Besichtigungen von Privatanstalten den zuständigen Kreisarzt hinzuziehen will. Sonst ist über die besonderen Rechte und Pflichten des Überwachungsausschusses in dem Gegenentwurf nichts Näheres gesagt, es könnte also angenommen werden, daß seine Funktion darauf beschränkt sei, die Durchführung des vorliegenden Gesetzes zu überwachen, daß er aber nicht die Befugnis hätte, etwa über die Verpflegung, über ärztliche Maßnahmen, über etwaige Mißhandlungen und anderes sich zu äußern. Vielleicht könnte dieser Punkt noch näher präzisiert und in den Ausführungsbestimmungen klargestellt werden.

Kleinere Schönheitsfehler des ersten Entwurfes wären etwa noch die Bestimmungen seines § 8, daß zu einer Überführung in die Anstalt Pflegepersonal der Anstalt hinzugezogen werden kann, während der Gegenentwurf hier gerade das Gegenteil bestimmt und sich dabei auf

---

[1]) l. c.

[2]) *Groth* (vgl. S. 128) waren diese Ausführungen nicht unbekannt.

die allgemeine Gepflogenheit stützt; charakteristisch ist ferner der kleine Unterschied zwischen § 4 des Referentenentwurfes und § 4 Ziff. 2 d des Gegenentwurfes u. a. m. Bezügl. weiterer Einzelheiten vergleiche man die beiden Entwürfe (S. 148).

Der Deutsche Verein für Psychiatrie hat schließlich auf seiner Tagung in Kassel am 3. IX. 25 im Anschluß an ein Referat von Herrn Geh. Rat *Schultze* (Göttingen) nach eingehender Diskussion[1]) noch folgende Leitsätze angenommen:

Eine Änderung des Entwurfs erscheint dem Deutschen Verein für Psychiatrie in folgenden Punkten notwendig:

1. Bei der Begriffsbestimmung der Irrenanstalt muß als ihre wesentliche Aufgabe die fachärztliche Behandlung und Pflege Geisteskranker zum Ausdruck kommen. Diesem Gesichtspunkt muß sich die Ausdrucksweise des Gesetzes anschließen.
2. Wichtiger als die besondere Hervorhebung der Geistesschwachen gegenüber den Geisteskranken ist die der „Süchtigen", soweit sie fachärztlicher Behandlung und Pflege bedürfen.
3. Es ist notwendig, daß die alleinige Leitung der öffentlichen Heil- und Pflegeanstalten durch einen Psychiater vorgeschrieben wird.
4. Auch die offene Fürsorge für Geisteskranke ist im Gesetz zu berücksichtigen.
5. Bei der Begriffsumschreibung der Anstaltspflegebedürftigkeit ist in erster Linie auf ärztliche Gesichtspunkte Wert zu legen.
6. Das ärztliche Zeugnis verliert 4 Wochen nach seiner Ausstellung seine Gültigkeit.
7. Das ärztliche Zeugnis muß unter allen Umständen auf Grund einer persönlichen Untersuchung ausgestellt werden.
8. Bei der Aufnahme in eine Anstalt ist auf die Mitwirkung von deren Pflegepersonal zu verzichten.
9. Bei dringlicher Aufnahme in eine Anstalt muß das Gutachten eines Arztes der Anstalt ausreichen.
10. Es empfiehlt sich, der Polizei auf Antrag eines beamteten Arztes das Recht auf Herbeiführung einer kurzfristigen Anstaltsbeobachtung einzuräumen.
11. Die freiwillige Aufnahme muß möglichst von allen Formalitäten befreit werden.
12. Die Bestimmungen über die Überwachungen der Irrenanstalten sind nur geeignet, das schon vorhandene Mißtrauen gegen Irrenanstalten zu unterstützen, und bedürfen einer grundlegenden Änderung.
13. Der Medizinalbeamte der Besuchskommission muß aus der Zahl der Regierungs- und Medizinalräte gewählt werden.
14. Der Hinzuziehung eines Kreisarztes bei der Besichtigung der Anstalten durch die Besuchskommission bedarf es höchstens bei Privatanstalten.
15. Die Mitwirkung eines Laien in der Besuchskommission erscheint wenig zweckmäßig.

---

[1]) Zentralbl. Bd. 42, S. 328.

Diese Leitsätze enthalten neben solchen, die bereits von dem Gegenentwurfe berücksichtigt wurden, noch eine Reihe von weiteren Verbesserungsvorschlägen, deren Hineinarbeitung, in den endgültigen Entwurf recht zweckmäßig erscheint, wenngleich natürlich zu befürchten steht, daß manche dieser Anregungen auf erbitterten Widerstand stoßen werden.

Am 23. II. 1926 fand dann im preußischen Wohlfahrtsministerium eine neue Beratung über den Irrenfürsorgegesetzentwurf statt, zu der auch Vertreter der Provinzen, des Städtetags, des Landkreistags, des Deutschen Vereins für Psychiatrie, der Privatanstalten, der charitativen Anstalten und des Reichsverbandes beamteter Irrenärzte zugezogen worden waren.

Es wurde zugesagt, daß der Entwurf in seiner endgültigen Fassung dem Kreise der Eingeladenen zugehen werde, bevor er dem Landtag vorgelegt würde, und daß der gleiche Kreis für die Beratung der Ausführungsbestimmungen gehört werden solle [1]).

Jedenfalls, wenn aus diesen Entwürfen, was nach allem wohl als höchstwahrscheinlich angesehen werden kann, ein preußisches Landesgesetz hervorgehen sollte, so wäre er nur dringend zu wünschen, daß dann wenigstens der von Sachverständigen und unter sachlichen Gesichtspunkten redigierte Gegenentwurf des provinziellen Ausschusses, möglichst noch unter weitgehender Berücksichtigung der Wünsche des Deutschen Vereins für Psychiatrie, dem Gesetze zu Grunde gelegt werde, und nicht der erste Referentenentwurf, in dem doch noch ein Geist weht, dessen sich, sollte er Gesetz werden, die heutige Zeit später einmal schämen müßte.

Preußische Gesetzentwürfe vom Jahre 1924/25.

Referenten-Entwurf:	Gegenentwurf:
Preußisches Gesetz, die Fürsorge für Geistes- und Gemütskranke betreffend.	**Entwurf des provinziellen Ausschusses für ein Irrenfürsorgegesetz in Preußen. (Vorbehaltlich der Zustimmung der Landesdirektorenkonferenz.)**
A. Verwahrung.	A. Unterbringung.
§ 1.	§ 1.
Heil- und Pflegeanstalten.	Heil- und Pflegeanstalten.
1. Als Heil- und Pflegeanstalten im Sinne dieses Gesetzes gelten alle öffentlichen und privaten Kranken-	1. Als Heil- und Pflegeanstalten im Sinne dieses Gesetzes gelten alle öffentlichen und privaten Kranken-

[1]) Nach Zeitungsmeldungen soll jetzt doch erst noch das Erscheinen des „Reichsverwahrungsgesetzes“ abgewartet werden, das die Absichten des neuen Strafgesetzentwurfes über die Unschädlichmachung Gemeingefähr-

anstalten, in denen für den ganzen Anstaltsbereich oder für einzelne Abteilungen die persönliche Freiheit von Geistes- oder Gemütskranken beschränkt oder aufgehoben wird.

2. Als Geisteskranke im Sinne dieses Gesetzes gelten auch Geistesschwache.

§ 2.

Verwahrung.

1. Die Verwahrung in einer Heil- und Pflegeanstalt erfolgt, wenn der zuständige Landrat, in kreisfreien Städten die Polizeibehörde, die Unterbringung auf Antrag für statthaft erklärt oder von Amts wegen anordnet.

anstalten, in denen für den ganzen Anstaltsbereich oder für einzelne Abteilungen Geistes- oder Gemütskranke zu ihrer fachärztlichen Behandlung Aufnahme finden.

2. Als Geisteskranke im Sinne dieses Gesetzes gelten auch Geistesschwache.

§ 2.

Unterbringung.

1. Zur Unterbringung der in § 1 genannten Kranken in einer Heil- und Pflegeanstalt bedarf es in jedem Falle einer besonderen Statthafterklärung.

2. Zuständig für die Statthafterklärung sind die Landesfürsorgeverbände, denen sie als staatliche Auftragsangelegenheit übertragen wird.

3. Im einzelnen Falle ist zuständig der Landesfürsorgeverband, in dem sich der Wohnsitz des Kranken, in Ermangelung eines inländischen Wohnsitzes sein Aufenthaltsort befindet, beim Fehlen eines Wohnsitzes und Aufenthaltsortes in Preußen, der Landesfürsorgeverband, in dem die Heil- und Pflegeanstalt liegt.

§ 3.

Die Provinz kann beschließen, daß an die Stelle des Landesfürsorgeverbandes der Provinz die Bezirksfürsorgeverbände zu treten haben. Die näheren Bestimmungen hierüber sind in Reglements zu treffen, die der Genehmigung der zuständigen Minister unterliegen.

§ 4.

1. Die Unterbringung in einer Heil- und Pflegeanstalt **muß** erfolgen:

---

licher in vorläufiger Lösung vorwegnehmen will — falls nicht der neue Strafgesetzentwurf selbst in Bälde schon Gesetz wird.

Die Verwahrung kann auch dann erfolgen, wenn der Kranke infolge seiner Geisteskrankheit für das Eigentum gefährlich oder für die öffentliche Sittlichkeit anstößig, oder wenn er in bezug auf Aufsicht, Schutz, Verpflegung oder ärztlichen Beistand verwahrlost oder gefährdet ist.

2. Sie ist geboten, wenn und solange der zu verwahrende Geisteskranke zu seinem eigenen Schutze oder zum Schutze anderer Personen der Anstaltspflege bedarf.

4. Die Verwahrung ist ferner statthaft, wenn von einem Geisteskranken widerrechtliche Maßnahme zu erwarten sind, die einen körperlichen, wirtschaftlichen oder sozialen Nachteil bezwecken.

§ 3.

Antragsberechtigte.

Berechtigt zur Stellung des Antrages sind:

1. Bei Minderjährigen und entmündigten Kranken der gesetzliche Vertreter.

2. Bei volljährigen, nicht entmündigten Kranken die Eltern und Voreltern, Abkömmlinge, Ehegatten und Geschwister.

a) Wenn der unterzubringende Geisteskranke infolge seiner Geisteskrankheit die öffentliche Ruhe, Sicherheit und Sittlichkeit, die Ehre, die Gesundheit oder das Eigentum eines anderen oder anderer in solchem Grade gefährdet, daß er mit Rücksicht auf die Allgemeinheit in besonderer Obhut und Aufsicht gehalten werden muß.

b) Wenn er sich selbst nach dem Leben trachtet und seine Beaufsichtigung zur Abwehr einer Selbstbeschädigung notwendig ist.

2. Die Unterbringung zur fachärztlichen Behandlung kann erfolgen:

c) Wenn er ohne Aufsicht, Schutz, leibliche Versorgung und ärztlichen Beistand verwahrlosen oder gefährdet sein würde.

d) Wenn von ihm widerrechtliche Maßnahmen zu erwarten sind, die ihm einen körperlichen, wirtschaftlichen oder sozialen Nachteil zu bringen vermögen.

§ 5.

Voraussetzungen der Unterbringung.

1. Die Unterbringung in einer Heil- und Pflegeanstalt erfolgt auf begründeten Antrag eines Antragsberechtigten an den Landesfürsorgeverband.

2. Berechtigt zur Stellung eines Antrages sind:

a) Bei minderjährigen und entmündigten oder unter vorläufige Vormundschaft gestellten Personen ihre gesetzlichen Vertreter.

b) Bei volljährigen, nicht entmündigten oder unter vorläufige Vormundschaft gestell-

3. Beim Fehlen oder bei Verhinderung der in Ziffer 1 und 2 bezeichneten Antragsberechtigten, die mit der Fürsorge für den Kranken befaßten Behörden, sonstige öffentliche Organe, Verwandte oder Verschwägerte.

4. Bei Geisteskranken, die im Sinne des Fürsorgegesetzes hilfsbedürftig sind, der unterstützungspflichtige Fürsorgeverband.

5. Bei Fürsorgezöglingen die die Fürsorge leitende Behörde.

6. Bei Straf- und Untersuchungsgefangenen sowie bei Insassen des polizeilichen Arbeitshauses die zuständige Behörde.

7. Bei aktiven Militärpersonen die vorgesetzte Militärbehörde.

ten Personen ihre Eltern, Voreltern, Ehegatten, Geschwister und Abkömmlinge.

c) Bei Fehlen oder Verhinderung der unter a und b bezeichneten Personen sonstige volljährige Verwandte oder Verschwägerte.

d) Die mit der Fürsorge für hilfsbedürftige Personen befaßten Behörden, insbesondere die unterstützungspflichtigen Fürsorgeverbände.

e) Bei Fürsorgezöglingen die mit der Durchführung der Fürsorge betrauten Behörden.

f) Bei Untersuchungs- und Strafgefangenen sowie bei Insassen von öffentlichen Arbeitshäusern die zuständigen Behörden.

g) Bei aktiven Militärpersonen die vorgesetzte Militärbehörde.

3. In den Fällen des § 4 Abs. 1 und 2 kann der Antrag auch von der zuständigen Ortspolizeibehörde gestellt werden.

§ 4.

Ärztliches Zeugnis.

1. Der Landrat hat dem Antrage auf Verwahrung eines Kranken in einer Heil- und Pflegeanstalt, sofern die Verwahrung ohne oder gegen den Willen des zu Verwahrenden erfolgen soll, nur stattzugeben, wenn außer der Geisteskrankheit auch die Notwendigkeit der Anstaltspflege von einem im deutschen Reiche approbierten Arzt auf Grund einer nicht länger als 2 Wochen zurückliegenden persönlichen Untersuchung des Kranken bezeugt ist. Von einer persönlichen Untersuchung darf nur abgesehen werden, wenn die Untersuchung für den Arzt oder dritte Personen mit einer Gefahr für Leib und Leben verbunden wäre.

§ 6.

Ärztliches Zeugnis.

1. Die Statthafterklärung hat zu erfolgen, sofern die Unterbringung ohne oder gegen den Willen des Unterzubringenden erfolgen soll, wenn außer der Geisteskrankheit auch die Notwendigkeit der Anstaltspflege von einem im deutschen Reiche approbierten Arzte auf Grund einer nicht länger als 2 Wochen zurückliegenden persönlichen Untersuchung des Kranken bezeugt ist. Von einer persönlichen Untersuchung darf nur abgesehen werden, wenn die Untersuchung für den Arzt oder dritte Personen mit Gefahr für Leib und Leben verbunden sein würde.

2. In dem vorzulegenden ärztlichen Zeugnis muß der Tag der

2. In dem vorzulegenden ärztlichen Zeugnis muß das Datum der persönlichen Untersuchung oder der Feststellung der Geisteskrankheit und das Datum der Zeugnisausfertigung angegeben sein.

3. Im Falle der Übernahme eines Kranken aus dem Reichsausland genügt das Zeugnis eines Arztes an einer ausländischen öffentlichen Irrenanstalt oder eines sonstigen beamteten Arztes.

persönlichen Untersuchung oder der Feststellung der Geisteskrankheit sowie der Tag der Zeugnisausstellung angegeben sein.

4. Im Falle der Übernahme eines Kranken aus dem Reichsauslande genügt das Zeugnis eines Arztes von einer ausländischen öffentlichen Irrenanstalt oder eines sonstigen beamteten Arztes.

3. Das ärztliche Zeugnis besitzt eine Gültigkeitsdauer von 4 Wochen, beginnend mit dem Tage der Ausstellung.

§ 5.

Statthafterklärung.

1. Der Landrat prüft den Antrag und erklärt, wenn er dabei keine Bedenken findet, die Unterbringung für statthaft.

2. Die Statthafterklärung gilt als polizeiliche Verfügung. Sie kann von dem volljährigen Kranken selbst, sofern er nicht geschäftsunfähig ist, sowie von den in § 3, Ziffer 1 a und 4 genannten Antragsberechtigten angefochten werden. Die Anfechtungsfrist beginnt mit der Eröffnung der landrätlichen Verfügung, und wenn die Eröffnung nicht erfolgte, mit der Unterbringung.

Vergleiche § 15.

§ 6.

Unterbringung auf landrätliche Anordnung.

Vergleiche § 5/3.

1. Von Amts wegen kann der Landrat bzw. die Polizeibehörde die Unterbringung in einer Heil- und Pflegeanstalt, auch wenn kein Antrag vorliegt, anordnen:

a) Wenn ein Geisteskranker zu seinem eigenen oder zum Schutz anderer Personen der Anstaltspflege bedarf.

b) Wenn ein Geisteskranker infolge Geisteskrankheit für das Eigentum gefährlich oder für die öffentliche Sittlichkeit anstößig oder wenn er in bezug auf Aufsicht, Schutz, Verpflegung oder ärztlichen Beistand verwahrlost oder gefährdet ist.

c) Wenn von einem Geisteskranken Maßnahmen zu erwarten sind, die einen körperlichen, wirtschaftlichen oder sozialen Nachteil bezwecken.

2. Diese Anordnung darf nur ergehen, wenn außer der Geisteskrankheit die Notwendigkeit der Anstaltspflege und das Vorliegen einer der in Abs. 1 erwähnten Voraussetzungen auf Grund unmittelbar vorhergegangener persönlicher Untersuchung von dem für den Aufenthaltsort des Kranken zuständigen Kreisarzt oder einem beamteten Arzt einer öffentlichen Irrenanstalt, bei Strafgefangenen von dem Gefängnisarzt, bestätigt sind. Der § 4 Abs. 1 Satz 2 findet entsprechende Anwendung.

3. Die Unterbringung von Amts wegen hat in einer öffentlichen Heil- und Pflegeanstalt des Landes zu erfolgen.

4. Auf Anordnung findet der § 5 Abs. 2 entsprechende Anwendung.

§ 7.

Zuständigkeit.

1. Zuständig zur Statthafterklärung oder Anordnung der Verwahrung in einer Anstalt ist der Landrat bzw. die Polizeibehörde des Wohnsitzes des Kranken; in Ermangelung eines inländischen Wohnsitzes ist der Landrat bzw. die Polizeibehörde des Aufenthaltsortes des Kranken, beim Fehlen eines Wohnsitzes und Aufenthaltsortes

in Preußen ist der Landrat bzw. die Polizeibehörde des Kreises zuständig, in dem die Heil- und Pflegeanstalt liegt.

2. Unberührt bleibt die Zuständigkeit der Gerichte, im strafrechtlichen Verfahren oder im Entmündigungsverfahren die zeitliche Beobachtung in einer Heil- und Pflegeanstalt oder die Unterbringung in eine Irrenanstalt anzuordnen.

§ 8.

Die Unterbringung in eine Anstalt ist, falls der zu Verwahrende oder zeitlich zu Beobachtende die gegen ihn ergangene Anordnung nicht innerhalb der gestellten Frist freiwillig befolgt, durch die vom Landrat beauftragten Organe zu bewirken. Für die Überführung kann Pflegepersonal von Heil- und Pflegeanstalten zur Hilfeleistung herangezogen werden.

§ 7.

Die Unterbringung.

1. Nach erfolgter Statthafterklärung ist die Überführung in eine Heil- und Pflegeanstalt durch die von der Ortspolizeibehörde beauftragten Organe zu bewirken.

2. Die Heranziehung von Pflegepersonal einer Heil- und Pflegeanstalt hierzu kann *nicht* gefordert werden.

§ 9.

Fürsorgerische Unterbringung im Dringlichkeitsverfahren.

1. In dringenden Fällen kann die sofortige fürsorgerische Unterbringung eines Geisteskranken in eine Heil- und Pflegeanstalt ohne Antrag und ohne landrätliche Statthafterklärung oder Anordnung lediglich auf Grund eines ärztlichen Zeugnisses erfolgen.

2. In diesem Zeugnis muß außer der Geisteskrankheit und der Notwendigkeit der Anstaltspflege auch die Dringlichkeit der Aufnahme zum Zwecke der Heilung des Kranken oder zur Vermeidung von Gefahren für den Kranken selbst oder für andere Personen oder für das Eigentum oder für die öffentliche Sittlichkeit von dem für den Aufenthaltsort

§ 8.

Die Unterbringung im Dringlichkeitsverfahren.

1. In dringenden Fällen kann die sofortige fürsorgerische Unterbringung eines Geisteskranken in einer Heil- und Pflegeanstalt ohne Antrag und ohne vorherige Statthafterklärung auf Grund eines bloßen ärztlichen Zeugnisses erfolgen.

2. Im ärztlichen Zeugnis muß außer der Geisteskrankheit und der Notwendigkeit der Anstaltspflege auch die Dringlichkeit der Aufnahme auf Grund persönlicher ärztlicher Untersuchung bescheinigt werden. Die Vorschriften des § 4 finden entsprechende Anwendung.

des Kranken zuständigen Kreisarzt auf Grund unmittelbar vorhergegangener persönlicher Untersuchung des Kranken bestätigt werden. Der § 4, Abs. 1, Satz 2 findet entsprechende Anwendung.

3. In dem ärztlichen Zeugnis muß das Datum der persönlichen Untersuchung bzw. der Feststellung der Geisteskrankheit und das Datum der Zeugnisausfertigung angegeben sein.

4. Wenn die fürsorgliche Unterbringung in einer privaten Heil- und Pflegeanstalt erfolgt ist, muß der Kranke binnen 24 Stunden nach der Aufnahme vom Kreisarzt untersucht, und falls dieser das Vorliegen der Voraussetzungen des Absatz 2 nicht bestätigt, sofort entlassen werden.

5. Von der fürsorglichen Aufnahme hat der Anstaltsleiter dem Landrat binnen 24 Stunden Mitteilung zu machen. Der Landrat ist berechtigt, die Verwahrung in einer Anstalt rückgängig zu machen und die sofortige Entlassung der Verwahrten zu verfügen, wenn ihm die in § 9, Abs. 2 genannten Bedingungen als nicht gegeben erscheinen.

6. Wird nicht binnen 3 Wochen nach der Aufnahme des Geisteskranken in eine Heil- und Pflegeanstalt der Antrag eines nach § 3 Antragsberechtigten und die Statthafterklärung oder eine landrätliche Anordnung nach § 6 nachgebracht, so ist der fürsorglich Aufgenommene zu entlassen; falls aber nach dem pflichtmäßigen Ermessen des Anstaltsleiters eine der Voraussetzungen des § 6 a, b, c vorliegt, ist noch vor Ablauf der Frist dem Landrat Anzeige zu erstatten und bis zur Entschließung des Landrats, die binnen einer Frist von längstens 3 Wochen erfolgen soll, der Kranke fürsorglich in der Anstalt zurückzuhalten.

3. s. nach 4.

(Vgl. § 16.)

4. Von der fürsorgerischen Aufnahme hat der Anstaltsdirektor dem zur Statthafterklärung zuständigen Landesfürsorgeverband unverzüglich Mitteilung zu machen und die nachträgliche Statthafterklärung zu beantragen. Dieser hat alsbald das ordentliche Aufnahmeverfahren einzuleiten und entweder die Statthafterklärung auszusprechen oder, falls ihm die Voraussetzungen einer Anstaltsunterbringung nicht vorliegend erscheinen, die sofortige Entlassung des fürsorglich Untergebrachten zu verfügen.

3. Fehlt das ärztliche Zeugnis bei der Aufnahme, erscheint diese aber dem Direktor der Anstalt, der der Kranke zugeführt worden ist, im Interesse des Letzteren erforderlich, so hat er umgehend eine gutachtliche Äußerung über die Anstaltspflegebedürftigkeit zu den Akten zu geben.

§ 10.

I. Zur Beobachtung ihres Geisteszustandes können neben den reichsgesetzlich geregelten Fällen in öffentlichen Heil- und Pflegeanstalten ohne oder gegen ihren Willen untergebracht werden:

1. Fürsorgezöglinge und Personen, bezüglich derer das Fürsorgeerziehungsverfahren eingeleitet ist, auf Anordnung des Vormundschaftsgerichts;
2. Strafgefangene und Insassen des polizeilichen Arbeitshauses auf Anordnung der zuständigen Behörde;
3. aktive Militärpersonen auf Anordnung der vorgesetzten Militärbehörde.

II. Die Verwahrung darf in diesem Falle die Dauer von 6 Wochen nicht überschreiten.

§ 9.

Die Unterbringung zur Beobachtung.

1. Zur Beobachtung ihres Geisteszustandes können ohne oder gegen ihren Willen in einer öffentlichen Heil- und Pflegeanstalt untergebracht werden:

a) Fürsorgezöglinge, bezüglich deren das Fürsorgeerziehungsverfahren eingeleitet ist, auf Anordnung der Fürsorgeerziehungsbehörde;
b) Straf- und Untersuchungsgefangene sowie Insassen eines öffentlichen Arbeitshauses auf Anordnung der für die betreffende Anstalt zuständigen Behörde;
d) aktive Militärpersonen auf Anordnung der vorgesetzten Militärbehörde;
c) Personen, gegen die das Entmündigungsverfahren eingeleitet worden ist, auf Anordnung des zuständigen Gerichts;
e) sonstige Personen auf Antrag der zuständigen Ortspolizeibehörde.

2. Die Unterbringung darf die Dauer von 6 Wochen nicht übersteigen.

§ 10.

Die Unterbringung zum Zwecke der Beobachtung kann von dem Aufzunehmenden selbst nachgesucht werden. Steht er unter elterlicher Gewalt oder Vormundschaft, so ist seinem Aufnahmegesuch die schriftliche Einwilligung seines gesetzlichen Vertreters beizufügen. Der Beibringung eines ärztlichen Zeugnisses bedarf es nicht.

2. Von jeder Unterbringung zur Beobachtung ist die zuständige Ortspolizeibehörde in Kenntnis zu setzen.

§. 11

1. Personen, die ohne Statthafterklärung oder Anordnung sich freiwillig in einer öffentlichen Heil- und Pflegeanstalt zur Aufnahme melden oder mit ihrem Willen von anderen Personen ohne Statthafterklärung oder Anordnung eingeliefert werden, sind nur aufzunehmen, wenn Geisteskrankheit und die Notwendigkeit der Anstaltsfürsorge von einem im Deutschen Reich approbierten Arzt auf Grund einer nicht länger als 2 Wochen zurückliegenden Untersuchung des Kranken bezeugt wird.

2. Soll die Aufnahme in einer privaten Heil- und Pflegeanstalt erfolgen, so ist eine kreisärztliche Bescheinigung erforderlich.

3. In dem nach Absatz 1 und 2 vorzulegenden ärztlichen Zeugnis muß das Datum der persönlichen Untersuchung und das Datum der Zeugnisausfertigung angegeben sein.

4. Bei Verwahrung mit dem Willen des Verwahrten ist dem Landrat von der erfolgten Verwahrung binnen 24 Stunden Mitteilung zu machen.

§ 11.

Freiwillige Aufnahme.

Unter den Voraussetzungen des § 10 ist auch die freiwillige Aufnahme von Kranken statthaft; ......

[Vergleiche § 16.]

§ 12.

Wird ein mit seinem Willen verwahrter Kranker aus der offenen Abteilung in eine geschlossene Abteilung überführt oder gegen seinen

..... soll jedoch ein freiwillig auf genommener Kranker gegen seinen Willen zurückgehalten werden oder aus der offenen in eine geschlossene

Willen in der Anstalt zurückgehalten, so ist sofort das ordentliche Aufnahmeverfahren (§ 2 bis 5) einzuleiten.

§ 13.

In den Fällen der §§ 6, 9 und 10 sind die öffentlichen Heil- und Pflegeanstalten zur Aufnahme verpflichtet.

B. Entlassung.

§ 14.

Die wegen Geisteskrankheit in Heil- und Pflegeanstalten untergebrachten Personen dürfen in der Anstalt nur zurückgehalten werden, solange Geisteskrankheit und Anstaltspflegebedürftigkeit besteht. Sie sind zu entlassen, wenn der Anstaltsleiter nach pflichtmäßigem Ermessen ihre Heilung oder eine so weitgehende Besserung feststellt, daß die Anstaltspflege entbehrlich wird

Die Entlassung erfolgt auch dann, wenn die Statthafterklärung oder die behördliche Anordnung zurückgezogen oder aufgehoben wird.

Abteilung überführt werden, so ist sofort das ordentliche Aufnahmeverfahren einzuleiten.

§ 12.

In den Fällen des § 5, Absatz 3, sowie der §§ 8 und 9 ist der Landesfürsorgeverband zur Unterbringung der ihm zugeführten Kranken verpflichtet.

B. Entlassung.

§ 13.

1. Die wegen Geisteskrankheit in einer Heil- und Pflegeanstalt untergebrachten Personen dürfen in dieser nur so lange zurückgehalten werden, als ihr Zustand ihre Zurückhaltung erfordert.

2. Die Entlassung muß erfolgen:

a) Wenn ein Insasse einer Heil- und Pflegeanstalt nach dem Urteile des Anstaltsleiters der Anstaltsbehandlung überhaupt nicht oder nicht mehr bedarf oder aus anderen Gründen — wesentliche Besserung des Leidens, Möglichkeit der Unterbringung in einer Familie oder dergl. — eine weitere Anstaltspflege nicht mehr erforderlich erscheint.

b) wenn von demjenigen, dem die Verfügung über die Person des Pfleglings zusteht, und zwar bei den Bezirksfürsorgeverbänden oder anderen Behörden untergebrachten im Einverständnis mit dem Bezirksfürsorgeverbande bzw. der betreffenden Behörde, die Entlassung verlangt wird und die Ortspolizeibehörde nicht aus maßgebenden Gründen widerspricht. Fehlt das Einverständnis des Fürsorgeverbandes, so kann die Entlassung von dem Nachweis abhängig gemacht werden, daß für den Kranken anderweitig hinreichend dauernd gesorgt wird. Die Würdigung der Gründe der Ortspolizeibehörde sowie des Nachweises der anderweitigen Versorgung steht dem Landesfürsorgeverband zu.

3. Bei besonders gefährlichen Kranken, zumal, wenn sie auf Grund der Vorschriften des Strafgesetzbuches bzw. der Strafprozeßordnung mit Rücksicht auf ihre Geisteskrankheit freigesprochen oder außer Verfolgung gesetzt sind, ist vor der beabsichtigten Entlassung in jedem Falle bei Stadtkreisen der Ortspolizeibehörde, bei Landkreisen dem Landrat des zukünftigen Aufenthaltsortes Gelegenheit zur Äußerung zu geben.

§ 15.

Liegt im Falle des § 14, Abs. 2 nach dem pflichtmäßigen Ermessen des Anstaltsleiters eine der Voraussetzungen des § 6, Abs. 1 vor, so hat der Anstaltsleiter unverzüglich dem Landrat Anzeige zu erstatten. Die §§ 4 und 5 finden entsprechende Anwendung. Inzwischen wird der Kranke für die Dauer von längstens 3 Wochen fürsorglich in der Anstalt zurückgehalten (§ 9, Ziffer 6, letzter Satz). Diese Bestimmungen finden auch Anwendung, wenn bei Personen, die auf ihren eigenen Wunsch oder Antrag in einer Heil- und Pflegeanstalt untergebracht wurden, in dem Zeitpunkt, in dem sie ihre Entlassung verlangen, die Voraussetzungen des § 6 nach dem pflichtmäßigen Ermessen des Anstaltsleiters vorliegen.

§ 14.

Erscheint im Falle des § 13 b nach dem pflichtmäßigen Ermessen des Anstaltsdirektors eine weitere Unterbringung des Kranken erforderlich, so ist dem Landesfürsorgeverband unverzüglich Anzeige zu erstatten. Der Kranke ist bis zur Entscheidung dieses Verbandes, aber längstens auf die Dauer von 3 Wochen in der Anstalt fürsorgerisch zurückzuhalten. Der Landesfürsorgeverband hat vor Statthafterklärung einer längeren Unterbringung tunlichst die gemäß § 5 zuständigen Antragsberechtigten zu hören.

Das Gleiche gilt nach Ablauf der Beobachtungsfrist bei Personen, die zur Beobachtung ihres Geisteszustandes auf Grund dieses Gesetzes eingewiesen wurden (§ 10). Die Anzeige wird in diesem Fall außer an den Landrat auch an die Behörde erstattet, welche die Beobachtung angeordnet hat.

Vergleiche § 5, Abs. 2.

C. Überwachung des Irrenwesens.

§ 16.

Zur Überwachung sämtlicher öffentlichen und privaten Heil- und Pflegeanstalten im Geltungsbereiche dieses Gesetzes sind zu bilden:

1. ein Zentralbeirat, der dem Ministerium für Volkswohlfahrt angegliedert wird;
2. je ein Überwachungsausschuß in jeder Provinz.

C. Rechtsmittel.

§ 15.

1. Gegen die Statthafterklärung oder die Ablehnung einer Entlassung aus der Anstalt kann Einspruch eingelegt werden, über den die für die Statthafterklärung zuständige Behörde durch begründeten Beschluß entscheidet. Gegen diesen ist das Rechtsmittel der Beschwerde bei dem Vorsitzenden der Besuchskommission (Überwachungsausschuß) gegeben. Diesem bleibt es überlassen, selbst die Entscheidung zu treffen oder die Beschlußfassung der Kommission herbeizuführen.

2. Eingelegte Rechtsmittel haben keine aufschiebende Wirkung.

D. Privatanstalten.

§ 16.

Die vorstehenden Bestimmungen finden bei Aufnahmen in Privatanstalten entsprechende Anwendung.

E. Überwachung.

§ 17.

Zur Überwachung sämtlicher öffentlichen und privaten Heil- und Pflegeanstalten im Geltungsbereiche dieses Gesetzes sind zu bilden:

a) ein Zentralbeirat, der beim Landesgesundheitsamt als Unterausschuß zu bilden ist;
b) eine Besuchskommission (Überwachungsausschuß) für jede Provinz.

§ 17.

Die Mitglieder des Zentralbeirats werden in jedem Falle von dem Minister für Volkswohlfahrt ernannt.

Den Vorsitz in den Überwachungsausschüssen führt der Oberpräsident. Er ernennt zu Mitgliedern einen Medizinalbeamten, einen beamteten Arzt einer öffentlichen Heil- und Pflegeanstalt oder Universitätsklinik und eine in Fürsorgeangelegenheiten erfahrere Persönlichkeit. Der Oberpräsident kann sich durch einen seiner Verwaltungsbeamten vertreten lassen

§ 18.

1. Die Mitglieder des Zentralbeirats werden vom Minister für Volkswohlfahrt ernannt. Die Hälfte derselben sind auf Vorschlag der Landesdirektorenkonferenz zu ernennen.

2. In den Besuchskommissionen (Überwachungsausschüssen) führt der Oberpräsident den Vorsitz. Er ernennt zu Mitgliedern einen aus der Zahl der Regierungs- und Medizinalräte auszuwählenden Medizinalbeamten, einen beamteten Arzt einer öffentlichen Heil- und Pflegeanstalt oder Universitätsnervenklinik und auf Vorschlag des Provinzialausschusses eine in Fürsorgeangelegenheiten erfahrene Persönlichkeit. Der Oberpräsident kann sich durch einen seiner Verwaltungsbeamten vertreten lassen.

Pflichten und Rechte des Zentralbeirats und der Überwachungsausschüsse.

§ 18.

Jede zum Geltungsbereich dieses Gesetzes gehörende öffentliche und private Heil- und Pflegeanstalt ist jährlich mindestens einmal in ihrem gesamten Betriebe von dem zuständigen Überwachungsausschuß zu besichtigen. Die Besichtigungen sind unvermutet vorzunehmen.

§ 19.

Jede zum Geltungsbereiche dieses Gesetzes gehörende öffentliche und private Heil- und Pflegeanstalt ist jährlich mindestens einmal von der zuständigen Besuchskommission (dem Überwachungsausschuß) zu besichtigen.

§ 19.

Der Minister für Volkswohlfahrt kann jederzeit besondere unvermutete Besichtigungen durch Mitglieder des Zentralbeirats, unter Hinzuziehung von Mitgliedern des jeweils zuständigen Überwachungsausschusses anordnen.

Zu allen Besichtigungen ist der zuständige Kreisarzt hinzuzuziehen.

§ 20.

1. Der Minister für Volkswohlfahrt kann jederzeit besondere Besichtigungen durch Mitglieder des Zentralbeirates und unter Zuziehung von Mitgliedern der jeweils zuständigen Besuchskommission (Überwachungsausschuß) anordnen.

2. Zu allen Besichtigungen privater Anstalten ist der zuständige Kreisarzt hinzuzuziehen.

§ 20.

Den einzelnen Mitgliedern der Überwachungsausschüsse steht auch außerhalb der regelmäßigen Besichtigungen durch den gesamten Überwachungsausschuß jederzeit der Zutritt zu allen Kranken- und Betriebsräumen der Heil- und Pflegeanstalten ihres Bezirkes, die freie Aussprache mit Kranken, Ärzten und Anstaltspersonal sowie die Einsicht in Akten und Krankengeschichten zu; den Mitgliedern des Zentralbeirats in gleicher Weise für sämtliche Heil- und Pflegeanstalten des Geltungsbereiches dieses Gesetzes.

§ 21.

Während der Dauer der Besichtigung sind Verlegungen von Kranken, überhaupt alle nicht zum regelmäßigen Anstaltsbetriebe gehörenden Sondermaßnahmen der Anstaltsleitung, der Ärzte und des Anstaltspersonals zu unterlassen.

§ 22.

Die Mitglieder des Zentralbeirats und der Überwachungsausschüsse sollen den Kranken bei den Besichtigungen Gelegenheit geben, ihre Beschwerden vorzutragen. An Verwaltungsbehörden gerichtete Beschwerden verwahrter Kranker sind von der Anstaltsleitung dem Überwachungsausschuß bzw. dem Minister für Volkswohlfahrt zuzuleiten.

§ 23.

Die Entschädigung der Mitglieder des Zentralbeirats und der Überwachungsausschüsse mit Tagegeldern und Reisekosten regelt sich nach den von dem Minister für Volkswohlfahrt zu erlassenden Vorschriften.

§ 21.

Die Mitglieder des Zentralbeirats und der Besuchskommission (Überwachungsausschüsse) erhalten vom Staate Reisekosten und Tagegelder, deren Höhe sich nach den von dem Minister für Volkswohlfahrt zu erlassenden Vorschriften richtet.

VII. Psychiatrische Vorschläge zu einem etwaigen neuen Reichsgesetzentwurfe.

Die rein taktische Frage, ob es zweckmäßig sei, jetzt schon bei dem Erreichten Halt zu machen und zu versuchen, in der geschilderten Weise ohne allzu grundlegende Änderungen durch kleine Verbesserungen den heute vorliegenden preußischen Gesetzentwurf möglichst unschädlich zu gestalten, kann man sehr wohl in dem Sinne beantworten, wie es von der Landesdirektorenkonferenz und den übrigen dabei mitarbeitenden Fachleuten geschehen, und wie es in dem vorherigen Abschnitt näher geschildert.

Es ist aber vielleicht auch berechtigt, einmal die Dinge unerbittlich und ohne Kompromiß bis zu Ende zu denken.

Zunächst rein praktisch: Es ist selbstverständlich durchaus möglich, daß diejenigen Beamten, die die Frage der „Statthafterklärung" jeweils zu bearbeiten haben werden, — sei es nun der Landrat, die Polizeibehörde oder irgendwelche Fürsorgestellen, — sich vollkommen darüber im klaren sind, daß sie in den ihnen unterbreiteten rein ärztlichen Fragen nicht sachverständig sind und nicht sein können, und daß sie in logischer Folgerung daraus die ganze Angelegenheit als reine Formalität behandeln. Daß dies nicht im Sinne des Gesetzgebers ist, wäre noch am ehesten zu ertragen, denn wenn unzweckmäßige Gesetze gemacht werden, liegt es in der Natur der Sache, daß sie in den meisten Fällen nicht wörtlich durchgeführt zu werden pflegen. Für die betreffenden Beamten selbst wäre eine fortgesetzte Beschäftigung mit solchen symbolischen Handlungen ja sicherlich kein beneidenswerter Zustand, und der ganze große dazu nötige Apparat mit seinen zahllosen Schreibereien wäre somit eine vollkommen überflüssige Verschwendung von Arbeitskraft und von Staatsmitteln.

Oder aber die betreffenden Beamten haben die oben erwähnte Einsicht nicht, dann geht es ihnen entweder wie jenem Chanteclaire, der glaubte, daß er durch sein Krähen den Aufgang der Sonne verursache, oder aber sie fangen an zu „regieren" bzw. zu schikanieren, sie führen dann die Bestimmungen des Gesetzes wohl wörtlich und in dem Geiste aus, in dem es geschaffen, sie können dann aber auch unendlich viel Unheil anrichten.

Die Tatsache, daß bei dem großen bürokratischen Apparat, der sich mit jeder Aufnahme zu befassen hat, auch auf die Amtsverschwiegenheit nicht unter allen Umständen Verlaß ist, und daß dadurch ein beträchtlicher Schaden für den Kranken entstehen kann, darf ebenfalls nicht außer acht gelassen werden, wie kürzlich noch *Aschaffenburg* [1]) an Hand eines sehr charakteristischen Falles dargelegt hat.

Auf die Schwierigkeit, ein einmal bestehendes Gesetz zu ändern, die bei einfachen Erlassen längst nicht in dem Maße besteht, auch wenn sie von dem Provinziallandtag gebilligt sind, sowie auf die Gefahr, daß einmal eine übelwollende Regierung Ausführungsbestimmungen erläßt, die das Gesetz zu einer schweren, kaum tragbaren Belastung ausgestalten könnten, war oben bereits hingewiesen worden.

Unter diesen Gesichtspunkten fragt es sich, ob es nicht doch möglich wäre, noch weiter zu kämpfen — insbesondere durch Aufklärung der öffentlichen Meinung — und zu versuchen, wenigstens für das vielleicht doch noch einmal kommende Reichsgesetz Bestimmungen zu erreichen, die von einem wirklich modernen Geiste getragen sind.

In neuerer Zeit mehren sich immer stärker diejenigen Stimmen, die eine Resignation ablehnen und im Interesse der Kranken eine möglichst günstige Lösung zu erzielen wünschen. Insbesondere *Aschaffenburg* [1]) spricht sich sehr energisch in diesem Sinne aus, ferner *Schwabe* [2]) und bis zu einem gewissen Grade auch *Kolb* [3]), der sich insbesondere mit der Fürsorge der außerhalb der Anstalten befindlichen Kranken befaßt bzw. verlangt, daß entsprechende Verfügungen in die Ausführungsbestimmungen, nicht im Gesetze selbst, bezüglich dessen er allerdings zu resignieren scheint, aufgenommen würden.

Es fragt sich also insbesondere, welches das Ziel ist, das unter diesen Gesichtspunkten von psychiatrischer Seite erstrebt werden sollte.

Auf eine außerordentlich wichtige, grundsätzliche Frage macht dabei *Schwabe* [2]) aufmerksam.

Bei jedem Verlangen nach einem Irrengesetze steht immer wieder im Vordergrunde der Ruf nach einem Schutze der persönlichen Freiheit.

---

[1]) l. c. S. 36.

[2]) *Schwabe*, „Zur Irrenfürsorgegesetzgebung". Psych.-neurol. Wochenschr. Bd. 28, S. 39.

[3]) *Kolb*, „Irrengesetz und offene Fürsorge". Ebenda S. 113.

Die persönliche Freiheit, die Unverletzlichkeit der Person ist aber in der Reichsverfassung Artikel 114 gewährleistet, und eine widerrechtliche Freiheitsberaubung wird von dem Strafgesetzbuche des Reiches unter Strafe gestellt. Die Zulässigkeit von Ausnahmen hierbei müßte also logischerweise reichsgesetzlich geregelt werden [1]), und so verlangt *Schwabe* ganz folgerichtig eine derartige reichsgesetzliche Grundlage für das Recht des Irrenarztes, Geisteskranke, die der Behandlung in einer geschlossenen Anstalt bedürfen, in dieser zurückzuhalten, auch gegen den Willen des Kranken. Er verweist dabei als ganz gleichartigen Fall auf den § 238 des neuen Strafgesetzentwurfes, der ausdrücklich vorsieht, daß „Eingriffe und Behandlungsweisen, die der Übung eines gewissenhaften Arztes entsprechen", „keine Körperverletzungen oder Mißhandlungen im Sinne des Gesetzes" sind.

Die Analogie der uns hier interessierenden Frage zu dem in diesem Paragraphen klargestellten Sachverhalte liegt auf der Hand. Beides sind Eingriffe, die seither in fast allen Fällen stillschweigend als berechtigt zugelassen wurden, während sie streng theoretisch beide eine Gesetzesverletzung darstellten, eine Körperverletzung bzw. eine Freiheitsberaubung.

Am einfachsten wäre es wohl, in diesem Paragraphen den Begriff der „Behandlungsweise" auch auf alle psychiatrischen Maßnahmen auszudehnen, dann brauchte bloß das Wort „Freiheitsberaubung" hinzugefügt zu werden; der Paragraph würde dann dahin lauten, daß „Eingriffe und Behandlungsweisen, die der Übung eines gewissenhaften Arztes entsprechen, keine Körperverletzungen oder Mißhandlungen, gegebenenfalls auch keine Freiheitsberaubungen im Sinne des Gesetzes" sind. Vielleicht wäre dies noch einfacher als, wie *Schwabe* es vorschlägt, dem entsprechenden Paragraphen über Freiheitsberaubung den Satz hinzuzufügen: „Eine widerrechtliche Freiheitsberaubung liegt insbesondere nicht vor, wenn Geisteskranke oder Geistesschwache, die wegen ihres Zustandes der Behandlung oder Pflege

---

[1]) Die Reichsverfassung verlangt allerdings nur ganz allgemein eine „gesetzliche Grundlage", es braucht also nicht grade ein Reichsgesetz zu sein, doch wäre dies in dem hier vorliegenden Falle sicherlich das Richtigste, [ebenso wie bei der Frage der Körperverletzung, s. u.], weil es sich z. B. bei der Verbringung eines Kranken in eine Anstalt ohne Auftrag einer Behörde zunächst keineswegs um eine „Entziehung der Freiheit durch eine öffentliche Gewalt" (vgl. S. 1) handelt, und das sollte doch im gegebenen Falle gleichfalls gesetzlich zulässig sein, — heute ist es das streng genommen noch nicht.

in einer geschlossenen Anstalt bedürfen, unter Wahrung der gesetzlichen Bestimmungen in eine Heil- und Pflegeanstalt aufgenommen und dort zurückgehalten werden."

Durch die erstere, von uns hier vorgeschlagene Fassung würde insbesondere die ärztliche Seite der Frage noch mehr betont, das ärztliche Handeln zum Zwecke der Heilung und im Interesse des Kranken; es könnte dann ja bei dem Paragraphen der Freiheitsberaubung kurz in irgendeiner Weise auf die an der anderen Stelle erwähnte Ausnahme hingewiesen werden.

Es sei bei alledem von vornherein betont, daß wir uns keineswegs darauf versteifen wollen, selbstständig über alle diese Dinge zu entscheiden und ein absolutes Vertrauen zu beanspruchen, das wir nun einmal nicht besitzen [1]). Der Standpunkt *Breslers* [2]) ist sicherlich viel zu optimistisch, und es war *Beyer* [3]) ein Leichtes, ihn zu widerlegen. Wir müssen nun einmal mit der Tatsache rechnen, daß der Irrenarzt in den Augen weiter Kreise als der böse Mann gilt, der geistesgesunde Menschen gar zu gern unter seiner Fuchtel hat, um sie als geisteskrank zu erklären, oder der zum wenigsten in absolut weltfremder Voreingenommenheit mit fachwissenschaftlichen Scheuklappen versehen, bei jedem Menschen schließlich eine Geisteskrankheit oder Irrenanstaltsbedürftigkeit zu diagnostizieren vermag — von dem unausrottbaren Verdachte der Bestechlichkeit, namentlich der Ärzte bzw. Besitzer von Privatirrenanstalten, ganz zu schweigen.

Damit müssen wir rechnen und können nur darauf hoffen, daß es der Zeit gelingen möge, hier in der Meinung weiter Volkskreise einen Wandel zu schaffen. Wir wollen zur Beruhigung des Publikums jede Kontrolle über uns ergehen lassen, wenn sie nur sachlich ist, und wenn sie vor allem die Kranken nicht schädigt. Denn das ist und muß unter allen Umständen der oberste Gesichtspunkt bei jedem Gesetz und bei jeder Verfügung sein, die sich auf Geisteskranke bezieht. Wenn das Wohl der Kranken gewährleistet ist, dann mögen Beschwerdeinstanzen und Kontrollkommissionen in Tätigkeit treten,

---

[1]) Vgl. Anm. S. 128 u. 146.

[2]) *Bresler*, „Bemerkungen zu den „Vorschlägen zu einem Fürsorgegesetz für Geistes- und Gemütskranke von Dr. *Beyer*, Oberregierungsrat im Ministerium für Volkswohlfahrt". (Volkswohlfahrt V, Nr. 19 vom 1. X. 1924. S. 394)." Psych.-neurol. Wochenschr. Bd. 26, S. 173.

[3]) *Beyer*, „Bemerkungen zu den von dem Verfasser dieses Artikels gemachten Vorschlägen zu einem Fürsorgegesetz für Geistes- und Gemütskranke". Psych.-neurol. Wochenschr. Bd. 27, S. 59.

so ausgiebig man nur mag. Wir Irrenärzte haben, wie immer wieder betont werden muß, nichts zu verbergen und nichts zu fürchten.

Unter diesen Gesichtspunkten sind es vor allem zwei Forderungen, die wir aufstellen müssen:

1. keine Kontrolle, die imstande ist, die rechtzeitige Aufnahme eines Kranken zu verhindern oder auch nur zu verzögern, und die den Krankenhauscharakter der Heilanstalten zu gefährden vermag, also im allgemeinen: keine Kontrolle vor der Anstaltsaufnahme;

2. eine Kontrolle nur da, wo sie von irgendeiner Seite gewünscht wird, sei es von dem Kranken selbst, der sich zu unrecht interniert glaubt — also weitesten Spielraum bei dem Beschwerdewesen, — sei es von Angehörigen oder den zur Fürsorge verpflichteten Personen, die sich selbst vor dem Vorwurf ihrer Umwelt schützen wollen, sie hätten den ihnen anvertrauten Angehörigen oder Pflegling unnötigerweise in eine Anstalt verbracht. In diesem Falle, aber auch nur in diesem, sei dann sogar der Antrag an die Fürsorgebehörden, entsprechend den Vorschlägen der Landesdirektoren-Konferenz, also eine behördliche Prüfung des Falles auch vor der Aufnahme zulässig; dieser Antrag bzw. diese vorherige Entscheidung sei also nur fakultativ und nicht obligatorisch.

Durch ein derartiges Verfahren wird die Kontrolle auf diejenigen Ausnahmefälle beschränkt, in denen sie angebracht ist, und alle übrigen Fälle, die doch nur in der Praxis mehr oder weniger Selbstgänger sind, werden von der Last des ganzen bürokratischen Apparates befreit.

Es bleiben dabei die tatsächlichen Ausnahmen auch wirklich das, was sie sein sollen, und es wird nicht so, daß die im Gesetz vorgesehenen Ausnahmen praktisch zur Regel werden, und die meisten Fälle doch schließlich durch dieses Hintertürchen in die Anstalt gelangen, während die mit großen Kosten errichtete Hauptpforte mehr oder weniger unbenutzt bleibt.

Es wird dabei, und das ist auch kein unwesentlicher Punkt, sicherlich ein außerordentlich großer Aufwand erspart werden, der bei der jetzigen Regelung in Form einer durchaus überflüssigen und oft sogar schädlichen bürokratischen Schreibarbeit nutzlos vertan werden muß.

Aber auch aus einer anderen Erwägung heraus muß man zu dem gleichen Ergebnisse kommen. Wir Ärzte sollten uns ganz bewußt auf den früher bereits angedeuteten und in den nachfolgenden Zeilen näher dargelegten Standpunkt stellen und ihn unter allen Umständen durchzusetzen suchen.

Es ist nicht richtig, daß die „Freiheitsberaubung“ eine wesentliche Eigenschaft der Behandlung in einer Heilanstalt sei, weder rein theoretisch-juristisch noch tatsächlich. Die Heilanstalten sind, wie schon mehrfach ausgeführt, Krankenhäuser zur Behandlung der Kranken, und ebenso, wie bei körperlichen Erkrankungen einmal unter besonderen Umständen eine Beschränkung der persönlichen Freiheit vorgenommen wird, wie etwa eine Isolierung bei ansteckenden Krankheiten o. ä., ebenso wird auch in den Heilanstalten, wenn es nötig ist, — aber auch nur dann, — eine gewisse Beschränkung der persönlichen Freiheit vorgenommen. Daß dies hier vielleicht etwas häufiger geschieht als bei körperlichen Erkrankungen, ist nicht das Wesentliche, und je besser die Anstalt ist, vor allem je mehr Personal zur Verfügung steht, desto seltener und in desto geringerem Umfange wird eine solche Beschränkung angewandt. Ihre Ausdehnung und Häufigkeit ist also letzten Endes nur eine Geldfrage, und je weiter die Entwicklung des Irrenwesens fortschreitet, desto weniger wird diese Frage überhaupt noch zur Erwägung stehen. Es hat aber keinen Zweck, heute ein Gesetz zu erlassen, von dem man mit Sicherheit voraussagen kann, daß es durch die Entwicklung in absehbarer Zeit gegenstandslos geworden sein wird.

Theoretisch-juristisch beginnt auch in den geschlossenen Heilanstalten die Beschränkung der persönlichen Freiheit nicht grundsätzlich und in jedem Falle mit der Aufnahme in die Anstalt oder schon mit dem Beginne der Verbringung des Kranken dorthin, sondern erst mit dem Augenblicke, — und nur in den Fällen, — in denen der Kranke mit einer solchen, seine persönliche Freiheit beschränkenden ärztlichen Behandlungsweise nicht einverstanden ist [1]). Die irrige Ansicht, daß dies in der Mehrzahl der Fälle zutreffe, kann nicht oft und nicht eindrücklich genug zurückgewiesen werden.

Ist der Kranke aber mit der bei seiner Erkrankung notwendigen Behandlungsweise einverstanden, so liegt keine Freiheitsberaubung im juristischen Sinne vor, volenti non fit injuria.

Oder aber ist der Kranke bereits geistig so geschwächt, daß er die Tatsache der Beschränkung seiner persönlichen Freiheit überhaupt nicht mehr bemerkt, — oder ist er so gehemmt, gesperrt, stuporös oder derartig tobsüchtig erregt und verwirrt, etwa in einem Dämmerzustande, so daß er ebenfalls keinen Widerspruch erhebt, — also bei zweifellos vorhandener Geschäftsunfähigkeit, — so kann von

---

[1]) Der oben näher besprochene neue ungarische Entwurf beruht vollkommen auf dieser Tatsache.

einer Freiheitsberaubung wohl ebensowenig die Rede sein wie bei einem bewußtlosen oder delirierenden Typhuskranken, der isoliert wird, und für den noch nie jemand eine besondere Garantie für den Schutz seiner persönlichen Freiheit gefordert hat. — Andererseits aber ist es natürlich ganz selbstverständlich, daß, wenn der psychisch Erkrankte dieser Behandlungsweise widerspricht, daß dann seine Geschäftsfähigkeit, wenigstens in dieser Hinsicht, zunächst einmal als vorhanden unterstellt werden muß, ebenso wie bei der Anfechtung oder Aufhebungsklage im Entmündigungsverfahren [1]).

Für alle diese Fälle also, in denen der Kranke die nach ärztlichem Ermessen nötige Behandlungsweise als Eingriff in seine persönliche Freiheit empfindet, ihr widerspricht und widerstrebt, für diese — aber auch nur für diese — ist eine juristische Betrachtungsweise, eine Mitwirkung nicht ärztlicher Behörden überhaupt angebracht. Hier aber soll sie in weitestem Umfange und so eingehend wie nur irgend möglich statthaben, damit endlich der unbegründeten Angst des Volkes vor widerrechtlichen Internierungen der Boden entzogen wird.

Dies Ziel wird aber viel sicherer erreicht durch immer größere Angleichung der Heilanstalt an die allgemeinen Krankenhäuser, als dadurch, daß man die Anstalt mit immer neuen und immer höheren Stacheldrahtzäunen von der Außenwelt absperrt.

Unter diesem Gesichtswinkel gesehen, vom humanen, rein ärztlichen Standpunkt aus betrachtet, gewinnt so die Frage der Freiheitsberaubung in der Heilanstalt und damit die Frage des Irrengesetzes eine ganz andere Gestalt.

Was aber die Hauptsache ist und immer wieder betont werden muß, das ist die Möglichkeit, daß durch Ausbau der Anstalt zu einem Krankenhause die der fachärztlichen Pflege bedürftigen Kranken rechtzeitig der einzig zuständigen spezialistischen Behandlung zugeführt werden, bevor sie sich selbst oder anderen einen Schaden zugefügt haben.

Es bleibt unverständlich, warum noch nie in der Öffentlichkeit der Gedanke aufgetaucht ist, einmal statistisch zu vergleichen, wieviel Unheil auf der einen Seite dadurch entsteht, daß Kranke nicht rechtzeitig in die Anstalt verbracht wurden, wieviel Selbstmorde, schwere

---

[1]) Hier ist, wie früher dargelegt, sogar das badische Gesetz nicht ganz folgerichtig, ebensowenig war es der Reichsgesetzentwurf und der erste preußische Entwurf (s. dort).

Körperverletzungen, Familienmorde, Brandstiftungen, Sittlichkeitsdelikte, von kleineren Verbrechen und vermögensrechtlichen Schädigungen gar nicht zu reden, dann hätten verhütet werden können [1]), — und wieviel Unheil andererseits tatsächlich durch eine widerrechtliche Internierung eines geistig gesunden Menschen schon nachweisbar angerichtet wurde. — Eine absolut zuverlässige Statistik über diese Dinge wäre natürlich sehr schwer zu beschaffen, aber wenn man versuchen wollte, sie aufzustellen, so läge die Schwierigkeit sicher darin, bei der übergroßen Fülle des Materials der ersten Gruppe dieses auch nur annähernd ganz zu erfassen, während bei der zweiten Gruppe auch bei mühsamstem Suchen wohl kaum irgend etwas zusammenzubringen wäre. Diese würde sich zu ersterer wahrscheinlich fast wie $0 : \infty$ verhalten.

Selbstverständlich, irren ist menschlich und es wäre nicht nur denkbar, sondern kommt, wie gesagt, auch garnicht so selten vor, daß einmal ein Kranker gegen ärztlichen Rat nicht sofort, bzw. überhaupt nicht in eine Anstalt verbracht oder entgegen dem Willen des Arztes zu früh daraus herausgenommen wurde, ohne daß daraus sofort ein Unglück entsteht. Aber was beweist das? Selbst bei 90% Wahrscheinlichkeit eines üblen Ausganges können im praktischen Falle doch einmal die 10% glücklichen Verlaufes eintreten. Der Volksmund hat dafür ein sehr drastisches Sprichwort von dem Kubikinhalt der Knollengewächse, die im reziproken Verhältnis zur Intelligenz des Züchters stehen sollen. Solche Möglichkeiten liegen eben im Wesen der Wahrscheinlichkeitsrechnung. Bei der Betrachtung einer Sache von großen Gesichtspunkten aus darf man aber doch auf derartige Ausnahmen keine Rücksichten nehmen. Übrigens handelt es sich bei den vorzeitig Entlassenen dieser Art häufig auch um Kranke, die sich auf dem Wege der Besserung befinden, bei denen man aber die Schnelligkeit, mit der diese Besserung fortschreitet, nicht vorher sicher beurteilen kann, und die Tatsache, daß in solchen Fällen dann einmal die geringere Wahrscheinlichkeit Wirklichkeit wird, beweist nicht das Geringste gegen den Standpunkt des vorsichtigen Arztes.

In gleicher Weise wäre es denkbar, daß einmal in einem Grenzfalle ein Kranker, der noch nicht oder nicht mehr unbedingt einer Anstaltsbehandlung bedürfte, doch in die Anstalt verbracht, oder im zweiten Falle auf Rat eines zu vorsichtigen Arztes noch nicht entlassen worden wäre. Das wäre möglich, das liegt in dem Begriffe der relativen Indikation, also der Tatsache, daß man in solchen Zweifelsfällen verschiedener Meinung sein kann. Aber ganz abgesehen davon, daß rein praktisch dieser Fall viel seltener ist als etwa der umgekehrte, — zu späte Anstaltsaufnahme oder verfrühte Entlassung, — wäre dies Unglück wirklich so groß? Ist der Kranke tatsächlich nicht anstaltsbedürftig, so wird sich dies doch in kürzester Zeit herausstellen, jedenfalls wäre ein derartiger Irrtum ein wiedergutzumachender Fehler, der unter Umständen sogar zu einer

[1]) Vgl. auch *Rittershaus*, „Irrsinn und Presse" l. c.

mit Erfolg durchgeführten Schadenersatzklage des Kranken führen könnte, — aber was will dies alles besagen gegen diese nicht wieder gutzumachenden Schreckenstaten derjenigen Kranken, die nicht rechtzeitig in die Anstalt gelangen, gegen alle die Morde und Selbstmorde, gegen das Hinschlachten ganzer Familien und all das Entsetzliche, das man tagtäglich in jeder Zeitung immer wieder aufs neue lesen kann? Es ist geradezu frivol, einen derartigen Vergleich überhaupt zu ziehen und wegen dieser eingebildeten Furcht mancher Psychopathen die Gefahr all des anderen unsagbaren Unheils auf sich zu nehmen; es wird späteren Zeiten unverständlich bleiben, daß diejenigen Männer und Frauen, die das Vertrauen des Volkes besitzen, und die also doch die Einsichtigen sein sollten, bei dieser Wahl auch nur einen Augenblick schwanken konnten.

Auch eine ungerechtfertigte Untersuchungshaft kommt ja zuweilen vor, und das beste Gesetzbuch würde das nicht verhindern können, — es wird aber wohl niemandem einfallen, deshalb die Einrichtung der Untersuchungshaft überhaupt praktisch mehr oder weniger aufgeben und dafür lieber zahlreiche ungesühnte Verbrechen in den Kauf nehmen zu wollen. Wenn man in modernem Geiste von dem jus talionis absieht und den Hauptzweck der Strafe in der Unschädlichmachung und der Besserung des Verbrechers erblickt, ist die Analogie hier noch viel weitgehender.

Man müßte wirklich einmal den Mut haben, — auch auf die Gefahr hin, ein „Wutgeheul" weiter Kreise auszulösen, — in der Öffentlichkeit es mit rücksichtsloser Offenheit auszusprechen: besser, daß einmal 10 Psychopathen 3 Tage lang auf der Beobachtungsstation einer staatlichen Heil- und Pflegeanstalt zubringen, als daß ein einziger, geistig hochstehender, wertvoller Mensch in einem heilbaren Schwermutszustande aus dem Leben geht. Denn erfahrungsgemäß sind es ja gerade vielfach die heilbaren Erkrankungen und sehr oft sogar feinsinnige, feinempfindende Menschen, auf hoher ethischer Stufe stehend, die in einer Depression Hand an sich oder ihre Familie legen.

Heutzutage ist es aber gerade umgekehrt: es darf nicht nur einer, es dürfen 10 oder vielleicht 100 solcher Menschen sich oder andere töten oder sonstige Schreckenstaten vollbringen, damit nur ja nicht ein einziger Psychopath einmal einige Tage überflüssigerweise oder zu lange in einer Irrenanstalt verbleibt. Es ist fürwahr die verkehrte Welt und eine geradezu groteske Karikatur des edlen Satzes: Fiat justitia, pereat mundus. —

All das Gesagte gilt sinngemäß auch für die Privatanstalten, für die ja die öffentlichen Anstalten, wie schon *Reuß* [1]) betont, gewisser-

---

[1]) l. c.

maßen den Standard bilden. Weitere Einzelheiten bezüglich der Privatanstalten könnten dann ja an Hand der Gewerbeordnung in besonderen Verordnungen geregelt werden.

Interessant ist schließlich in diesem Zusammenhange auch der klassische Zeuge *Hansjakob* [1]). Dieser Schriftsteller war bekanntlich selbst einmal wegen einer Melancholie in der badischen Anstalt Illenau in Behandlung und hat seine dortigen Erlebnisse in feinsinniger Weise niedergelegt in dem Buche „Aus kranken Tagen". Die hierher gehörende Stelle ist äußerst charakteristisch:

„Wozu diese Polizeiverordnungen [2]), die gar manchen, der noch zu heilen wäre, abschrecken vom Eintritt in die Anstalt, abschrecken, bis er ganz verrückt wird und unheilbar? Ja, man sagt, es könnte einmal eine vernünftige Person wider Willen in eine solche Anstalt verbracht werden von böswilligen Verwandten! Die meisten „unschuldig" im Irrenhaus Eingesperrten spuken lediglich in Schauerromanen und Phantasiegebilden. Wenn aber auch in unserem Jahrhundert noch der eine oder andere Fall vorgekommen sein sollte, müssen deshalb Hunderte von anderen „auch unschuldig" geschädigt und unter polizeiliche Kontrolle gestellt werden? Unsere Gerichte haben schon viel mehr Leute unschuldig verurteilt, ohne deshalb polizeiliche Erlaubnis einholen zu müssen, wenn sie jemand wieder vor Gericht stellen wollen. Und wenn auch einmal ein Arzt in der Praxis draußen sich hergäbe, einen „Unschuldigen" für irrsinnig zu erklären, so würden die Irrenärzte einer Staatsanstalt den Frevel bald an den Tag bringen. Privatanstalten, wo ein Einzelner entscheidet, möge man überwachen, in Staatsanstalten aber die Aufnahme nicht durch polizeiliche Maßnahmen erschweren. Man könnte ja jedem, der sich zu Unrecht im Irrenhause befindlich glaubt, die Erlaubnis geben, den nächsten Amtsrichter oder einen Advokaten zu berufen. Die lästigen Vorverhandlungen treiben, wie gesagt, manchen von der Anstalt. Je leichter man diese aber zugänglich macht, um so mehr fallen die Vorurteile."

Auch *Reuß*, ein Jurist [3]), dessen im Jahre 1888 aufgestellte Forderungen natürlich heute nicht mehr maßgebend sein können, der aber sonst durchaus großzügig, sachlich und vielfach überraschend modern anmutet, — er nennt seinen Gesetzvorschlag schon damals ein Gesetz über die „Irrenfürsorge", — fordert für das Aufnahmeverfahren „Raschheit, Sicherheit, Einfachheit; daher kurze Fristen — wenig Behörden, keine prozessualen Förmlichkeiten, doch keine Öffentlichkeit". Diesen Worten können wir uns nur anschließen.

---

[1]) Vgl. *Rinne*, „Heinrich Hansjakob als Sachverständiger zum Irrenschutzgesetz". Psych.-neurol. Wochenschr., Bd. 28, S. 108.

[2]) Das Buch ist geschrieben vor Einführung des badischen Gesetzes, also als noch wesentlich mildere Verordnungen dort bestanden!

[3]) l. c.

Ganz abzulehnen ist bei alledem wohl der Gedanke, den *Schwabe* [1]) äußert, daß man ein möglichst freies Aufnahmeverfahren nur für gewisse Anstalten, also etwa die psychiatrischen Universitätskliniken und die großstädtischen Aufnahmestationen fordern solle, für die Irrenanstalten könne man dann sich mit umständlicheren Formalitäten, also z. B. mit einer vorherigen behördlichen Entscheidung einverstanden erklären, wie sie der preußische Entwurf vorsieht. Ganz abgesehen davon, daß man durch ein derartiges Ausnahmegesetz mit zweierlei Maß mißt und die Irrenanstalten zu minderwertigen Krankenhäusern degradiert, würde dadurch ja das ganze Gesetz gegenstandslos: in die Irrenanstalten kämen nur solch schwere Fälle, bei denen schon an sich kein Zweifel möglich ist, während gerade die noch nicht geklärten, die Grenzfälle, also gerade diejenigen, die die öffentliche Meinung gegen eine unberechtigte Anstaltsbehandlung schützen will, von dem „Schutze" des Gesetzes nicht betroffen würden. Eine solche Lösung wäre eine vollkommene Inkonsequenz von jeder Seite her: der Gesetzgeber würde seinen Zweck nicht erreichen, und die Ärzte böten die Hand dazu, ein übles Gesetz durch eine derartige Ausnahmebestimmung lebensfähig zu gestalten und die Fiktion aufrecht zu erhalten, als sei alles herrlich und wohl geordnet.

Es ist die nach unserem Empfinden nicht ehrliche Umgehung der äußeren Gesetzesform, wie man sie ja leider so häufig trifft [2]). Wir stehen im Gegensatze dazu auf dem Standpunkte, daß man für Deutschland klare Verhältnisse schaffen soll, eine ehrliche Lösung, die dem wirklichen Sachverhalte gerecht wird, und die dem Volke nichts vortäuscht, was nicht ist, weil es nicht sein kann. Es wäre ein bedauerliches Armutszeugnis für unser Volk, wenn man es hierzu nicht für reif genug hielte. —

Zusammenfassend also möchten wir unsere obigen Vorschläge vorläufig dahin formulieren:

Möglichst freie, von keinerlei juristischen oder verwaltungsrechtlichen Formalitäten behinderte Aufnahme in jede öffentliche oder private Irrenanstalt auf Grund des Zeugnisses jedes in Deutschland approbierten Arztes, ganz gleichgültig, ob praktischer oder Facharzt, ob beamteter Arzt, Arzt an der betreffenden Irrenanstalt oder an einer Privatanstalt.

---

[1]) l. c.

[2]) Vgl. auch Holland, Ungarn und andere Länder.

Ausführlichkeit und Exaktheit des Aufnahmeattestes könnte, abgesehen von dringenden Fällen, durch ein vorgeschriebenes Formular oder sonstige eingehende Vorschriften gesichert werden.

Eine weitere Folge daraus wäre die: keinerlei Beschränkung des Kreises derjenigen Kranken, für die eine Behandlung in einer Irrenanstalt zulässig ist, also grundsätzliche Zulassung von Jugendlichen, Schwachsinnigen, Psychopathen, Alkoholisten, Morphium-, Kokain-, Heroinsüchtigen und anderen Kranken dieser Art, alle zusammenfassend als „psychisch Erkrankte“ bezeichnet.

Erst nach der Aufnahme, wenn also keine Möglichkeit mehr besteht, daß der Kranke als Opfer des Vorurteils und der dadurch herbeigeführten verspäteten Anstaltsaufnahme sich selbst oder anderen einen Schaden zufügen kann, mag eine Nachprüfung der Aufnahme eintreten, jedoch auch dieses nur, wenn es von irgendeiner Seite oder von dem Kranken selbst gewünscht wird oder sonst angebracht erscheint.

Wer diese nachprüfende Stelle dann ist, ob Verwaltung, Ministerium oder Amtsgericht, Polizei oder Fürsorgebehörde, oder wohl am zweckmäßigsten zunächst eine besondere Beschwerdekommission, — das ist eine nachgeordnete Frage, die gesondert zu erörtern wäre. Als Ausnahme davon wäre vorzusehen, daß, wie oben bereits ausgeführt, Angehörige bzw. andere antragsberechtigte Personen oder Dienststellen die Möglichkeit haben, falls sie es aus irgendwelchen Gründen für zweckmäßig halten, auch vor der Aufnahme einen diesbezüglichen Antrag zu stellen und zu veranlassen, daß die betreffende zuständige Behörde den Beschluß faßt, den Kranken zu einer Beobachtung oder zu seiner Behandlung bzw. Pflege in einer Heilanstalt unterzubringen.

Daneben bleibt natürlich das Recht der Behörden bestehen, von sich aus oder auf Antrag im Falle der Gemeingefährlichkeit oder Gemeinlästigkeit oder bei der Gefahr drohender Verwahrlosung des Kranken eine Anstaltsbehandlung anzuordnen.

Vollkommen überflüssig, weil sachlich nicht berechtigt, ist die in manchen Ländern noch bestehende regelmäßige Nachprüfung jeder Unterbringung eines Kranken nach der Aufnahme in der Irrenanstalt. Daß bei solchen symbolischen Handlungen zuweilen sogar Situationen entstehen können, die eines gewissen unfreiwilligen Humors nicht entbehren, wurde bei der Besprechung der diesbezüglichen Verordnungen bereits angedeutet.

Es ist, wie oben mehrfach dargelegt, wirklich nicht so, wie viele

Laien es sich vorstellen, daß fast jeder Kranke auf das Heftigste seiner Unterbringung in eine Anstalt widerstrebt; viele sind dazu schon viel zu sehr geistig geschwächt oder zu hinfällig oder von ihren krankhaften Vorstellungen vollkommen in Anspruch genommen, oder sie sind überhaupt mit ihrer Aufnahme einverstanden. Ganz abgesehen davon aber liegt in den allermeisten Fällen die Sache so sonnenklar, daß es überhaupt keiner Nachprüfung bedarf, bzw. daß diese zu einer sinnlosen Formalität wird, — oder aber es kann in schwierigen Fällen die Frage durch eine einfache Nachuntersuchung nicht geklärt werden.

Trotzdem soll, wie gesagt, ohne weiteres allen Kranken, die dies selbst wünschen, eine Nachprüfung ihres Falles zuteil werden, selbstverständlich soll dies ebenso geschehen auf Wunsch von Angehörigen oder Vormündern, die mit der Unterbringung des Kranken in einer Anstalt nicht einverstanden sind; aber andererseits soll auch nur diesen ein solches Recht zustehen, nicht etwa auch allen Fernerstehenden, es sei denn, daß diese ein berechtigtes Interesse nachweisen können. Alles übrige ist eine durch nichts gerechtfertigte Verschwendung von Zeit, Geld, Papier und Arbeitskraft. —

In den anderen Fällen jedoch möge ein Beschwerdewesen ausgebaut werden, so weitgehend, wie man es sich nur wünschen mag und mit so viel Berufungsinstanzen wie nur möglich.

Daß alle diesbezüglichen Beschwerden an die zuständige Stelle weitergeleitet werden, sofern diese nicht selbst den Beschluß gefaßt hat, sie möge für eine bestimmte Zeit von den unsinnigen Beschwerden eines bestimmten Kranken verschont bleiben, ist selbstverständlich, und es ist böswillige Gehässigkeit, wenn behauptet wird, daß solche Beschwerden zurückgehalten würden. Man möge also zur Beruhigung der Öffentlichkeit hier drakonische Strafen androhen. —

Es zeugte auch von einer vollkommenen Unkenntnis der Verhältnisse, wenn hier eingewendet würde, der Kranke könnte unter Umständen von dem Rechte einer solchen Beschwerdemöglichkeit keine Kenntnis erhalten. Es ist wirklich nicht erforderlich, daß ihm etwa durch schriftliche Zustellung oder durch Anschlag in dem Krankensaal dies bekanntgemacht würde, — (was immerhin ebenfalls geschehen könnte), — die Mitpatienten würden den Betreffenden schon sehr rasch aufklären. Ebenso liegt es ja auch mit allen etwaigen Mißhandlungen eines Kranken durch einen anderen oder durch eine Pflegeperson oder mit sonstigen Unregelmäßigkeiten: die Kranken halten in solchen Fällen recht kollegial zusammen, und es findet sich schon einer, der dem Arzte die betreffende Angelegenheit zur Kenntnis bringt, wenn der Geschädigte selbst nicht den Mut dazu finden sollte. —

Auch die Zusammensetzung dieser hier in Betracht kommenden Beschwerdekommission ist mehr oder weniger nebensächlicher Art; zweckmäßig wäre vielleicht ein höherer Verwaltungsjurist als Vorsitzender, zwei beamtete Ärzte, von denen der eine etwa der gewöhnlich mit größerem Vertrauen beehrte Gerichtsarzt oder Physikus sein könnte, noch besser aber ein hauptamtlich tätiger erfahrener Irrenarzt, und der andere vielleicht der Direktor einer Anstalt in einem anderen Provinzialverbande oder Freistaate, um ihm vollkommene Freiheit und Unbefangenheit zu sichern, oder der Ordinarius für Psychiatrie einer Universität. Ob die Ernennung dieses, wohl am besten nebenamtlich tätigen Mitgliedes durch die Landesregierung zu erfolgen habe oder durch andere Behörden, ist eine verwaltungsrechtliche Frage.

Und schließlich könnten dieser Kommission noch zwei Laien angehören, die sogar von der betreffenden Volksvertretung oder dem Provinziallandtage aus ihrer Mitte gewählt werden könnten; selbst, wenn diese Wahl dann zuweilen nach parteipolitischen Gesichtspunkten erfolgen würde, so wäre doch wohl damit zu rechnen, daß die Wucht der Tatsachen auch Menschen, die recht vorurteilsvoll eingestellt sind, bald eines Besseren belehren würde, wie die seither gemachten Erfahrungen gezeigt haben.

Die Befugnisse dieser Kommission könnten recht weitgehend sein: Besichtigungen der Anstalt, zweckmäßigerweise allerdings wohl in Begleitung des Direktors oder eines von diesem bestimmten Stellvertreters, — Zutritt zu sämtlichen Räumen der Anstalt, Einsicht in sämtliche Akten, ungehinderter Verkehr mit den Kranken selbst, gegebenenfalls auch Beeidigung von Zeugen. Dagegen müßte man darauf bestehen, daß Vernehmungen von Pflegepersonal nur in Gegenwart des Direktors oder eines Stellvertreters desselben stattfinden dürften, damit dieser Gelegenheit hätte, von etwaigen unzutreffenden Behauptungen Kenntnis zu nehmen und ihnen sofort entgegenzutreten, um Mißverständnisse zu vermeiden. Aber auch hier könnte allenfalls zur Beruhigung des Mißtrauens noch ein Zugeständnis gemacht werden.

Nur müßte Voraussetzung sein, daß diese Kommission ihr Urteil nur auf solches Material stützen dürfte, zu dem sich zu äußern der Direktor der Anstalt vorher Gelegenheit hatte. Daß derselbe bzw. der behandelnde Arzt in dieser Weise als Sachverständiger in jedem einzelnen Falle gehört werden müssen, ist eine Selbstverständlichkeit, die aber zu betonen vielleicht nicht überflüssig ist.

Die Funktionen dieser Kommissionen müßten genau festgelegt werden bzw. die Möglichkeiten einer Entscheidung, insbesondere auch, daß sie sich nicht darauf zu beschränken brauchte, nur die Durchführung der betreffenden Gesetzesbestimmungen zu überwachen, sondern daß sie alle ihr vorgetragenen Beschwerden zu prüfen berechtigt sei. Meist werden sich ja doch die Beschwerden richten entweder auf Entlassung oder gegen eine unzulässige Behandlung durch den Arzt oder das Pflegepersonal, gegen schlechte Verpflegung und dergleichen mehr.

Als Möglichkeiten der Entscheidung wären also etwa vorzusehen:

1. Abweisung der Beschwerde.
2. Eine Entscheidung dahin, daß innerhalb eines bestimmten Zeitraumes von höchstens einem Jahr keine neuen Beschwerden des betr. Kranken an den Ausschuß weiterzuleiten seien. Dies sei jedoch erst nach der dritten abgewiesenen Beschwerde desselben Kranken zulässig.
3. Überweisung des ganzen Materials an die zuständige Staatsanwaltschaft zur Prüfung der Frage, ob die Einleitung bzw. die Wiederaufhebung einer Entmündigung in Erwägung zu ziehen sei.
4. Zurückstellung der Entscheidung für eine bestimmte Zeit, die nicht länger als 3 Monate betragen darf, zur weiteren Klärung der Sachlage.
5. Sofortige Entlassung des Kranken aus der betreffenden Heilanstalt oder dem Krankenhause oder Überführung des Kranken in eine andere Heilanstalt oder in Familienpflege.
6. Antrag an die zuständigen Behörden auf Einleitung eines Disziplinarverfahrens gegen einen Arzt oder einen Beamten der Anstalt.
7. Beantragung einer Verwarnung, einer Kündigung oder einer sofortigen Entlassung eines Angestellten oder einer Pflegeperson der Anstalt. Stimmt der Betriebs- bzw. Angestelltenrat der Anstalt einer diesbezüglichen Entscheidung der Direktion nicht zu, so ist der Schlichtungsausschuß anzurufen, dem der Antrag des Beschwerdeausschusses nebst Begründung zur Kenntnis zu geben ist.
8. Überweisung des ganzen Materials an die zuständige Staatsanwaltschaft zur Prüfung der Frage, ob ein Strafverfahren

gegen einen Arzt, einen Beamten oder Angestellten bzw. eine Pflegeperson der Heilanstalt oder gegen sonst irgendeine Persönlichkeit einzuleiten sei.

9. Bei Verstößen gegen die Gewerbeordnung durch Privatanstalten: Überweisung des Materials an die zuständigen Behörden zur weiteren Veranlassung.
10. Bei außerhalb der Anstalt befindlichen Kranken: Überweisung des Materials an die zuständigen Fürsorgestellen zur weiteren Prüfung und Veranlassung.
11. Überweisung des Materials an den zuständigen Reichsausschuß. (Siehe später.)
12. Stellung eines bestimmten Strafantrages. (Siehe später.) Selbstverständlich braucht sich die Entscheidung nicht auf einen Punkt zu beschränken, so könnten also z. B. auch Beschlüsse gemäß Ziffer 1, 2, und 3 oder 5, 6 und 7 gefaßt werden oder ähnlich.

Die Zurückstellung der Entscheidung (Ziffer 4) könnte etwa auch als mildere Form der Entlassung gebraucht werden in der Weise, daß vielleicht in der Zwischenzeit eine Entlassung mit ärztlicher Zustimmung möglich wäre. —

Die Entscheidung gemäß Ziffer 8 könnte sich, nach dem Vorschlage von *Reuß*, etwa beziehen auf folgende Paragraphen des Strafgesetzbuches [1]):

a) § 133 Beiseiteschaffung von Registern, Akten unter amtlichem Verwahr;
b) § 154 Bekräftigung eines Zeugnisses durch Meineid;
c) § 174 Unzucht von Anstaltsaufsehern usw. mit ihren Kranken;
d) § 176 Desgl. mit geisteskranken Frauenspersonen;
e) § 221 Aussetzungen von hilflosen Personen;
f) § 222 Fahrlässige Tötung jemandes mit Außerachtlassung von Berufspflichten;
g) § 234 Menschenraub;
h) § 239 Widerrechtliche Freiheitsberaubung;
i) § 247 Diebstahl oder Unterschlagung in häuslicher Gemeinschaft;
k) § 266 Untreue von Kuratoren und Güterpflegern usw.

---

[1]) bzw. später sinngemäß auf die entsprechenden Paragraphen des neuen Strafgesetzbuches.

l) § 271 Intellektuelle Urkundenfälschung (Einwirkung auf Registerführung);
m) § 237 Widerrechtlicher Gebrauch materiell unrichtiger Urkunden;
n) § 277 Zeugnisausstellung unter falscher Bezeichnung oder ohne Berechtigung;
o) § 300 Unbefugte Offenbarung von Privatgeheimnissen;
p) § 331 Annehmen von Geschenken seitens eines Beamten ohne Pflichtverletzung;
q) § 332 Desgl. bei Verletzung von Pflichten;
r) § 339 Mißbrauch der Amtsgewalt;
s) § 340 Desgl. mit Begehung einer Körperverletzung;
t) § 347 Entweichenlassen von Gefangenen;
u) § 348/349 Falsche Beurkundung;
v) § 350 Unterschlagung durch Beamte;
w) § 357 Verleitung von Untergebenen zu einer strafbaren Handlung.

Vergessen hat *Reuss* dabei wohl den § 224: schwere Körperverletzung, die eine Geisteskrankheit zur Folge hat; diese könnte ja die Ursache der Anstaltsaufnahme gewesen sein.

Gegebenenfalls bezöge sich die Entscheidung nach Ziffer 9 bei Privatanstalten sinngemäß auf die entsprechenden Bestimmungen der Gewerbeordnung. —

Gegen die Entscheidungen des Ausschusses gemäß Ziffer 1, 2 und 5, allenfalls auch nach Ziffer 4 [1]), wäre dann Berufung an die zuständigen Gerichte möglich mit dem üblichen Instanzenwege, und zwar Klage auf Herbeiführung oder Aufhebung einer Entscheidung im Sinne einer oder mehrerer jener Möglichkeiten.

Eine solche Berufung gegen eine Entscheidung des Ausschusses müßte wohl zweckmäßigerweise aufschiebende Wirkung haben. Dies bedeutet, daß in solchen, doch immerhin strittigen Fällen der Kranke dann vorläufig noch in der Anstalt verbleibt, ohne daß weitergehende und gegebenenfalls schwerwiegende Maßnahmen getroffen werden, die unter Umständen durch die nächsthöhere Instanz rückgängig gemacht werden müßten, was aber dann wiederum in vielen Fällen

[1]) Beschwerden gegen die übrigen Entscheidungen wären natürlich gegenstandslos, da diese ja ihrerseits nur die „Prüfung" eines Punktes durch irgendeine Dienststelle oder Behörde herbeiführen, und da gegen das Ergebnis dieser Prüfung andere Beschwerdemittel o. ä. zur Verfügung stehen.

gar nicht mehr möglich wäre, oder zum wenigsten eine außerordentliche Härte bedeuten würde.

Derselbe Ausschuß könnte dann auch das Recht bzw. die Pflicht erhalten, eine regelmäßige Besichtigung der Anstalten und insbesondere auch der Privatanstalten vorzunehmen, um gegebenenfalls mündliche Beschwerden entgegenzunehmen.

Derartige Besichtigungen haben sachlich natürlich recht wenig Zweck, da sie überflüssig sind; sie sind unter Umständen auch geeignet, unnötige Erregung bei manchen Kranken hervorzurufen, doch könnten diese Nachteile, wie früher bereits einmal ausgeführt, ohne weiteres mit in Kauf genommen werden, da wir nun einmal mit den vorhandenen Vorurteilen zu rechnen haben, und man diese wohl nicht besser bekämpft als dadurch, daß man immer und immer wieder ihre Grundlosigkeit nachweist. Unter diesen Gesichtspunkten mögen derartige Besichtigungen nach dem Grundsatze des kleineren Übels als weiteres Sicherheitsventil zugestanden sein, wir Irrenärzte haben, wie schon mehrfach betont, davon nichts zu befürchten.

Zweckmäßig wäre es vielleicht, zu den Aufgaben dieses Beschwerdeausschusses auch die Kontrolle der nicht unter psychiatrischer Leitung stehenden Krankenhäuser hinzuzufügen. Gerade dort werden nicht gar so selten unter bewußter Konzession an das Vorurteil und unter dem Vorwande von „Nervenkrankheit“ Geisteskranke behandelt, in unzweckmäßigen Räumen, von ungeschultem Personal, womöglich mit veralteten Mitteln, wie mehrfach schon dargelegt. — In anderen ärztlichen Spezialgebieten wären analoge veraltete Behandlungsmethoden, die vielfach direkt als Kunstfehler bezeichnet werden müssen, einfach unmöglich. Und doch soll es in Deutschland große moderne Krankenhäuser geben, die noch im Jahre 1925 für Geisteskranke, [deren Behandlung, nebenbei gesagt, überhaupt nicht zur Aufgabe der betreffenden Krankenhäuser gehört,] schwer gesicherte „Isolierzellen“ neu gebaut haben; wenn dies richtig ist, so wäre damit wohl aufs deutlichste, — leider aber nicht den zuständigen Behörden, — der Beweis erbracht, daß die betreffenden Ärzte in der praktischen Behandlung von Geisteskranken hinter der Entwicklung der modernen Psychiatrie um 30 und mehr Jahre zurückgeblieben sind. —

Ein äußerst wichtiger Punkt, der in fast allen bestehenden Verordnungen und Gesetzen gar nicht oder nur ganz ungenügend berücksichtigt wurde, ist die Fürsorge, oder sagen wir es richtiger, der Schutz der Geisteskranken, die sich nicht in der Anstalt befinden. Hier klafft wirklich überall eine Lücke, die auszufüllen dringend nötig wäre.

Bis jetzt sind Geisteskranke, die sich nicht in einer Anstalt befinden, nur geschützt: weibliche Kranke durch § 176/II StGB. gegen außerehelichen Beischlaf, ferner allgemein durch § 224: schwere Körperverletzung, die eine Geisteskrankheit zur Folge hat. Außerdem besteht zivilrechtlich eine Haftung der Angehörigen nach § 832 BGB., jedoch nur für Sachschaden. [Es ist dies wiederum ein typisches Beispiel jenes viel bedauerten Einflusses des unserem germanischen Rechtsempfinden so fremd gegenüberstehenden römischen Sachenrechtes. Für Körperverletzungen oder gar Ehrverletzungen haften die schuldbaren Angehörigen eines Kranken nicht, ebensowenig wie für Selbstbeschädigung oder Selbstmord des Patienten. Eine gewisse Ausnahme macht hier nur das mehrfach erwähnte bayrische Polizei-Strafgesetzbuch.]

Die Fälle, daß ein Geisteskranker, — nicht in der Irrenanstalt, sondern außerhalb derselben, — von seiner Umgebung, häufig sogar von den eigenen Angehörigen seiner Freiheit beraubt wird, oft in der grausamsten Weise, sind gar nicht selten. Man braucht nur, wie ja schon mehrfach erwähnt, zur Illustrierung aller dieser Dinge einmal die Spalten der Presse regelmäßig zu durchmustern, und man wird jedes Jahr wenigstens mehrere Fälle verzeichnet finden, in denen irgendwo ein Geisteskranker aufgefunden wurde, der von seinen Angehörigen, um die Anstaltskosten zu ersparen, irgendwo in tiefster Verwahrlosung versteckt gehalten wurde. Das gleiche gilt für Mißhandlungen brutalster Art sowie, — vielleicht am häufigsten vorkommend und am seltensten zur gerichtlichen Aburteilung gelangend, — für vermögensrechtliche Ausbeutungen eines Geisteskranken oder Schiebungen der verschiedensten Art zu seinem Nachteile. Einzig und allein das Regulativ der Stadt Berlin (vgl. S. 52) versucht Möglichkeiten der letztgenannten Art Rechnung zu tragen.

Daß in solchen Fällen aber selbst eine Entmündigung nicht immer den genügenden Schutz zu verleihen vermag, wenn bei der Auswahl des Vormundes dem Gerichte ein Irrtum über dessen Eignung zu diesem Amte unterläuft, hatte ich an einem besonders traurigen Falle erfahren können, der andeutungsweise seinerzeit veröffentlicht wurde und Veranlassung gab, hier gewisse rechtliche Kautelen anderer Art zur Erörterung zu stellen [1]).

[1]) „Zur Frage der rechtlichen Stellung des Entmündigten". Archiv f. Psychiatrie Bd. 73, S. 312.

Es müßte jede vermögensrechtliche Ausbeutung eines Kranken besonders strenge bestraft werden; auch der Versuch dazu sollte strafbar sein, ebenso jede schuldhafte Verwahrlosung eines Kranken. Die Einzelheiten, wie sie in nachstehendem Entwurfe hierzu vorgeschlagen sind, sind natürlich ganz unverbindlicher Art.

Ferner müßte, und zwar nicht nur zivilrechtlich, (was ja in vielen Fällen zwar schon möglich, aber praktisch ganz ungenügend ist), sondern auch strafrechtlich, im Sinne des bayrischen Polizeistrafgesetzbuches, verfolgt werden jedes Verschulden von Angehörigen, Vormündern oder sonstigen zur Aufsicht verpflichteten Personen an jedem Schaden, den ein Geisteskranker sich selbst oder anderen zufügt, und zwar ganz gleichgültig, ob es sich um Körperverletzung, Eigentumsvergehen, Sittlichkeitsverbrechen oder Beleidigungen und üble Nachrede handelt. Die Strafverfolgung müßte so eintreten, als ob die Betreffenden selbst das Vergehen fahrlässig begangen hätten.

Natürlich würde hier jedesmal der Einwand erhoben werden, daß die Betreffenden von der Gefährlichkeit des Kranken keine Kenntnis gehabt hätten, und es ist klar, daß man ihnen hier den guten Glauben in vielen Fällen nicht wird so widerlegen können, daß darauf eine Verurteilung aufgebaut werden könnte.

Man müßte also bei alledem eine Bestrafung auf diejenigen Fälle beschränken, in denen die Angehörigen usw. nachweisbar gegen den dringenden Rat eines Arztes den betreffenden Kranken nicht rechtzeitig in die Anstalt verbracht oder ihn entgegen dem ausdrücklichen Rate des Anstaltsarztes und gegen Unterzeichnung des mehrfach erwähnten Reverses aus der Anstalt herausgenommen haben, oder wenn sie doch wenigstens den ganzen Umständen nach annehmen mußten, daß eine Anstaltsaufnahme bzw. -behandlung nötig war. Der Arzt müßte dabei selbstredend von der Berufsverschwiegenheit des § 300 StGB. entbunden werden. Daß der Direktion der Anstalt eine Anzeige zur Pflicht gemacht würde, ist wohl nicht zweckmäßig, da dieses einerseits das Vertrauen zur Anstalt gefährden könnte, und da andererseits sich in solchen Fällen doch der Geschädigte selbst oder dessen Angehörigen beschwerdeführend an die Behörde wenden dürften. Sinngemäß müßte unter den gleichen Voraussetzungen auch jede vermögensrechtliche oder sonstige Schädigung, die einem psychisch Erkrankten zugefügt wird, entsprechend strenge bestraft werden. Zu diesem Zwecke müßte natürlich die Staatsanwaltschaft in allen Fällen dieser Art, die ihr irgendwie bekannt werden, in eine Prüfung eintreten und gegebenenfalls ex officio die Strafverfolgung einleiten. Nur dann wäre auch die heute übliche Unterzeichnung eines „Reverses" mehr als eine reine Formsache. —

Weiter müßte eine großzügige Fürsorge geschaffen werden für alle Kranken, die aus der Anstalt entlassen sind, und zwar durch Fachärzte, die selbst Ärzte der Anstalt sind oder mit dieser in Beziehung stehen, vielleicht auch in Verbindung mit den Fürsorgeämtern. Diese Ärzte müßten die Befugnis haben, alle Fälle nachzuprüfen, in denen der Verdacht einer Verwahrlosung, einer Mißhandlung oder einer vermögensrechtlichen Schädigung eines Kranken besteht, oder in denen die Gefahr eines Selbstmordes oder einer kriminellen Handlung vorhanden zu sein scheint. Eine derartige großzügig durchgeführte Fürsorge wäre der beste Schutz der Allgemeinheit vor kriminellen Geisteskranken und jedenfalls bedeutend wirkungsvoller als sämtliche polizeilichen oder bureaukratischen Maßnahmen. Dies alles gehörte jedoch besser in Verordnungen über die Familienpflege und die allgemeine Fürsorge. Wertvolle Ansätze zu einer solchen sozialen Irrenfürsorge sind übrigens bereits vorhanden [1]. — Alles das müßte aber der betreffende örtliche Beschwerdeausschuß überwachen, im Einzelfalle für Abhilfe sorgen und grundsätzliche Fragen dem gleich zu besprechenden Reichsausschuß zur Prüfung weiterreichen. —

Es wäre nämlich dann noch zu erwägen, ob man nicht von ausländischen Irrengesetzen Maßnahmen herübernehmen könnte, die sich dort im allgemeinen recht gut bewährt haben. Insbesondere könnte man hier denken an die im englischen Gesetz vorhandenen zentralen Kontrollkommissionen, die sogenannten „Commissioners in Lunacy", oder an die entsprechende Einrichtung in Holland, — ein Gedanke, der dem Sinne nach schon im Jahre 1897 von dem Deutschen Verein für Psychiatrie angeregt worden war [2] und dann später auch von *Schultze* und *Kahl* aufgenommen wurde [3]. Es muß ohne weiteres zugegeben werden, daß die Einführung derartiger Instanzen bei unserer dezentralisierten Verwaltung und der Uneinheitlichkeit unseres Irrenwesens in verwaltungsrechtlicher Hinsicht auf außerordentlich große Schwierigkeiten stoßen müßte. In Preußen sind die

---

[1] z. B. *Bresler*, *Faltlhauser*, *Fischer*, *Möckel*, *Kolb*, *Kroemer*, *Raecke*, *Roemer*, *Werner* u. a. (s. Lit.-Verzeichn.). Ferner die Verordnung des preuß. Ministers für Volkswohlfahrt vom 2. XI. 1920 (Psych.-neurol. Wochenschr. Bd. 23, S. 108), sowie die Einrichtungen im Rheinland und an manchen andern Stellen.

[2] Vgl. S. 14.

[3] Vgl. S. 28.

Anstalten zum größten Teile Provinzialanstalten, oder sie sind städtisch wie in Berlin, Frankfurt a. M., Köln und an anderen Orten, teils sind die Universitätskliniken staatlich. In Bayern sind die Anstalten in ähnlicher Weise der jeweiligen Kreisregierung unterstellt, in anderen Ländern aber direkt der betreffenden Staatsregierung. —

Ein Eingriff in die Hoheitsrechte der Einzelstaaten müßte natürlich nach Möglichkeit vermieden werden. Andererseits greift das Reich aber so oft und so weitgehend in diese Rechte ein, — es sei nur an die Finanzhoheit und an das Sperrgesetz für die Beamtenbesoldung erinnert, — daß einem derartigen Reichsgesetze grundsätzliche Bedenken jedenfalls nicht entgegenstehen würden.

Vielleicht ließe sich ein Ausweg in der Weise finden, daß diesen Kommissionen nur reine Aufsichtsbefugnisse erteilt würden, nicht das Recht eines direkten Eingreifens, ferner, daß ihre Tätigkeit im Gegensatze zu England auf grundsätzliche Fragen allgemeiner Art beschränkt sein müßte, während alle Fragen, die einzelne Kranke oder sonst irgendwelche Einzelfälle betreffen, zu den Befugnissen des oben näher geschilderten örtlichen Beschwerdeausschusses gehörten.

Was nun den Aufgabenkreis dieser „Reichsausschüsse", wie sie einmal genannt seien, betrifft, so könnte man vor allem denken an die Überwachung der Bereitstellung von ausreichenden und hygienisch einwandfreien Räumlichkeiten, eine Aufgabe, die gerade die englischen und holländischen Kommissionen seinerzeit in so vorzüglicher Weise erfüllt zu haben scheinen.

Es ist dabei nicht zu befürchten, daß durch die von derartigen Reichsausschüssen geforderten Reformen eine unerträgliche finanzielle Belastung entstehen würde, da im allgemeinen unser Irrenwesen in Deutschland heute auf einer solchen Höhe steht, daß umfassende Um- oder Neubauten nicht mehr erforderlich sind, es sei denn, daß sie durch Bevölkerungszuwachs oder aus anderen Gründen nötig werden, also auch ohne diese Kommission erfolgen müßten.

Wahrscheinlich würden sich diese Ausschüsse nur mehr „prophylaktisch" auswirken, ihr Vorhandensein und die Möglichkeit ihres Einschreitens würde genügen, alle Dienststellen zu veranlassen, das zu tun, was sie aus sachlichen Gründen von sich aus tun müßten.

Gedacht ist weiterhin an die Bereitstellung eines genügend zahlreichen und entsprechend vorgebildeten ärztlichen Personals. Die Frage, ob in einer Anstalt einige Ärzte mehr oder weniger angestellt werden, ist im Vergleich zu den Gesamtkosten einer Anstalt so geringfügiger Art, daß finanzielle Gründe hier nicht ausschlaggebend sein können. Der Ausschuß würde hier vielleicht recht segensreich wirken, wenn er darauf dränge, eine derartige unwirtschaftliche Sparsamkeit am unrichtigen Orte, wie sie leider noch so vielfach geübt wird, zu beseitigen. Das Gleiche gilt sinngemäß von der dienstlichen, sozialen und wirtschaftlichen Stellung der Ärzte, — Punkte, die in den einzelnen Anstalten Deutschlands derartig krasse Unterschiede zeigen, daß die örtlichen Sonderverhältnisse unmöglich als ausreichende sachliche Begründung herangezogen werden können. Meist werden es unsachliche und persönliche Gründe sein, die an dieser oder jener Stelle Fortschritte verhindern, welche an anderer Stelle bei sachlichem Wohlwollen der entscheidenden Behörde zur allseitigen Zufriedenheit längst durchgeführt sind, und die nicht zuletzt dem Wohle der Kranken dienen.

All das Gesagte gilt sinngemäß auch für das Pflegepersonal. Auch hier bestehen organisatorisch außerordentlich große Unterschiede. Es würde selbstverständlich nicht Aufgabe dieser Reichsausschüsse sein, insoweit in die Befugnisse der Einzelregierungen einzugreifen, daß sie etwa die Dienstzeit des Pflegepersonals u. ä. beeinflußten. Wohl aber sollen sie, wenn ein Land etwa strenge an der Durchführung des Achtstundentages bzw. der 48-Stundenwoche festhält, oder in sozial wohlwollender Weise noch andere Diensterleichterungen gewährt, darauf hinweisen, daß unter solchen Maßnahmen dann aber nicht die Kranken leiden dürfen, und daß dann eben eine entsprechend größere Anzahl von Pflegepersonen bereitgestellt werden muß.

Überhaupt sollen die Ausschüsse alle persönlichen und unsachlichen Gegensätze ausgleichen[1]), welche etwa die den allgemeinen Umständen nach an sich wohl durchführbare bestmögliche Behandlung der Kranken erschweren könnten. Das Recht, den Ausschuß anzurufen, müßte der Lage der Dinge nach natürlich auch mit weitgehenden Sicherheitsmaßregeln umgeben sein, wie sie später in unmaßgeblicher Form noch vorgeschlagen werden sollen (vgl. S. 206).

Ferner soll der Ausschuß jeder Art von Winkelpsychiatrie zu Leibe gehen. Es soll ja leider auch in Deutschland noch vorkommen, daß private oder auch öffentliche, kleinere oder größere Krankenhäuser, fromme Stiftungen, Klöster, Erziehungsheime für psychopathische Kinder oder andere Organisationen, Geisteskranke aller Art und aller Grade verpflegen, — [etwa mehr oder weniger Schwachsinnige oder Idioten, oder Kranke, die das Vorurteil vor der Irrenanstalt verhindert hat, an der einzig für sie zuständigen Stelle Rat und Hilfe zu suchen,]

[1]) Wie sie etwa *Weber* befürchtete (Zur fachärztlichen Vertretung bei den Behörden. Psych.-neurol. Wochenschr. Bd. 23, S. 20).

— und daß hier die fachärztliche Behandlung mehr oder weniger ganz fehlt, oder doch recht mangelhaft ist.

Die Folgen davon sind dann alle die Mängel, die schon mehrfach besprochen. So hatte *Weygandt* noch wenige Jahre vor dem Kriege einen Zwangsstuhl, ein ungeheuerliches Möbel, das 100 Jahre früher einmal seine historische Berechtigung gehabt hätte, in einer süddeutschen Idiotenanstalt aufgefunden, wo derartige Stühle damals noch in Gebrauch waren; der Stuhl ist heute eine Zierde des historischen Museums der Hamburger Klinik. — Wie oft Zwangsjacken, Fesselungen oder körperliche Mißhandlungen, „Züchtigungen" und ähnliches an derartigen nicht psychiatrisch geleiteten Stellen noch vorkommen, darüber gibt es begreiflicherweise keine Statistik.

Solche Dinge müßte der Reichsausschuß verhüten. Selbstverständlich soll der Ausschuß nicht in die ärztliche Überzeugung eingreifen und etwa neuere Behandlungsmethoden erzwingen, und wenn ein Arzt eine früher geübte Methode in ganz bestimmter Absicht wieder aufgreift, so wird der Ausschuß die wissenschaftliche Überzeugung achten. Er wird aber andererseits es leicht durchschauen, wenn im Einzelfalle eine angebliche wissenschaftliche Überzeugung nur Vorwand ist zur Aufrechterhaltung eines bequemen und vielleicht auch Kosten ersparenden alten Schlendrians.

In allen diesen und in zahlreichen anderen hier denkbaren Fällen soll der Ausschuß, wie gesagt, nur durch die Tatsache seiner Anwesenheit wirken.

Sollte dies nicht genügen, so möge er vertraulich bei den betreffenden Stellen vorstellig werden und die Beseitigung der Mißstände anregen.

Wird dieser Anregung nicht gefolgt, so blieben ihm noch weitere Möglichkeiten.

Einmal der moralische Druck eines Berichtes an die Reichsregierung und der einer etwaigen auszugsweisen Veröffentlichung dieses Berichtes in der Fachpresse. Durch die Redaktion dieses Auszuges hätte der Ausschuß wohl ein außerordentlich wichtiges Mittel in der Hand, seinen Anregungen Beachtung zu sichern, denn bereits durchgeführte Verbesserungen würden entweder gar nicht oder lobend in dem Bericht erwähnt werden.

Dann aber müßte noch eine höhere Instanz vorhanden sein, die etwa aus der Gesamtheit aller Reichsausschüsse bestehen könnte, und die infolge ihrer Zusammensetzung wirklich eine Gewähr für eine über jeden Zweifel erhabene rein sachliche und gerechte Betrachtung der Sachlage und eine vollkommen unparteiische Würdigung jeder etwaigen Rechtfertigung der beanstandeten Dienststelle bieten würde.

Wenn dieser Gesamtausschuß dann mit der ganzen Wucht seiner Autorität irgendwelche Maßnahmen dringend empfehlen würde, könnte sich diesem Druck wohl kaum eine örtliche Behörde widersetzen.

Sollte dies aber wider Erwarten doch geschehen, so müßte als letzter Ausweg die Möglichkeit einer bindenden autoritativen gerichtlichen Entscheidung vorhanden sein.

Da es sich in diesen Fällen nur um schwerwiegende grundsätzliche Fragen handeln würde bzw. vielleicht sogar um den Konflikt einer Einzelregierung mit der Reichsregierung, so könnte wohl nur das Reichsgericht in Frage kommen.

Der Gesamtausschuß müßte sein Material mit entsprechenden Anträgen der Reichsregierung übergeben, die dann ihrerseits bei dem Reichsgericht durch den Reichsanwalt eine entsprechende Klage erheben lassen könnte.

Als rechtliche Grundlage zu einer derartigen Klage müßte dann der § 1 des Gesetzes in möglichst allgemeiner Weise es aussprechen, daß in Deutschland allen irgendwie psychisch Erkrankten leichter und schwererer Art diejenige Behandlung, Fürsorge und Pflege zuteil werden solle, die die Menschlichkeit erfordert, und die der jeweilige Stand der Wissenschaft ermöglicht.

In den amtlichen Erläuterungen zu dem Gesetz oder noch besser in einem anderen Paragraphen könnte dann näher ausgeführt werden, daß hier nicht nur Geisteskranke und Schwachsinnige aller Grade gemeint sind, sondern alle psychopathisch Veranlagten, insbesondere auch alle Alkohol-, Morphium-, Kokain- und sonstigen Süchtigen, nervöse und psychopathisch Veranlagte jedes Lebensalters usw. Grundsätzlich soll für alle diese, wie gesagt, in folgendem stets der Ausdruck „psychisch Erkrankte“ gebraucht werden.

Noch ein Wort über die Zusammensetzung der Reichsausschüsse und die örtliche Begrenzung ihres Wirkungsbereiches.

Was zunächst letzteren anbelangt, so wird die Praxis ergeben müssen, wie groß derselbe am zweckmäßigsten gezogen wird, und die in nachstehendem Entwurfe gemachten Vorschläge sollen nichts sein als eine unverbindliche Anregung. Ebenso müßte die Möglichkeit einer Vermehrung dieser Ausschüsse oder einer anderen Abgrenzung ihres Wirkungsbereiches gegeben sein.

Im Gegensatz zu den Beschwerdeausschüssen, bei denen juristische Fragen eine große Rolle spielen, und bei denen deshalb ein juristischer

Vorsitzender vorgeschlagen wurde, handelt es sich hier wohl ausschließlich um Fragen, die nur von dem erfahrenen Facharzte richtig beurteilt werden können. Es ist deshalb unbedingt erforderlich, daß ein solcher hier den Vorsitz in jedem Ausschuß erhält, und zwar eine Persönlichkeit, die ihrer seitherigen Tätigkeit nach als unbedingte Autorität angesprochen werden kann. Dazu wäre erforderlich, daß sie wenigstens 10 Jahre als Direktor einer staatlichen Irrenanstalt oder als Ordinarius für Psychiatrie an einer deutschen Universität tätig gewesen ist. Um weiterhin jeden Schein mangelnder Unparteiigkeit zu vermeiden, müßte der Betreffende als unabhängiger und unkündbarer Reichsbeamter in entsprechender Gehaltsgruppe fest angestellt sein.

Als juristischer Beisitzer des Ausschusses sei ein Mitglied des Reichsgerichts vorgeschlagen, das im Nebenamte diese weitere Tätigkeit ausüben könnte. Bezüglich der Dauer seiner Tätigkeit sei wiederum ein ganz unverbindlicher Vorschlag gestattet.

Als drittes Mitglied soll auch hier der Laie, der Vertrauensmann der Volksvertretung, willkommen sein.

Daß das erforderliche Unterpersonal und entsprechende Büroräumlichkeiten bereitgestellt werden, ist eine Selbstverständlichkeit, finanzielle Schwierigkeiten werden bei alle dem nicht entstehen, da es sich ja überhaupt nur um ganz wenige Personen handelt, die den gesamten Reichshaushalt nicht wesentlich belasten werden.

Und schließlich wäre noch ein Punkt zu erwähnen, den ich bereits früher an einer anderen Stelle einmal ausgesprochen hatte [1]).

Selbstverständlich geben wir zu, daß auch wir Irrenärzte menschlichem Irrtum unterworfen sind, und daß in einem schwer zu beurteilenden Grenzfalle einmal eine Folgerung gezogen werden könnte, die vielleicht nicht unbedingt nötig gewesen wäre, (ebenso wie ja auch Gerichte einmal ein Fehlurteil fällen können), und es gibt kein „Irrenrecht", das Derartiges mit vollkommener Gewißheit verhindern könnte.

Eine Sicherheit gegen solche menschlichen Unvollkommenheiten bietet aber nicht die bureaukratische Fessel eines Gesetzes, das bei seiner Durchführung doch eben immer wieder auf ausführende Organe, hier also letzten Endes auf die Irrenärzte, angewiesen ist, sondern nur die geistige und sittliche Höhe des ganzen Standes.

Wichtig wäre hier nicht nur die Beseitigung der oben bereits angedeuteten maßlosen Überbürdung der meisten beamteten Irrenärzte, —

---

[1]) „Zur Frage der Irrengesetzgebung". Psych.-neurol. Wochenschr. Bd. 27, S. 83.

[die infolge eines nicht immer sachgemäßen und vielfach wohl nur aus politischen Rücksichten so intensiv erfolgten Beamtenabbaues eingetreten ist,] — sondern vor allem eine noch bessere, vollkommenere wissenschaftlich-klinische Aus- und Fortbildung sowie überhaupt ganz allgemein und grundsätzlich eine soziale und wirtschaftliche Hebung des ganzen Standes, damit nur die besten Elemente und die fähigsten Köpfe sich zu diesem Berufe drängen [1]).

Die Erreichung dieses Zieles gäbe wohl die beste Garantie gegen etwaige Irrtümer im Einzelfall.

Leider sind wir davon sowie ganz allgemein von einer entsprechenden Anerkennung der irrenärztlichen Tätigkeit durch die Behörden vielfach noch recht weit entfernt. — Hier könnten ebenfalls die geschilderten Reichsausschüsse nach dem Vorbilde der englischen „Commissioners in lunacy" außerordentlich segensreich wirken. —

Als drastisches und abschreckendes Gegenbeispiel sei hier schließlich nochmals auf die Schilderung verwiesen, die *Berze* [2]) an der Hand französischer Berichte von den dortigen Anstaltsärzten gibt, und von den verheerenden Folgen des Systems unzureichender Entlohnung für die Qualität der Ärzteschaft. —

Es ist nun selbstverständlich nicht Sache des Arztes, formulierte Gesetzesvorschläge zu unterbreiten, da ihm hier alle juristischen Voraussetzungen fehlen. Wenn trotzdem versucht werden soll, zum Schlusse dieser Ausführungen einen derartigen Entwurf aufzustellen, so geschieht dies selbstverständlich nur in der Absicht, in geschlossener Form und als Grundlage zu einer Erörterung noch einmal unsere Vorschläge zusammenzufassen; daß sie keine endgültige Form eines etwaigen Gesetzes darstellen sollen, braucht wohl nicht noch einmal besonders betont zu werden.

Daß sie, rein vom Standpunkte des Wohles der Kranken aus, ein Ideal darstellen, das vorläufig wohl noch nicht erreicht werden kann, weil unsere Zeit noch nicht reif dazu ist, — daß sie heftige Kritik und

---

[1]) Im Staate New-York betrug z. B. im Jahre 1906 — [wahrscheinlich dürften inzwischen weitere Erhöhungen vorgenommen worden sein] — das Gehalt des ersten Direktors einer Anstalt $ 6000 nebst Emolumenten, d. h. M. 25 200 sowie freie Wohnung usw. und in England gar 2000 Pfund = M. 40 000. (Psych.-neurol. Wochenschr. Bd. 11, 1909, S. 286 u. S. 294. — Bd. 12 1910, S. 52.)

[2]) *Berze*, „Dubief und die französischen Anstaltsärzte". Psych.-neurol. Wochenschr. Bd. 11, S. 245.

erbittertste Ablehnung von vielen Seiten erfahren werden, — auch darüber wird man sich vollkommen im klaren sein können. Das alles soll jedoch nicht verhindern, einmal ein solches Ideal aufzustellen. Vielleicht werden spätere Zeiten doch darauf zurückkommen. —

Praktisch undurchführbar sind die Vorschläge jedenfalls nicht, denn sie enthalten zum allergrößten Teile nur Dinge, die in dieser oder jener Form, in diesem oder jenem Lande bereits Wirklichkeit geworden sind. Außerdem würden sie jedenfalls bedeutend weniger Kosten verursachen als die seitherigen reichsdeutschen oder preußischen Entwürfe, — von den indirekt zu erwartenden Ersparnissen ganz zu schweigen.

Sie erstreben eine Regelung, die es ermöglicht, ohne inkorrekte Dehnung von Gesetzesbestimmungen und ohne der öffentlichen Meinung Sand in die Augen zu streuen, dem wirklichen Wohle der Kranken zu dienen. Sie sind bereit, an das allgemeine, leider noch bestehende Vorurteil Zugeständnisse zu machen, Zugeständnisse von einem Umfange, wie nicht viele der bestehenden Gesetze es tun, aber Zugeständnisse, die auch wirklich Sinn haben, die durchgeführt werden können, und die den Kranken tatsächlich nutzen, sie überwachen, und die ihnen größtmöglichsten Rechtsschutz gewähren können, — nicht aber Konzessionen, die von vornherein nur auf dem Papier stehen, weil sie sich in der Praxis einfach nicht durchführen lassen, und die schließlich nur die Funktion einer Beruhigungspille für die öffentliche Meinung ausüben.

Es sollen vor allem die Kranken nicht nur vor eingebildeten oder unter hunderttausenden von Fällen vielleicht einmal vorkommenden Gefahren geschützt werden, sondern vor solchen, von denen sie alltäglich bedroht sind, und gegen die noch niemand anscheinend gewagt hat, so gründlichen und ausgedehnten Schutz zu fordern, weil stets das Gespenst der unwirklichen, vermeintlichen Gefahr alle Aufmerksamkeit in Anspruch genommen hatte.

Und schließlich würden diese Vorschläge auch vielleicht der beste Weg zu einem anderen Ziele sein, das so oft — unvereinbar mit der immer wieder sich in den Vordergrund drängenden Forderung nach Schutz vor Internierung — in naiver Inkonsequenz zugleich damit erstrebt wird: der Schutz der Gesunden vor den Kranken.

Nur auf solche Weise, wie hier vorgeschlagen, nur durch rein ärztliche Behandlung der Dinge lassen sich diese beiden einander so widerstrebenden Forderungen gleichzeitig lösen, lassen sich aber auch dann so lösen, daß das erstrebte Ziel wirklich erreicht wird.

Behandlung der Kranken als Kranke im Sinne der Menschlichkeit, Schutz der Geisteskranken gegen die ihnen wirklich drohenden Gefahren, Schärfung des Gewissens und tatsächliche Verantwortlichkeit derjenigen, die in Wirklichkeit die Pflicht haben, für die Kranken zu sorgen und damit Schutz der Gesellschaft vor den unverantwortlichen Kranken, — das sind die Ziele dieser Vorschläge.

Es kommt dabei nicht auf Einzelheiten an, sondern auf das Ganze und auf den Geist dieser Reform.

VII. Einzelheiten des Entwurfs.

Und schließlich noch einige Worte über den hier vorgeschlagenen Entwurf selbst (vgl. S. 214). — Zunächst bemüht er sich, einen Fehler zu vermeiden, an dem eigentlich alle derartigen Gesetze und Gesetzentwürfe mehr oder weniger leiden, nämlich den einer zu großen, um nicht zu sagen sklavischen Abhängigkeit von dem jeweils schon bestehenden Rechte. So unterscheiden sich, wie wir gesehen haben, das holländische und schwedische Gesetz kaum von ihren Vorgängern, das badische Gesetz geht auf die früher dort bestehenden verwaltungsrechtlichen Regelungen zurück, der preußische Entwurf auf das badische Gesetz bzw. fast ebensosehr auf die einzelnen provinziellen preußischen Verordnungen, der neue ungarische Entwurf schließt sich eng an die seitherige Form des Gesetzes an [1]) usw.

Diesen Vorwurf wird man dem nachfolgenden Entwurfe nicht machen können. Er lehnt sich an kein einzelnes Vorbild an, sondern versucht im wesentlichen neue Wege zu gehen. Er nimmt dabei das Gute von den verschiedensten Seiten her; trotzdem wird man andererseits nicht sagen können, daß er rein eklektisch sei, daß er aus den verschiedensten Gesetzen nur gerade das Psychiaterfreundlichste herausgelesen und ohne innere Verarbeitung in unorganischer Weise zusammengestellt habe, so wie es der verflossene Reichsgesetzentwurf in entgegengesetztem Sinne tat.

Der Entwurf versucht jedenfalls die Frage von einem höheren Gesichtspunkt aus zu lösen. Wie früher bereits einmal angedeutet, ist dieses unserer Ansicht nach nur möglich durch eine Art von verwaltungsrechtlichem No-restraint-System. Der Vergleich läßt sich vielleicht noch etwas weiter durchführen: so wie *Pinel* seinerzeit den Mut hatte, im Gegensatz zu der allgemeinen Überzeugung den Kranken die Fesseln abzunehmen, so sollte man heute den Mut finden, die ganze

---

[1]) Höchstens wenn man eine Verschlechterung der bestehenden Gesetze vornehmen will, ist man zu einer Abweichung hiervon bereit. (Eine Ausnahme machten übrigens Württemberg, Hessen und Mecklenburg).

Anstalt von den bureaukratischen und verwaltungsrechtlichen Fesseln zu befreien, in denen sie heute noch schmachtet.

So, wie die rein mechanische Beschränkung der Kranken, die ununterbrochen in der Angst lebt, der Kranke könnte erregt und gewalttätig werden, heute ersetzt ist durch die — wir möchten sagen „gehobene“, „vom Einzelwesen entferntere“, „von einer höheren Warte aus“ vor sich gehende Beaufsichtigung im Wachsaal, — ersetzt durch eine Bewachung, die nicht unablässig den einzelnen Kranken quält und behindert, sondern nur bereit steht, die allein durch ihre Anwesenheit vorbeugend wirkt und nur eingreift, wo es tatsächlich nötig ist, — ebenso sollte die verwaltungsrechtliche Bevormundung der Heilanstalt, die beherrscht ist von einem ganz ähnlichen Mißtrauen, ersetzt werden durch eine entferntere, von höheren Gesichtspunkten geleitete Beaufsichtigung, die ebenfalls nur durch ihr Vorhandensein prophylaktisch wirkt, die nur eingreift, wo es wirklich erforderlich ist, im übrigen sich aber so unsichtbar wie nur möglich macht — je unsichtbarer, desto besser. Und ebenso, wie es sich zur größten Überraschung aller, die diesen damals neuen Gedankengängen nicht zu folgen vermochten, herausgestellt hat, daß durch die moderne freiere Behandlungsweise die Erregungszustände und Gewalttätigkeiten in kaum geahntem Umfange vermindert wurden, ebenso, wie der Wachsaal einer modernen Heilanstalt sich fast so gut wie in nichts mehr von dem Saale jedes anderen Krankenhauses unterscheidet, — ebenso wird es sich herausstellen, daß bei einem derartigen Verfahren auch in verwaltungsrechtlicher Hinsicht die Tatsache der unaufdringlichen Beaufsichtigung allein genügt, — ja vielleicht, daß sie noch weniger in Tätigkeit zu treten braucht als der Wachpfleger eines Wachsaales, und daß ihr Zurücktreten also noch viel notwendiger und ihre seitherige Polypragmasie noch viel überflüssiger gewesen ist. Erst wenn diese Erkenntnis Allgemeingut geworden ist und sich praktisch durchgesetzt hat, wird die Heilanstalt tatsächlich ein Krankenhaus geworden sein. Aber ebenso, wie *Pinel*, *Conolly* und ihre Nachfolger zunächst als utopistische Narren verlacht oder mit der größten Erbitterung bekämpft wurden, ebenso werden auch die hier dargelegten Gedanken zunächst als praktisch unmöglich und ganz undurchführbar abgelehnt werden; und ebenso, wie es 100 Jahre und mehr gedauert hat, bis die Ideen *Pinels* tatsächlich allgemein durchgeführt wurden — (daß es selbst heute noch Stellen gibt, wo Zwangsmittel für nötig gehalten werden, haben wir ja leider sehen müssen,) — ebenso wird lange Zeit dazu nötig sein, bis man den Mut findet, diesen zweiten Schritt zu tun. Aber daß man ihn einmal tun wird, wird tun müssen, das ist unsere feste Überzeugung. —

Der Entwurf vermeidet weiterhin jede allzu enge und zu ängstliche Regelung. Er läßt nicht nur weitesten Spielraum für jede individuelle und örtliche Eigenart, sondern auch für jede spätere Entwicklung. Er soll nur ein Rahmen sein, der das Grundsätzliche regelt; im allgemeinen überläßt er Einzelheiten, namentlich alles, was noch nicht genügend entwickelt ist, wie z. B. die staatliche Familienpflege, dem Verordnungswege bzw. den örtlichen Behörden Nur auf solche Weise wird es möglich sein, der unendlichen Vielgestaltigkeit der hier vorliegenden Fragen gerecht zu werden und der so verschiedenen Eigenart unseres Volkstums. Wo er einmal ins einzelne geht, da sind es vielfach nur unverbindliche Vorschläge, über die man reden kann. In den grundsätzlichen Fragen aber gibt er die Möglichkeit an die Hand, mit größtem Nachdruck und, wenn es sein muß, mit höchster Autorität den Forderungen der Menschlichkeit Geltung zu verschaffen, entgegen allem etwaigen kleinlichen Gezänk, entgegen jeder persönlichen Unsachlichkeit, entgegen jedem Unverstand und jeder beschränkten Kurzsichtigkeit.

Nicht ganz leicht war es, für die Befugnisse des Reichs gegenüber den Ländern einen gangbaren Weg zu finden; wie oben bereits dargetan, wird versucht, diese Frage dadurch zu lösen, daß jedes wirkliche, unmittelbare Eingreifen, die Behandlung jedes einzelnen Falles in der Hand der örtlichen Behörde liegt, — allerdings so, daß auch hier sachliche Arbeit gewährleistet ist, — während dem Reiche nur die Überwachung der großen grundsätzlichen Fragen vorbehalten bleibt, und die hiermit betrauten Stellen im Einzelfalle nie in die Befugnisse der einzelnen Länder oder Provinzen direkt eingreifen können, sondern nur beratend, anregend, warnend. Nur im äußersten Notfalle schreitet das Reich selbst ein, und auch hier nicht die doch unter Umständen einmal von parteipolitischen Erwägungen abhängige Regierung selbst, sondern die höchste sachliche und rechtliche Autorität: das Reichsgericht. Dem berechtigten Verlangen der einzelnen Länder bzw. Provinzen nach der ihnen gebührenden Bewegungsfreiheit ist durchaus Genüge getan. Jedenfalls möge dieser Vorschlag zur Erörterung gestellt sein, einer besseren Lösung wird er gern zurückstehen. —

Auch ein besonderer Abschnitt über Strafen ist eingefügt. Jedes Gesetz, das nicht die Möglichkeit hat, sich durchzusetzen, ist wirkungslos. Auch sollen diese Strafandrohungen der Öffentlichkeit zeigen, daß das Gesetz keine schön aussehende, aber bedeutungslose Geste sei, sondern wirklich durchgeführt werden soll; auch den Ärzten gegenüber drohen gegebenenfalls Strafen, wir fürchten sie nicht, so gut wie für jeden anständigen Menschen das Strafgesetzbuch kein Schrecken ist, sondern eine Wohltat.

Bei solch neuartigen Fragen versagt natürlich unser bestehendes Strafrecht [1]), und auch der neue Entwurf konnte unmöglich schon auf solche Dinge Rücksicht nehmen; ebenso ist es wohl ausgeschlossen, die hier vorgeschlagenen Strafbestimmungen noch in das neue Strafgesetzbuch hineinzuarbeiten, das doch wohl in absehbarer Zeit Rechtskraft erhalten dürfte, — doch ist das eine rein juristische Frage. —

Infolgedessen ist die Einfügung eines besonderen Teiles hierfür in den Entwurf wohl berechtigt.

Es sind einmal Strafen, die die Durchführung des Gesetzes sichern sollen, dann aber auch Strafen, die den psychisch Erkrankten schützen sollen außerhalb der Heilanstalt, die ihn also dort schützen sollen, wo unser seitheriges Straf- und Verwaltungsrecht so gänzlich versagt hat.

Bezüglich der Höhe des Strafmaßes ist natürlich gar nichts vorgeschlagen, das ist selbstredend erst recht eine rein juristische Frage. Die Fassung dieser Paragraphen wird vielleicht noch am ehesten etwaiger Änderungen von juristischer Seite bedürftig sein, doch soll das nicht hindern, einmal solche Vorschläge überhaupt zu machen.

Einige der Paragraphen sind direkt aus den ungarischen Richtlinien übernommen, die wir hier für äußerst glücklich und zweckmäßig halten, — jedenfalls dürfte das kein Fehler sein.

Der hier vorgeschlagene Gesetzentwurf, der, wie oben bereits dargelegt, keine endgültige juristische Formulierung, sondern nur ein Anhaltspunkt zur Erörterung sein soll, gliedert sich in sechs Teile.

I. Allgemeine Bestimmungen. II. Die Aufnahme in die Anstalt. III. Die Behandlung. IV. Die Entlassung. V. Beaufsichtigung und Beschwerdewesen. VI. Strafbestimmungen. Daß die Teile unter sich nicht gleichen Umfang haben, ist wohl unwesentlich.

An der Spitze steht in § 1 der oben bereits dargelegte Grundsatz der Menschlichkeit, das Wohl unserer Kranken, unser höchstes Ziel. Alles andere hat sich dem unterzuordnen, und auch der Schutz der

[1]) Wo es möglich, ist es natürlich herangezogen.

Allgemeinheit vor dem Kranken ist letzten Endes zu dessen eigenem Wohle, denn von dem Standpunkt einer höheren Sittlichkeit aus liegt es nicht in dessen Interesse, auf die „Menschheit losgelassen" zu werden, aufs neue kriminell werden zu dürfen, — ob er selbst das einzusehen vermag, ist dabei gleichgültig.

§ 2 befaßt sich mit dem Begriffe des „psychisch Erkrankten". Es wird nicht der gewagte Versuch unternommen, diesen so vielseitig schillernden Begriff umfassend zu umschreiben, sondern es wird nur festgestellt, wer im Einzelfalle berechtigt ist zu entscheiden, ob eine psychische Erkrankung im Sinne des Gesetzes vorliegt: der in Deutschland approbierte Arzt, der über eine genügende fachärztliche Ausbildung verfügt. Was hierunter zu verstehen ist, haben die Standesorganisationen, gegebenenfalls in Verbindung mit dem Reichsausschusse, festzulegen; es dürfte nicht schwer sein, an der Hand der bereits bestehenden Gepflogenheiten eine einigende Formel zu finden. Da diese nicht unabänderlich ist, sondern sich den Zeitumständen anpassen wird, ist darüber in dem Gesetzvorschlag nichts Näheres enthalten.

§ 3 stellt fest, wer zur Fürsorge für die psychisch Erkrankten verpflichtet ist, bzw. daß diese Verpflichtung dort verbleibt, wo sie nach dem geltenden Rechte bereits ruhte.

An sich vielleicht eine Selbstverständlichkeit, doch muß es ausgesprochen werden.

§ 4 nennt die Art und Weise, wie für die Kranken gesorgt werden kann, — öffentliche oder private Heilanstalten u. ä., und stellt fest, daß zunächst die zur Fürsorge verpflichteten Stellen die Wahl — aber damit natürlich auch die Verantwortung für die Wahl haben, — ebenfalls eine Selbstverständlichkeit, doch gleichfalls wohl nicht überflüssig.

§ 5 umschreibt den Begriff der Heilanstalt, mit aller Überlegung so umfassend und in der bewußten Absicht, so dem Gesetze die Möglichkeit zu geben, in alle dunklen Winkel hineinzuleuchten, und um zu verhindern, daß unter irgendwelchen Vorwänden oder Umschreibungen die Behandlung von psychisch Erkrankten der Aufsicht des Gesetzes entzogen werde.

§ 6 umschreibt die Begriffe der „öffentlichen" und „privaten" Heilanstalt, vielleicht etwas zu pleonastisch, unter Umständen mögen Juristen eine bessere Fassung geben.

§§ 7 und 8 sind die Folgerung aus § 5 bzw. die Mittel, mit denen die oben angedeutete wichtigste Absicht des Gesetzes durchgeführt werden soll, die rechtliche Grundlage gewissermaßen, die die Möglichkeit zu einer großzügigen Hebung unseres gesamten Irrenwesens (im weitesten Sinne) bietet.

Selbstverständlich kann eine solche Hebung nicht von heute auf morgen geschehen, schon aus finanziellen Gründen nicht, und so ist auch hier nur der Rahmen gespannt und das Mindestmaß dessen bestimmt, was werden soll. Aber auch hier sind die Einzelheiten alle in die Hand des Reichsausschusses gelegt, der nicht rauh und hart eingreifen, sondern elastisch, aber unablässig wirken und unter tunlichster Vermeidung von unbilligen Härten durch sein ununterbrochenes Drängen allmählich den erstrebenswerten Idealzustand herbeizuführen suchen soll. Bei bewußtem Widerstand oder bei passiver Resistenz wird er schon energischer durchzugreifen wissen.

Insbesondere zu Abs. II — alleinige fachärztliche Leitung — sind hier Ausnahmen vorgesehen; gedacht ist dabei vor allem an Erziehungsheime für leicht nervöse und psychopathische Kinder, mit vielleicht nur 10—15 Zöglingen und pädagogischer Leitung, oder kleinere private Schwachsinnigenanstalten in geistlicher Hand, bei denen durch zu scharfes Vorgehen die finanzielle Grundlage gefährdet sein könnte, u. a. m. Es soll eben überall individualisiert werden; gegen unangemessene Forderungen des Reichsausschusses schützt wohl seine Zusammensetzung.

Bei § 8 — bauliche und technische Einrichtung usw. — kommen solche Rücksichten wohl weniger in Frage, hier wird der Ausschuß, wenn erforderlich, auch energischer vorgehen können, andererseits wird es wohl auch seltener nötig sein.

§ 9 bekämpft die Winkelpsychiatrie.

§ 10 — rechtzeitiger Bau neuer Anstalten — ist ebenfalls wichtig; es ist die lohnende Aufgabe, die die englischen Kommissionen mit so viel Erfolg gelöst haben, — bei uns wohl im wesentlichen eine Fürsorge für die Zukunft und die Gewähr dafür, daß in unserem Irrenwesen kein Rückschritt eintritt.

§ 11 berührt die privaten Anstalten, verweist auf die Gewerbeordnung und auf den Verordnungsweg.

§§ 12 und 13 regeln ebenso ganz allgemein die übrigen Arten der Fürsorge.

§ 14 als letzter Paragraph des ersten Abschnittes, ebenso wie § 1 von grundlegender Bedeutung, regelt nach dem Vorschlage *Schwabe*s die grundsätzliche Frage der Freiheitsentziehung. —

Auf dieser breiten Grundlage baut sich dann der übrige Gesetzentwurf auf. Vielleicht müßte man hier den Reichsausschuß anschließen, der die Durchführung dieser Grundsätze gewährleisten soll, doch wird er besser mit dem Überwachungsausschuß in einem besonderen Abschnitte vereint.

Es folgt als Teil II die Aufnahme der Kranken, untergeteilt in die Aufnahme ohne und diejenige mit der Mitwirkung einer Behörde, alles zunächst für die öffentliche Heilanstalt geltend, — dann die Aufnahme in die private Heilanstalt und in die staatliche Familienpflege. Im wesentlichen findet man Altbekanntes, nur die Gruppierung ist vielleicht etwas abweichend von dem Gewohnten. Wichtig ist, daß als die Regel die Aufnahme ohne Mitwirkung einer Behörde gilt, nur, wo es wirklich nötig ist, tritt dieser umständliche Apparat in Tätigkeit.

Die Anforderungen an das ärztliche Zeugnis als solches werden wohl die Zustimmung der Fachgenossen finden. Neu ist vielleicht die Möglichkeit, auch bei der regelrechten Aufnahme das Zeugnis ausnahmsweise von einem Arzte der Anstalt selbst ausstellen zu lassen. Abgesehen von den Fällen, in denen sich dies aus dem Gesetze selbst ergibt (§§ 42 oder 51), ist es hier vorgesehen zunächst bei der Wiederaufnahme eines Kranken, der bereits einmal ordnungsgemäß in derselben Anstalt aufgenommen worden war, — ein Punkt, den man schließlich wieder fallen lassen könnte, wenn er zu heftigen Widerstand findet, — und schließlich in besonderen Ausnahmefällen, die einmal eintreten könnten, — dann mag eben eine Nachprüfung durch den außerhalb der Anstalt stehenden, sachlich einwandfrei vorgebildeten Amtsarzt eintreten.

Ein besonderer „Antrag" zur Aufnahme ist wohl überflüssig, dieser „Antrag" besteht ja doch praktisch schon darin, daß der Kranke in die Anstalt gebracht wird zum Zwecke der Aufnahme. In dem Wort „Antrag" liegt gewissermaßen unbewußt der Gedanke verborgen, daß die hochwohlweise Behörde dem beschränkten Untertanenverstande gegenüber ihre hohe Entschließung faßt und dann nach eigenem Ermessen mit oder ohne voll erschöpfende Begründung dem Antrage stattgibt oder ihn ablehnt. Sind die Voraussetzungen zu einer gesetzmäßigen Aufnahme nicht gegeben, so wird eben die Aufnahme als solche abgelehnt, das ist wohl das Einfachste und Natürlichste und vermeidet nach außen hin den Eindruck, als ob hier eine riesige Verwaltungsmaschine in Tätigkeit gesetzt worden sei. Auch durch solche Imponderabilien kann von der Anstaltsaufnahme abgeschreckt werden. Die Entscheidung über die Aufnahme selbst hat einfach der verantwortliche leitende Arzt.

Ebenfalls vielleicht selbstverständlich sind die geforderten „Voraussetzungen" zur freiwilligen bzw. dringlichen Aufnahme: der jeweilige Grad der Geschäftsfähigkeit.

Im übrigen lehnen sich die Vorschläge in mancher Hinsicht an die hamburgischen Bestimmungen an, die nicht unzweckmäßig zu sein scheinen.

Die Aufnahme auf Veranlassung einer Behörde soll, wie gesagt, die Ausnahme darstellen. Immerhin ist auch hier reichlich Gelegenheit zur Berücksichtigung der Eigenart jedes einzelnen Falles gegeben.

§ 19 nimmt zunächst das Selbstverständliche vorweg: § 81 StPO. und § 656 ZPO. sowie die „Verwahrung" nach dem neuen Strafgesetzentwurf; auf etwaige gleichartige oder ähnliche Möglichkeiten für die Zukunft wurde Rücksicht genommen.

§ 20—22: Die Fassung der Bedingungen zur Einweisung lehnt sich an die recht glückliche Fassung des preußischen Gegenentwurfs an. Die Behörde kann von sich aus diese Schritte tun oder auf Antrag. Der Kreis der Antragsberechtigten (§§ 24 und 25) ist absichtlich recht weit gefaßt, weil es sich ja im allgemeinen um eine genaue Prüfung des Antrages in einem ordentlichen Verfahren handelt, bei der jedes Für und Wider erwogen werden soll, und bei dem nicht genügend begründete Anträge ja auch abgelehnt werden können. Man muß aber denjenigen Personen, die sich durch den Kranken belästigt, bedroht oder geschädigt fühlen, das Recht des Antrages zustehen. — Grade in zweifelhaften Fällen werden die Angehörigen usw. oder die betreffenden Behörden gern von der Möglichkeit einer solchen Prüfung Gebrauch machen.

Nach § 22 kann aber auch in zweifelhaften Fällen eine **Beobachtung** bis zu 6 Wochen angeordnet werden.

§ 23 betrifft die Zuständigkeit und erhält nichts wesentlich Neues.

§ 26 regelt das Verfahren, ähnlich wie es das badische Gesetz und der preußische Entwurf für alle Fälle einführen möchten. In dringlichen Fällen ist auch hier Abkürzung möglich; glaubt der Kranke, daß ihm Unrecht geschehen, so bleibt ihm ja immer noch unmittelbar nach seiner Aufnahme in die Anstalt die Beschwerde an den Überwachungsausschuß und so also doch die Möglichkeit einer nochmaligen eingehenden Nachprüfung.

§ 27 ist wohl nicht überflüssig, wird aber doch meist vergessen: die Sicherung der Verschwiegenheit [1]).

---

[1]) Vgl. übrigens auch *Schultze*: „Ist der beamtete Arzt verpflichtet ..." Monatschr. f. Kriminalanthropol. u. Strafrechtsref. Bd. 17, S. 447.

§ 28 die Rechtsmittel gegen die Entscheidungen nach §§ 20—22, das ordentliche Gerichtsverfahren auf dem Wege der Zivilklage in Anlehnung an die Hamburger Bestimmungen und die *Schultze-Kahl*schen Vorschläge, doch hier erst als zweite Instanz. Durch Berufung an das Landgericht und etwaige Revision ist eine solche Fülle von Rechtsmitteln gegeben, daß der Sicherheit der Person wirklich Genüge getan ist.

Allerdings haben alle diese Rechtsmittel keine aufschiebende Wirkung, sonst könnte ein Querulant dadurch jahrelang seine Aufnahme in die Anstalt verhindern. Ist die Aufnahme einmal amtlich angeordnet, so findet sie auch statt, die richterliche Nachprüfung erfolgt dann also, wenn der Kranke sich bereits in der Anstalt befindet; eine gleichzeitige Anrufung des Überwachungsausschusses wäre in diesem Falle natürlich überflüssig und würde diesen höchstens zu einer Entscheidung gemäß § 75 d veranlassen, zur Zurückstellung der Entscheidung bis zur Klärung der Sachlage.

§ 29 verhindert querulierende und hysterische Kranke auf hoher Bühne aufzutreten und ein dankbares und sensationslüsternes Publikum zu finden. Liegt es aber einmal im Interesse der Wahrheit, daß die Klarstellung des Sachverhaltes in aller Öffentlichkeit erfolgt, so kann dies ganz oder teilweise geschehen, aber stets nur als Ausnahmefall, nicht als die Regel. Insbesondere wäre es denkbar, daß der Arzt sich selbst gegen unqualifizierbare Anwürfe vor der Öffentlichkeit reinigen will, solchem Antrage müßte natürlich stattgegeben werden.

§ 30 — betrifft Untersuchungs- und Strafgefangene, — holt eine Selbstverständlichkeit nach, die sich früher nicht gut in den Gedankengang einfügte.

Ähnliches gilt für § 31, aber es gehört doch wohl in das Gesetz hinein, ebenso wie § 32.

Die Aufnahme in die privaten Heilanstalten konnten kurz behandelt werden, sie schließen sich im wesentlichen an das Aufnahmeverfahren der öffentlichen Anstalten an, die Einweisung durch Behörden kommt in Wegfall; der Staat soll genügend öffentliche Heilanstalten besitzen und nicht darauf angewiesen sein, hier auf die private Initiative zurückgreifen zu müssen. — Wir wünschen keinen zweiten Alexianerprozeß mehr. —

Einige Einschränkungen sind hier noch gemacht, Zugeständnisse an das Vorurteil, aber den Privatanstalten sicherlich nicht unerwünscht als Schutz gegen ungerechte Beschuldigungen: bei der regelrechten Aufnahme kein Attest von einem Arzte der Anstalt, ferner Meldung jeder Aufnahme, allerdings nur an das fachärztliche Mitglied des Überwachungsausschusses und das Recht desselben zur Nachprüfung in geeigneten Fällen. Dies wird auch natürlich im wesentlichen nur als Beruhigungsmittel für die Öffentlichkeit dienen, der beamtete Arzt wird sich auf Stichproben beschränken. Im übrigen haben ja auch die Kranken der Privatheilanstalten das Recht, den Beschwerdeausschuß als solchen anzurufen.

§ 36 beruft sich auf § 32.

§ 37. Die staatliche Familienpflege soll nur zulässig sein im engsten Zusammenhang mit einer öffentlichen Heilanstalt, hierbei möglichst großer Spielraum für persönliche organisatorische Begabung der diesbezüglichen Ärzte und ein edler Wettkampf auf diesem für Deutschland leider noch so wenig bebauten Gebiete; vollkommen freie und zwanglose Versetzung des Kranken von der Anstalt in die Familienpflege oder auch zurück, je nach Lage der Dinge und ganz nach freiem Ermessen des zuständigen Arztes.

Teil III ist verhältnismäßig kurz: Die Behandlung in der Heilanstalt. Örtlich verschiedene Dienstanweisungen, überhaupt der ganze innere Betrieb, Behandlung und Verpflegung, alles hat sich den Grundsätzen des § 1 unterzuordnen; im übrigen bleibt jeder individuellen Eigenart breitester Spielraum. Örtliche Einzelfragen werden von dem örtlichen Überwachungsausschusse, seinem Namen gemäß, überwacht (§ 38).

§ 39. In bewußtem Gegensatze zu fast allen anderen Gesetzentwürfen finden keine überflüssigen Meldungen an alle möglichen ja doch nicht sachverständigen Behörden statt, – Meldungen, die doch nur beständig die Gefahr einer unbewußten oder unfreiwilligen Durchsickerung von Kenntnissen an unbefugte Stellen in sich tragen, von Dingen, die von dem § 300 StGB. geschützt werden sollten. Dies sollte hier schrecken. — Solche Meldungen könnten den Kranken schaden, außerdem nützen sie nichts, sind rein formal, und der hier beabsichtigte Zweck wird auf andere Weise — Beschwerdeverfahren — viel sicherer und ungefährlicher erreicht. Hier also ein Zugeständnis an das Vorurteil zu machen, wäre ein zu gefährliches Ding, dessen Nachteile in gar keinem Verhältnis zu dem vielleicht erzielten, dazu doch noch sehr ungewissen Nutzen — Beruhigung der Öffentlichkeit — stünden.

Der vorliegende Entwurf wird sowieso an vielen Stellen Entsetzen erregen, — sei's drum, — auch bei diesem Punkte kann dies Risiko getragen werden.

§ 40 — Vorsichtsmaßregeln bei kriminellen und gemeingefährlichen Kranken usw. — wieder eine Selbstverständlichkeit, die keinen Widerspruch hervorrufen wird.

§ 41. Auch das ist praktisch schon vorhanden, muß aber ausgesprochen werden, soll auch ein gewisser Ersatz sein für die weggefallene Meldung an die Staatsanwaltschaft.

Der IV. Teil handelt von der Entlassung aus der Anstalt. Hier wird ganz folgerichtig die Entlassung entsprechend den einzelnen Aufnahmeverfahren getrennt behandelt.

§ 42 bezieht sich auf § 16, freiwillige Kranke können auch freiwillig wieder gehen, sofern die Voraussetzung ihrer freiwilligen Aufnahme, die erhaltene Geschäftsfähigkeit, noch vorhanden ist bzw. sich nicht nachträglich als Irrtum herausgestellt hat. In diesem Falle hat eben ein anderes Aufnahmeverfahren nachträglich Platz zu greifen.

§§ 43 und 44 beziehen sich beide auf die §§ 17 und 18. Auch hier nichts grundsätzlich Neues. Nur bei dem „Revers" drohen jetzt die Strafbestimmungen des letzten Teiles und geben so dieser Unterschrift, die bis jetzt eigentlich immer nur eine symbolische Handlung war, die mit unglaublicher Leichtfertigkeit von unvernünftigen Angehörigen vollzogen wurde, eine ganz andere Bedeutung.

§ 45 ist wieder nur eine Folgerung aus der Zuziehung des ordentlichen Gerichts als Rechtsmittel.

§§ 46 und 47 Beurlaubung und versuchsweise Entlassung; die Fristen nur unverbindliche Vorschläge. Die „versuchsweise" Entlassung steht aber nur in den Akten der Anstalt, kann höchstens mündlich oder in besonderem Schreiben den Angehörigen usw. mitgeteilt und erläutert werden, fehlt aber in den eigentlichen Entlassungspapieren des Kranken, um diesem die Rückkehr in den Beruf nicht unnötig zu erschweren, — eine Bestimmung, die in dieser Form unseres Wissens seither noch nicht vorkommt oder wenigstens nicht direkt ausgesprochen ist.

§ 47 sichert nach dem Vorbilde einiger preußischer Provinzen den Zusammenhang des beurlaubten Kranken mit der Anstalt, gewährleistet eine gewisse sachgemäße Überwachung und ermöglicht es, unter Umständen viel früher schon den Versuch einer Beurlaubung wagen zu können, als dies jetzt im allgemeinen der Fall ist. — Die Mitwirkung der Fürsorgeämter oder von Hilfsvereinen könnte gleichfalls hier ihren Platz finden, vielleicht sogar in einem besonderen hier noch einzufügenden Paragraphen.

§§ 48—51 sind nur natürliche Folgen der früheren Paragraphen.

Eine gewisse Bremsung bei den Anträgen auf Wiederaufhebung des Einweisungsbeschlusses ist vielleicht am Platze.

Teil V enthält wieder grundsätzlich Wichtiges: Die Überwachungseinrichtungen.

Über die Reichsausschüsse (§§ 53—66) war weiter oben bereits Näheres gesagt worden, doch sei es gestattet, hier noch einmal auf diesen Punkt einzugehen. Die Vorschläge sind in dieser Ausführlichkeit unseres Wissens für Deutschland neu, es ist selbstverständlich, daß sie infolgedessen noch nicht die beste hier mögliche Lösung der Frage enthalten können; sie stehen zur Erörterung und harren etwaiger besserer Gedanken, denen sie gerne weichen werden.

Die Frage, ob sie in dieser oder ähnlicher Form Aussicht haben, bei der augenblicklichen „Mentalität" unserer Volksvertretungen in Wirklichkeit umgesetzt zu werden, scheidet hier vollkommen aus. Jeder Fachgenosse ist sich wohl darüber klar, daß dann Faktoren in Rechnung gestellt werden müßten, bei denen wirklicher Sachverstand nicht die erste Rolle spielt, sondern ganz andere Dinge ausschlaggebend sind. — Für uns aber handelt es sich hier um etwas ganz anderes. Vollkommen losgelöst von der Frage der praktischen Erfüllbarkeit in der Gegenwart, die ja doch nur durch ein Kompromiß möglich wäre, sollte versucht werden, die reine Idee dessen, was wir aus sachlichen, idealen Gründen für das objektiv Beste halten, einmal herauszuschälen, ohne Rücksicht darauf, ob unsere Zeit für diese Gedanken schon reif ist oder nicht. Vielleicht wirkt die Idee einmal bahnbereitend in die Zukunft hinein.

In diesem Sinne sind diese Vorschläge zu verstehen. —

Daß dabei auch Zugeständnisse an das Vorurteil gemacht sind — durch die Laienmitwirkung — ist kein Mangel an Folgerichtigkeit. Das Vorurteil ist vorhanden und wird auch in Zukunft noch wohl lange bestehen, eine Bekämpfung dieses Vorurteils gehört durchaus zu unserer Idee hinzu, und zu dieser Bekämpfung dient die Laienmitwirkung. Nur darf sie, — und da rührt die Frage wieder an Grundsätzliches, — nicht zum Schaden der Kranken sich auswirken, wie in den meisten bestehenden oder vorgeschlagenen Lösungen. Die Erfahrung, wenigstens in Hamburg, hat gezeigt, daß die Laienmitwirkung an der richtigen Stelle und in der richtigen Weise durchgeführt, eigentlich entgegen der allgemeinen Erwartung nicht hindernd, überhaupt nicht aktiv, sondern fast rein rezeptiv ist; die Laienmitglieder sind der empfangende Teil, sie werden belehrt, bekehrt und wirken dann in diesem Sinne zurück in ihre Laienumgebung. Und das ist ja gerade, was wir erstreben.

Vertrauend auf die Gewalt der Tatsachen ist hier die Zusammensetzung der Ausschüsse so vorgeschlagen, daß in allen die Laien die Mehrzahl haben; allerdings als gewisser Ausgleich dazu dient die Hoffnung, daß in erster Linie die Juristen objektiv genug sein werden, um hier sachliche Arbeit zu leisten; und so haben nach unseren Vorschlägen wieder wenigstens die akademisch gebildeten und beamteten Mitglieder der Ausschüsse — Juristen und Ärzte — zusammen die Mehrheit gegenüber den Volksvertretern. Der Jurist ist das Zünglein an der Wage. — Damit wird wohl auch die öffentliche Meinung einverstanden sein.

Vor etwa 20 bis 30 Jahren hätte man aus unseren Reihen derartige Vorschläge wahrscheinlich noch nicht wagen dürfen, ohne heftigen Widerspruch zu erfahren [1]). Heute ist wohl eine Juristengeneration herangewachsen, von der doch wohl ein recht großer Teil psychologisches und auch psychopathologisches Interesse und auch Verständnis genug zu einer solchen Mitwirkung hat; außerdem ist die Massenpsychose der Psychiaterfeindschaft etwas abgeebbt, die seinerzeit sogar einen *Treitschke* und *Jhering* verführt hatte, den berüchtigten Kreuzzeitungsaufruf [2]) kritiklos mit zu unterschreiben. Heute wäre etwas Derartiges doch wohl nicht mehr möglich. Es ist also schon vieles besser geworden auf diesem Gebiete, hoffen wir, daß die Einsicht noch weitere Fortschritte machen wird. Jedenfalls aber könnte man es unseres Erachtens ruhig wagen, in der hier vorgeschlagenen Weise ärztliche Laien in weitem Umfange zur Mitwirkung heranzuziehen. — Für den äußersten Notfall ist bei dem Gesamtausschuß eine Klausel vorgesehen, die verhindern soll, daß die ärztlichen Mitglieder, auch wenn sie alle einer Meinung sind, von den Laien überstimmt werden könnten: wenigstens die Hälfte von ihnen muß einer Sache zustimmen, wenn sie zum Beschluß erhoben werden soll.

§ 54 Zahl der Reichsausschüsse und Umgrenzung ihres Arbeitsgebietes, ein ganz unverbindlicher Vorschlag.

§ 56 ist rein formal.

Grundsätzlich wichtig sind dagegen die §§ 57/59 und 61.

Jeder Fachgenosse weiß, welche grundsätzlichen Fragen hier in Betracht kommen könnten und in welchem Umfange; einige sind

---

[1]) Vgl. *Kunowski* „Abwehr“, Psych.-neurol. Wochenschr. Bd. II, 1909, S. 313 u. a. m.

[2]) Vgl. S. 236.

dort als Beispiele genannt. Jeder Direktor wird wohl schon in Lagen gewesen sein, in denen er die Unterstützung seiner Bestrebungen durch eine solche autoritative Einrichtung, wie es der Reichsausschuß sein soll, sehr angenehm empfunden hätte.

Wir wissen selbstverständlich sehr wohl, daß es auch bei uns durchaus sachliche und wohlwollende Behörden gibt, diese werden einen Reichsausschuß auch nicht zu scheuen haben. Vielleicht ist aber andererseits unser Vorschlag, bzw. die Heftigkeit der Ablehnung, die wir vermutlich an manchen Stellen finden werden, ein Schibboleth zur Erkennung dieses Wohlwollens.

Den Vorwurf, daß wir in eigennütziger Absicht derartige Vorschläge machten, wollen wir ruhig auf uns nehmen; wir wissen, — und das mehrfach erwähnte Beispiel Frankreichs lehrt es uns, — welchen Einfluß die Höhe der sozialen und wirtschaftlichen Lage unseres Standes auf seine Qualität hat, und daß diese doch letzten Endes unseren Kranken zugute kommt. Wir wissen aber auch, daß, wenn derartige Vorschläge, wie wir sie hier gemacht haben, einmal in Wirklichkeit umgesetzt werden sollten, daß dies nicht in kurzer Zeit möglich sein wird, und daß die Auswirkungen davon wohl keinem von uns Lebenden mehr zugute kommen werden, sondern, wenn überhaupt, dann denen, die nach uns kommen.

Der Vorwurf, wir sprächen hier pro domo, trifft uns also nicht.

§ 58. Der Reichsausschuß soll „Richtlinien" aufstellen.

Das Wort sagt schon, daß hier den einzelnen Ländern nichts aufgezwungen werden soll, überhaupt, daß hier keine überstürzten Reformen in gewalttätiger Weise durchgeführt werden sollen, sondern daß eine organische Weiterentwicklung zu jenen Richtlinien hin das Ziel ist, wie oben bereits ausgeführt. Auf örtliche und sonstige Sonderverhältnisse soll in weitestem Umfange Rücksicht genommen werden, aber alles geleitet von dem Geiste des § 1 dieses Gesetzes, suaviter in modo, wenn es aber sein muß, dann auch fortiter in re. — Der Ausschuß soll nach unseren Vorschlägen aus solch erfahrenen und geistig hochstehenden Männern sich zusammensetzen, daß Mißgriffe nicht zu befürchten sind, und daß man ihm größtmöglichste Handlungsfreiheit geben kann.

Auch eine Uniformierung soll vermieden werden, deshalb verschiedene Ausschüsse und gegebenenfalls verschiedene Arten von Richtlinien, ebenfalls wieder ein edler Wettkampf der einzelnen deutschen Länder unter voller Wahrung der Stammeseigenart; deshalb auch nur tunlichste, nicht völlige Angleichung der Richtlinien an einander unter Mitarbeit des Gesamtausschusses.

Schon in §§ 7 und 8 sind diese Richtlinien ausdrücklich erwähnt, kommen also dort besonders in Frage. Selbstverständlich sollen auch diese Richtlinien kein enges Schema sein, sondern ein möglichst weit gefaßter Rahmen.

Aber der Ausschuß soll sich nicht nur auf „Richtlinien" beschränken, sondern alles umfassen, was zu seinem Bereiche gehört. So soll er z. B. bei dem Neubau einer Anstalt die Pläne prüfen und ganz allgemein darauf achten, daß dem Direktor nicht, wie es ja leider schon so oft geschehen, der Baumeister vorangeht, und daß dessen Ideen für wichtiger gehalten werden als die ärztlichen Erwägungen, daß nicht von außen nach innen gebaut wird, daß bei Abstrichen an den Plänen nicht an der unrichtigen Stelle gespart wird, unter Umständen über den Kopf des Direktors hinweg usw.

Auch auf rechtzeitigen Neubau von Anstalten soll der Ausschuß drängen; meist entschließt man sich erst dazu, wenn die Überfüllung schon unerträglich geworden ist, und dann muß dieses Elend noch jahrelang ertragen werden, bis endlich die neue Anstalt bezogen werden kann. Also „rechtzeitig vorbereitet, begonnen, fertiggestellt und in Betrieb genommen" soll die neue Anstalt werden, ein Ausweichen vor den mißliebigen und unangenehmen Konsequenzen nach einer dieser Richtungen soll also nicht möglich sein.

Dies nur noch ein paar Beispiele.

Heftigen Widerspruch wird § 59 hervorrufen, vor allem den Einwand, daß dadurch ein wenig schönes Angebertum großgezogen werden könnte. Dem ist, hier wenigstens, entgegenzuhalten, daß es sich hier ja gar nicht um persönliche, sondern nur um grundsätzliche Dinge handelt, und daß der Ausschuß ja erst prüft, ehe er eine Entscheidung fällt. Diese Prüfung aber wird objektiv sein, seine Entscheidung nicht drückend und, abgesehen von den Fällen des § 89, hat sie nicht den Zweck, für eine geschehene Sache eine Strafe zu verhängen, sondern sie hat nur das eine Ziel, Abhilfe für die Zukunft zu schaffen, eine Verbesserung herbeizuführen.

Der Ausschuß ist nicht allwissend, auch ihm könnten bei einer Besichtigung Potemkinsche Dörfer aufgebaut werden; wer ihm nach seinem Gewissen behilflich war, auch hinter die Kulissen zu sehen, soll vor menschlich, allzu menschlichen Rückgriffen seiner vielleicht verärgerten Vorgesetzten gesichert bleiben. Erweist sich die Beschwerde als falsch, so ist sie in den Akten des Ausschusses gut aufgehoben und ein semper aliquid haeret wird die Objektivität der Ausschußmitglieder nicht zu trüben vermögen, zumal da es sich hier doch um die Prüfung von Tatsachen handelt, die entweder richtig oder nicht richtig sind, — im Gegensatz zu der viel schwierigeren Tätigkeit des Überwachungsausschusses, der vielfach rein subjektive Momente zu würdigen haben wird.

§ 60. Weitergabe aller „einzelnen Fälle" an den zuständigen Überwachungsausschuß, ergibt sich aus dem ganzen Gedanken.

§ 61. Besichtigungsrecht usw. — seitherigen Vorschlägen nachgebildet und absichtlich so weit gefaßt; hier werden Widersprüche selbst von psychiaterfeindlichster Seite wohl nicht zu erwarten sein. — Auch Vereidigung von Zeugen ist zur Wahrheitsermittlung vorgesehen.

Alles das soll natürlich nur als Möglichkeit im Hintergrunde bereitstehen, — wie der Pfleger im Wachsaale, — ein tatsächliches Eingreifen wird wohl verhältnismäßig recht selten sein.

§ 62. Bericht an den Gesamtausschuß und an die Fachgenossen; letzterer wohl das wichtigste Druckmittel, das dem Ausschuß zur Verfügung steht. Fast ein mittelalterlicher Pranger, könnte man sagen, deshalb vielleicht auch als Drohung so wirksam. Es darf ja nie vergessen werden, daß es zwar nicht das ultimum, aber immerhin doch ein refugium sein soll, wenn der Ausschuß, dessen sachliche Autorität und Objektivität bei seiner Zusammensetzung von keinem billig Denkenden angezweifelt werden kann, mit sachlichen Gründen einfach nicht mehr weiterkommt. Unter Umständen wäre übrigens hier auch der Fall denkbar, daß die beanstandete Behörde sich in der Öffentlichkeit der Fachgenossen zu rechtfertigen sucht, und daß die Fachgenossen selbst sich in diesem Stadium der Dinge ein Urteil bilden, daß sie selbst in dieser Auseinandersetzung ihre Meinung äußern können und dadurch dem Reichsausschusse unter Umständen vielleicht wichtiges Material und beachtliche Fingerzeige für sein weiteres Handeln geben. Vielleicht ersieht dann die beanstandete Stelle selbst aus dem Echo, das ihr Rechtfertigungsversuch gefunden, wie die Meinung der Mehrzahl der Standesgenossen ist und beschreitet doch noch einmal den Weg gütlicher Verhandlungen mit dem Reichsausschusse.

Kommt aber dieser zu der Überzeugung, daß es doch nötig ist, den bösen Geist noch stärker zu beschwören, so steht ihm auch dazu ein Mittel zu Gebote, der § 64, ein Antrag an den Gesamtausschuß.

Auch diese Vereinigung wirklich vertrauenswürdiger Männer prüft die Frage nochmals; es wäre denkbar, daß aus dieser Prüfung der Rat an den Einzelausschuß sich ergeben könnte, noch einmal auf anderem Wege, mit anderen Vorschlägen an die widerspenstige Stelle heranzutreten; meist aber wird jetzt der letzte Schritt getan werden müssen: das Ultimatum und, wenn dieses keinen Erfolg hat, die Entscheidung des Reichsgerichts (§§ 65 und 66). Es braucht dabei wohl nicht besonders betont zu werden, daß diejenigen Mitglieder des Reichsgerichtes, die nebenamtlich in den Reichsausschüssen tätig sind, nicht in jener Spruchkammer sitzen können.

Die Einzelheiten des Verfahrens ergeben sich hier wohl von selbst.

Betont sei vielleicht noch, daß nach unseren Vorschlägen die Reichsregierung nicht etwa nochmals in eine sachliche Prüfung der Frage eintreten soll, sondern höchstens in eine formale. Eine gütliche oder überhaupt irgend eine andere Regelung wird in diesem Stadium der Dinge doch wohl nicht mehr möglich sein.

Die rechtlichen Grundlagen zu dem Urteil des Reichsgerichtes bilden dann die Bestimmungen dieses Gesetzes, insbesondere diejenigen des ersten Teiles.

In jeder Hinsicht etwas ganz anderes ist der örtliche Überwachungsausschuß. Steht der Reichsausschuß über den Behörden der einzelnen Länder oder Provinzen mit der Eigenschaft freien richterlichen Ermessens, mit Unbeeinflußbarkeit und Unabsetzbarkeit, als absolute Autorität und überwacht die Länder usw. bezüglich der großen grundsätzlichen Fragen, so ist der Überwachungsausschuß diesen Ländern usw. unterstellt, und ist ihnen behilflich im einzelnen ihre doch wohl grundsätzlich vorauszusetzenden guten Absichten in der Pflege der psychisch Erkrankten durchzuführen. Er überwacht also als ein Organ der Landes- bzw. Provinzialregierung die unter ihm stehenden übrigen ausführenden Organe, hinunter bis zum jüngsten Küchenmädchen.

Örtliche Umgrenzung und Zusammensetzung usw. (§§ 67—71): ein Vorschlag zur Diskussion.

Der juristische Vorsitzende (§ 69 a) könnte ebenfalls auch nebenamtlich tätig sein und vielleicht aus den Richtern eines Oberlandesgerichtes genommen werden oder aus dem höheren Verwaltungsdienste.

Das ständige fachärztliche Mitglied ist am besten vielleicht zugleich der „Landespsychiater“, der fachkundige Personalreferent, der sich über die Leistungen seiner einzelnen Fachgenossen jedenfalls ein viel besseres Urteil wird bilden können, als ein fachunkundiger Verwaltungsjurist, wie es jetzt leider vielfach noch der Fall ist.

Es wäre höchst wünschenswert, wenn eine solche Stellung in allen Provinzen bzw. Ländern geschaffen würde, und zwar hauptamtlich.

Der Landespsychiater hätte nach unseren Vorschlägen dann außerdem noch die Überwachung der Privatanstaltsaufnahmen (§ 35) und würde im Zweifelsfalle dem Ausschusse die Angelegenheit vortragen.

Immerhin soll der Ausschuß nicht unter allen Umständen, gegebenenfalls auch gegen seine bessere Überzeugung, die Ansichten seiner Regierung vertreten, auch er soll objektiv sein und, das ist grundsätzlich wichtig, ein allgemeines Vertrauen in dieser Hinsicht genießen. Zu diesem Zwecke gehört ihm ein Facharzt aus einem fremden Verwaltungsbezirke an und zwei Volksvertreter. Es ist also außer den früher angedeuteten noch eine dritte Möglichkeit einer Mehrheitsbildung vorhanden, wenn die drei von der betreffenden Regierung unabhängigen Mitglieder zusammenstimmen. Auch sonst ist seine Unabhängigkeit gewahrt durch die Möglichkeit, den Reichsausschuß anzurufen.

§ 72. Vor allem ist dieser Ausschuß zur Prüfung von Beschwerden da. Natürlich in erster Linie für die Beschwerden der Kranken in der seither schon vielfach üblichen Weise. Aber auch andere Personen sind zur Beschwerde berechtigt, § 59/I gilt hier sinngemäß in vollem Umfange, ebenso § 59/II. Dagegen nicht § 59/III: Die Verschwiegenheit über die Person des Beschwerdeführers. Ganz abgesehen davon, daß dies bei den meisten Einzelfällen, um die es sich hier doch wohl handeln dürfte, praktisch gar nicht durchgeführt werden könnte, wäre hier dadurch wirklich einer unschönen Denunziererei Tür und Tor geöffnet, wenn jener Grundsatz hier allgemeine Geltung haben sollte. Jeder Kläger muß also damit rechnen, daß er seine Anklage auch selbst vertreten muß.

Nur wenn besondere Fälle vorliegen, insbesondere wenn der Beschwerdeführer höchstwahrscheinlich großen Unannehmlichkeiten ausgesetzt sein würde oder in ähnlichen Fällen schon ausgesetzt war, und wenn sich die Sachlage leicht und ohne seine Mitwirkung objektiv nachprüfen läßt, oder wenn es der Ausschuß aus sonst irgendeinem Grunde für angebracht hält, kann er beschließen, in dem betreffenden Falle auch den § 59/III anzuwenden.

Bei Beschwerden von Kranken kommt dies selbstverständlich wohl kaum in Frage, wenigstens nicht den Ärzten gegenüber.

Auch § 61 gilt sinngemäß: Besichtigungsrecht usw. so weit gefaßt, wie man nur möge.

Nur eine Einschränkung dürfte aus praktischen Erwägungen nötig sein: § 72/IV, Zuziehung des verantwortlichen Arztes bei Vernehmungen von Pflegepersonal, einmal zu seiner Orientierung, dann aber auch um gegebenenfalls selbst sofort zu den Aussagen Stellung nehmen zu können. Letzten Endes ist der Arzt ja doch bei allen derartigen Beschwerden Angeklagter oder wenigstens Mitangeklagter und muß also auch das Recht haben, das die StPO. im entsprechenden Falle gewährt.

§ 73. Vielleicht ist es nicht ganz überflüssig, festzustellen, daß die Ärzte durch die Beschwerde eines Kranken von der Schweigepflicht des § 300 dem Ausschusse gegenüber entbunden sind, daß aber andererseits die nichtärztlichen Mitglieder desselben ihrerseits jetzt zur Verschwiegenheit verpflichtet sind, — die ärztlichen sind es selbstverständlich, — eine Besprechung solcher Fälle, die die Person des Kranken irgendwie kenntlich macht, etwa in den einzelnen Volksvertretungen ist nicht gestattet. Dagegen wäre ein Bericht an den Reichsausschuß selbstverständlich nicht „unbefugt".

§ 74 ist ein Gebot der Gerechtigkeit und nur eine Ergänzung zu § 73/III.

§ 75 bringt dann, genau umschrieben, die einzelnen Möglichkeiten der Entscheidung, wie sie bereits früher besprochen. Es dürfte wohl so ziemlich auf alle nur denkbaren Fälle Rücksicht genommen worden sein.

§ 76. Gegen diejenigen Entscheidungen, bei denen der Beschluß des Ausschusses selbst nur die Prüfung einer Frage durch eine andere Behörde anregt, und bei denen also gegen diese späteren Entscheidungen jeweils andere gesetzliche Rechtsmittel zur Verfügung stehen, ist eine Klage nicht vorgesehen. Wo aber der Ausschuß selbst entschieden hat, ist, ähnlich wie gegen den Einweisungsbeschluß der Fürsorge- [bzw. Polizei]behörde die Klage bei dem ordentlichen Gerichte zulässig.

§ 77. — Anrufung des Ausschusses ist gebührenfrei — eine Selbstverständlichkeit, doch vielleicht wiederum nicht überflüssig.

§ 78. Regelmäßige Besichtigung der Anstalten, auch ohne daß jeweils eine Beschwerde vorliegt, — ein Zugeständnis, das wir nicht fürchten.

§ 79 sichert den Zusammenhang mit dem Reichsausschusse, beide Ausschüsse sollen doch Hand in Hand arbeiten.

Teil VI endlich enthält die Strafbestimmungen. Über das Grundsätzliche war oben bereits gesprochen worden. Im einzelnen wäre vielleicht noch nachzutragen:

§§ 80 und 81 bestimmt die Haftbarkeit der Angehörigen bei Selbstmord, Selbstbeschädigung oder sonst irgend einer strafbaren Handlung des Kranken [1]).

§ 82 die zivilrechtliche Haftbarkeit für Schaden, den der Kranke anrichtet [2]). Die Unterscheidung von strafrechtlicher Verantwortlichkeit des Kranken und seiner Geschäftsfähigkeit war dabei wohl nötig.

§ 83 schützt ihn gegen Mißhandlung und körperliche Verwahrlosung,

§ 84 gegen psychischen Schaden, § 85 überhaupt gegen alle strafbaren Handlungen, § 86 berücksichtigt den besonders schweren Fall der Mißhandlung durch Pflegepersonal. § 87 schützt den Kranken vor vermögensrechtlicher Benachteiligung.

Die Rechtsprechung des Reichsgerichts ist hier unserer Auffassung nach zu milde. Die Entscheidung vom 26. XI. 07 z. B. verlangt nicht nur eine „große Einbuße", die der Geistesschwache bei einem Vertrage erlitten hat, sondern direkt ein „Ausbeuten der erkannten Geistesschwäche" des Vertragsgegners, damit der Vertrag gegen die guten Sitten verstoße (RG. II. 26. XI. 07, DRSp. 2 Entscheidung Nr. 6).

Ebenso sagt die Entscheidung (RG. V. 12. II. 08, DRSp. 583 Entscheidung 3218): „Die Ausbeutung der geistigen Minderwertigkeit und Beschränktheit eines Menschen zum Zwecke des Ankaufs seines Grundstückes für kaum ein Drittel des wahren Wertes verstößt gegen die guten Sitten" [3]). Desgleichen Entscheidung vom 19. X. 09 [4]). In solch schweren Fällen, wie sie das Reichsgericht hier voraussetzt, könnte ja wohl schon fast die Anfechtung wegen verminderter Geschäftsfähigkeit in Frage kommen.

---

[1]) Die Entscheidung des Kammergerichtes vom 23. XI. 08 (Psych.-neur. Wochenschr. Bd. 12 S. 28) dürfte hier wohl kaum für alle Fälle genügen.

[2]) Vgl. auch Hess. (Psych.-neurol. Wochenschr. Bd. 8, S. 325.)

[3]) *Voß* l. c. S. 14/15.

[4]) ebenda Bd. 12, S. 27.

Hier müßte ein wesentlich stärkerer Schutz eintreten, und zwar aus ethischen Erwägungen nicht nur zivilrechtlich, sondern auch strafrechtlich. Ob die hier vorgeschlagene Fassung zweckmäßig, mögen Fachleute entscheiden.

§ 88 zieht die „Süchtigen“ in den Kreis der hier Geschützten, falls nicht ein besonderes Gesetz diese ganzen Fragen einmal behandelt.

§§ 89 und 90 — die Sicherung des Beschwerderechtes u. ä. — sind wieder weitgehende Zugeständnisse, deren Folgen wir Ärzte jedenfalls nicht zu fürchten haben, und die im Strafmaße so drakonisch wie nur möglich ausfallen mögen.

§ 91 ist (ebenso wie zum Teil §§ 86 und 88) dem ungarischen Vorentwurfe entnommen, der Schutz gegen den sensationslüsternen Skribifax und Schmock, ein Paragraph, der äußerst segensreich wirken müßte, und von dem man nur bedauern könnte, daß er nicht schon zu den Zeiten des Alexianerprozesses in unserem Strafrecht vorhanden war.

§ 92. Das Eingreifen der Staatsanwaltschaft ex officio, nicht erst bei Antrag, soll die Waffe dieser Paragraphen noch verschärfen.

§ 93 wird ja wohl überflüssig werden, denn wenn einmal ein derartiges oder ähnliches Gesetz bei uns Rechtskraft erhalten sollte, so wird dies wahrscheinlich erst sein, wenn unser neues Strafgesetz schon lange Jahre in Kraft ist. Wir geben uns, wie schon mehrfach betont, in diesem Punkte durchaus keiner Selbsttäuschung hin.

Zu allem müßte dann natürlich noch ein Einführungsgesetz kommen, das etwa bestimmte, daß innerhalb einer bestimmten Frist — von etwa 6 Monaten — alle seither bestehenden Gesetze oder Verordnungen, die mit diesem Gesetz in Widerspruch stehen, aufzuheben und die hier geforderten Ausschüsse usw. zu bilden seien. Doch wäre dies alles natürlich cura posterior.

Noch manches könnte über die ganze Frage der Irrengesetzgebung in Deutschland gesagt werden, doch möge das bis jetzt hier Ausgeführte genügen; möge es hoffentlich vor allem genügen, unsere Vorschläge wenigstens vor den gröbsten Mißdeutungen und Mißverständnissen zu schützen.

Wir wollten jedenfalls nicht nur negativ kritisieren, sondern auch positiv einen Weg zur Lösung aller dieser Fragen vorschlagen.

Viele der früheren Vorschläge und auch manche der wirklich zustandegekommenen Gesetze und Verordnungen kranken an einem weltfremden, theoretisch-pedantischen Bureaukratismus, man merkt es ihnen deutlich an, daß sie von einem „Verwaltungsjuristen“ am grünen Tisch s. v. v. „ausgebrütet“ wurden, jedenfalls von einem, der mit dem praktischen ärztlichen Betriebe des Heilanstaltswesens recht wenig vertraut war. Auch einen solchen oder ähnlichen Vorwurf wird man dem Entwurfe hoffentlich nicht machen können, er gründet sich auf eine bald 23 jährige praktische Erfahrung und hat sich bemüht, auf das wirkliche Leben Rücksicht zu nehmen, auf das, was wirklich vorkommt und was der Anstaltsbetrieb erfordert, das aber folgerichtig bis zum letzten durchgeführt. Es ist ein hohes Ziel, das er sich steckt, und er bemüht sich, nie kleinlich zu werden, sondern stets eine große Linie einzuhalten — möge es ihm gelungen sein. —

IX. Entwurf.

Fürsorgegesetz für psychisch Erkrankte.

I. Allgemeine Bestimmungen.

§ 1. Jedem psychisch Erkrankten soll in Deutschland diejenige Fürsorge, Behandlung und Pflege zuteil werden, die die Menschlichkeit erfordert, und die der jeweilige Stand der Wissenschaft ermöglicht.

§ 2. Ob im einzelnen Falle eine psychische Erkrankung im Sinne dieses Gesetzes vorliegt, kann endgültig nur ein in Deutschland approbierter Arzt entscheiden, der eine genügende fachärztliche Vorbildung besitzt.

Die Frage der Heilbarkeit sowie Ursache, Art, der Grad und die Dauer der Erkrankung sind dabei unwesentlich.

§ 3. Die Fürsorge für psychisch Erkrankte, insbesondere auch die Pflicht zur Errichtung und Unterhaltung von öffentlichen Heilanstalten aller Art verbleibt denjenigen Behörden, denen diese Aufgabe zu dem Zeitpunkte obliegt, an dem dieses Gesetz in Kraft tritt.

§ 4. Die Behandlung und Pflege psychisch Erkrankter kann stattfinden in öffentlichen (staatlichen oder kommunalen) oder in privaten Heilanstalten, in der eigenen Familie des Erkrankten oder in einer fremden Familie oder in der staatlichen Familienpflege.

Die Entscheidung darüber, welche Art der Pflege im einzelnen Falle angebracht ist, bleibt zunächst den zur Fürsorge für den Kranken verpflichteten Personen oder Behörden überlassen; bei Beschwerden über die Art der Unterbringung entscheidet der zuständige örtliche Überwachungsausschuß (§ 67 ff.).

§ 5. Als Heilanstalt für psychisch Erkrankte („Heilanstalt") im Sinne dieses Gesetzes gilt jedes Krankenhaus, das psychisch Erkrankte aufnimmt und im allgemeinen mehr als 5 Betten zu diesem Zwecke zu verwenden pflegt.

Es ist dabei gleichgültig, welche amtliche Bezeichnung oder welchen Namen dieses Krankenhaus führt (wie etwa: psychiatrische und Nervenklinik, Nervenabteilung, Irrenanstalt, Heil- und Pflegeanstalt, Staatskrankenanstalt, Stadtasyl, Aufnahmeabteilung, Trinkerheilanstalt, Adnexabteilung, Heilerziehungsanstalt, Nervensanatorium, Idioten- oder Schwachsinnigenanstalt, Psychopathenerziehungsheim u. ä.).

Einzelne Krankenabteilungen für psychisch Erkrankte innerhalb allgemeiner Krankenhäuser, in Altersheimen, Stiften, Erziehungs- oder Strafanstalten oder in sonstigen öffentlichen oder privaten Wohlfahrtseinrichtungen sind hier Heilanstalten gleich zu erachten.

§ 6. Öffentliche Krankenhäuser sind solche, die aus staatlichen oder kommunalen Mitteln unterhalten werden und in dem Haushaltungsplane einer Behörde enthalten sind.

Private Krankenhäuser sind solche, die aus Mitteln einer Privatperson oder einer juristischen Person (insbesondere auch einer Stiftung, eines geistlichen Ordens, einer Krankenkasse u. ä.) unterhalten werden, ohne Rücksicht darauf, ob ein Erwerbszweck vorhanden ist oder nicht.

§ 7. In jeder Heilanstalt für psychisch Erkrankte muß wenigstens ein in Deutschland approbierter, fachärztlich ausgebildeter Arzt in selbständiger und verantwortlicher Stellung tätig sein, bei größerer Krankenzahl entsprechend mehr Ärzte, ferner das erforderliche fachlich ausgebildete Pflegepersonal.

Ist das Krankenhaus ganz oder überwiegend zur Behandlung und Pflege psychisch Erkrankter bestimmt, so hat die alleinige Oberleitung in Händen eines erfahrenen Facharztes zu liegen.

Ausnahmen hiervon sind nur mit Zustimmung des zuständigen Reichsausschusses zulässig, die nur widerruflich erteilt werden kann.

Wieviel ausgebildete Fachärzte, wieviel Hilfsärzte und wieviel Pflegepersonal — alles entsprechend der Zahl der jeweils verpflegten Kranken — im einzelnen Falle vorhanden sein müssen, besagen die Richtlinien, die der zuständige Reichsausschuß gem. § 58 dieses Gesetzes aufstellt.

§ 8. Jede Heilanstalt muß in baulicher und technischer sowie in organisatorischer Hinsicht so eingerichtet sein bzw. so betrieben werden, wie es die Art der jeweils dort verpflegten Kranken erfordert. Richtlinien hierüber stellt ebenfalls der zuständige Reichsausschuß auf und überwacht deren Durchführung.

§ 9. In allen Krankenhäusern, die nicht als Heilanstalten im Sinne dieses Gesetzes gelten, sowie in Heilanstalten, die nicht den Vorschriften der §§ 7 und 8 dieses Gesetzes genügen, dürfen psychisch Erkrankte nur vorübergehend, d. h. jeder einzelne Kranke nicht länger als dreimal 24 Stunden und nicht häufiger als einmal im Monat verpflegt werden.

Die Überführung der Kranken in eine vollwertige Heilanstalt ist rechtzeitig in die Wege zu leiten.

§ 10. Die Zahl und die Größe der öffentlichen Heilanstalten muß den durch die Sachlage gebotenen Anforderungen entsprechen. Wenn es sich als nötig erweist, müssen unter Berücksichtigung der Bestimmungen des § 8 Erweiterungen der bestehenden Anstalten oder Neubauten rechtzeitig vorbereitet, begonnen, fertiggestellt und in Betrieb genommen, und es muß das erforderliche ärztliche und Pflegepersonal bereitgestellt werden.

§ 11. Die Bedingungen, unter denen eine private Heilanstalt errichtet werden darf und geführt werden muß, können, soweit sie nicht durch dieses Gesetz und durch die Gewerbeordnung festgelegt sind, durch besondere ergänzende Verordnungen innerhalb der einzelnen Länder geregelt werden.

§ 12. Die Pflege eines psychisch Erkrankten in seiner eigenen oder in einer fremden Familie steht ganz allgemein unter der Aufsicht des jeweiligen örtlichen Überwachungsausschusses.

Befinden sich in einer Familie mehr als drei psychisch Erkrankte in Pflege, die nicht mit dem Familienoberhaupte verwandt sind, so gilt dies als Privatanstalt.

§ 13. Die staatlich eingerichtete Familienpflege steht unter der Leitung der für den betreffenden Bezirk zuständigen öffentlichen Heilanstalt. Einzelheiten können, soweit sie nicht durch dieses Gesetz festgelegt sind, durch besondere Verordnungen innerhalb der einzelnen Länder geregelt werden.

§ 14. Jede Beschränkung der persönlichen Freiheit eines psychisch Erkrankten und alle ähnlichen Eingriffe, wie etwa die Beaufsichtigung seines Briefverkehrs u. a. m., die nach pflichtgemäßem Ermessen eines gewissenhaften Arztes zweckmäßig oder notwendig erscheinen zur Heilung oder Pflege eines solchen Kranken, gelten als „Behandlungsweise" im Sinne des § 238 des (neuen) Strafgesetzbuch(es)(entwurfes) und sind nicht als widerrechtliche Freiheitsberaubung anzusehen.

II. Aufnahme eines psychisch Erkrankten in eine öffentliche oder private Heilanstalt oder in die staatliche Familienpflege.

A.

Aufnahme in eine öffentliche Heilanstalt ohne Mitwirkung einer Behörde.

§ 15. Die Aufnahme eines psychisch Erkrankten in eine öffentliche Heilanstalt ohne Mitwirkung einer Behörde kann sein:

a) die freiwillige,

b) die regelrechte,

c) die dringliche Aufnahme.

Über die Zulässigkeit jeder Aufnahme dieser Art entscheidet der leitende Arzt der betreffenden Heilanstalt.

§ 16. Zur freiwilligen Aufnahme ist erforderlich:

a) ein Nachweis über die Person des Kranken;

b) ein Zeugnis eines in Deutschland approbierten Arztes, daß die Aufnahme in die betreffende Heilanstalt zweckmäßig ist; dieses Zeugnis kann auch von einem Arzte der Heilanstalt selbst ausgestellt werden;

c) eine von dem Kranken selbst zu unterschreibende Erklärung, daß er mit der Aufnahme einverstanden ist.

Voraussetzung für die freiwillige Aufnahme ist die Vermutung, daß der Kranke in bezug auf diese Erklärung geschäftsfähig ist; im Zweifelfalle entscheidet der leitende Arzt der betreffenden Heilanstalt.

§ 17. Zur regelrechten Aufnahme ist erforderlich:

a) ein Nachweis über die Person des Kranken;

b) ein Zeugnis eines in Deutschland approbierten Arztes, daß eine psychische Erkrankung vorhanden, und daß die Aufnahme in eine Heilanstalt zur Behandlung der hier vorliegenden Krankheitserscheinungen notwendig ist; dieses Zeugnis muß weiterhin enthalten die Angaben zur Vorgeschichte, die der Arzt von Angehörigen des Kranken oder anderen Personen erhalten hat, ferner — erkennbar getrennt davon — die Angaben, die von dem Kranken selbst stammen, sowie der übrige Befund der persönlichen Untersuchung des Arztes und die Angabe, wann, wo und auf wessen Veranlassung diese Untersuchung vorgenommen wurde; außerdem müssen die wichtigsten Erscheinungen der Krankheit genannt sein; eine besondere klinische Diagnose ist nicht erforderlich.

Das Zeugnis darf nicht später als 8 Tage nach der letzten persönlichen Untersuchung ausgestellt sein, die Aufnahme darf nicht später als 8 Tage nach der Ausstellung des Zeugnisses erfolgen.

Abgesehen von Fällen des § 42 oder 51 dieses Gesetzes oder bei der Wiederaufnahme eines Kranken soll tunlichst das Zeugnis nicht von einem Arzte der betreffenden Heilanstalt ausgestellt werden. Geschieht dies dennoch, so ist so zu verfahren, als ob es sich um eine Aufnahme in eine private Heilanstalt gehandelt hätte (§ 35).

c) Erforderlich ist weiterhin eine schriftliche Zustimmungserklärung der gesetzlichen Vertreter des Kranken bzw. derjenigen Personen oder Dienststellen, denen die Fürsorge für die Person des Kranken zusteht.

§ 18. Zur dringlichen Aufnahme ist erforderlich:

a) Ein Zeugnis eines in Deutschland approbierten Arztes, daß eine psychische Erkrankung vorhanden und daß die Aufnahme infolge der hier vorliegenden Krankheitserscheinungen dringend notwendig ist.

Dieses Zeugnis muß wenigstens den Befund der persönlichen Untersuchung enthalten und die wichtigsten Erscheinungen der Krankheit nennen; im übrigen soll es, soweit es der Sachlage nach möglich ist, den Anforderungen des § 17 b entsprechen.

Das Zeugnis kann auch von einem Arzte der Heilanstalt selbst ausgestellt werden.

b) Der Nachweis über die Person des Kranken (§ 17 a) und die schriftliche Zustimmung der gesetzlichen Vertreter usw. (§ 17 c) sollen tunlichst innerhalb dreimal 24 Stunden nach der Aufnahme beschafft werden.

Voraussetzung zur dringlichen Aufnahme ist, daß die wenigstens vorübergehend geminderte oder aufgehobene Geschäftsfähigkeit des Kranken nachgewiesen oder glaubhaft vermutet wird; im Zweifelfalle entscheidet der leitende Arzt der betreffenden Heilanstalt.

B.

Aufnahme in eine öffentliche Heilanstalt auf Anordnung einer Behörde.

§ 19. Die Aufnahme eines Kranken in eine öffentliche Heilanstalt auf Anordnung einer Behörde kann stattfinden:

a) Zur Beobachtung auf den Geisteszustand gemäß § 81

StPO., § 656 ZPO. und sinngemäß anderer entsprechender Paragraphen rechtsgültiger Gesetze.

b) Zur *Verwahrung* gemäß § ◆ des (neuen) Strafgesetzbuches.

§ 20. Weiterhin kann die zuständige [*Polizeibehörde* oder die] [1]) *Fürsorgebehörde* aus eigener Entschließung oder auf Antrag einer gemäß § 24 und 25 hierzu berechtigten Behörde oder Person die Unterbringung eines psychisch Erkrankten zu seiner Behandlung, Pflege und Beaufsichtigung in einer öffentlichen Heilanstalt anordnen,

a) wenn der Kranke sich selbst nach dem Leben trachtet oder wenn seine Beaufsichtigung zur Abwehr einer Selbstbeschädigung notwendig erscheint,

b) wenn er infolge seiner psychischen Erkrankung die öffentliche Ruhe, Sicherheit und Sittlichkeit, die Ehre, die Gesundheit oder das Eigentum eines anderen oder anderer in solchem Grade gefährdet, daß er mit Rücksicht auf die Allgemeinheit in besonderer Obhut und Aufsicht gehalten werden muß.

§ 21. Ebenso kann die *Fürsorgebehörde* die Aufnahme eines Kranken anordnen,

a) wenn er ohne Aufsicht, Schutz, leibliche Versorgung und fachärztlichen Beistand zu verwahrlosen droht oder gefährdet sein würde,

b) wenn von ihm widerrechtliche Maßnahmen zu erwarten sind, die ihm einen körperlichen, wirtschaftlichen oder sozialen Nachteil zu bringen vermögen.

§ 22. Ebenso kann die *Fürsorgebehörde* die Aufnahme einer Person in einer öffentlichen Heilanstalt zur *Beobachtung auf den Geisteszustand* anordnen.

Erforderlich ist hierzu

a) ein Nachweis über die Person des zu Untersuchenden;

b) ein Zeugnis eines in Deutschland approbierten [oder: eines beamteten] [1]) Arztes, daß die Aufnahme zur Beobachtung auf den Geisteszustand notwendig oder zweckmäßig sei; im übrigen muß dieses Zeugnis den Anforderungen des § 17 b entsprechen.

Die Beobachtung darf die Dauer von 6 Wochen nicht überschreiten.

§ 23. Zuständig für die Entscheidung gemäß § 20—22 sind diejenigen [Polizei- bzw.] [1]) Fürsorgebehörden, in deren Dienst-

---

[1]) Dies sei unverbindlich zur Erörterung gestellt.

bereich der Unterzubringende sich aufhält oder in letzter Zeit sich aufgehalten hat.

§ 24. Berechtigt zur Stellung eines Antrages gemäß §§ 20—22 sind folgende Behörden und Stellen:

a) die mit der Fürsorge für hilfsbedürftige Personen betrauten öffentlichen Fürsorgebehörden und die dazu befugten privaten Wohlfahrtseinrichtungen;
b) bei Fürsorgezöglingen die zuständigen Behörden (Jugendämter u. ä.);
c) bei aktiven Militärpersonen die vorgesetzte Militärbehörde;
d) bei allen staatlichen und kommunalen Beamten und Angestellten die vorgesetzten Behörden.

§ 25. Berechtigt zur Stellung eines solchen Antrages sind weiterhin folgende Personen:

a) bei Minderjährigen sowie bei Kranken, die unter Vormundschaft oder vorläufiger Vormundschaft oder unter Pflegschaft für die Person stehen, die gesetzlichen Vertreter;
b) bei allen übrigen Personen die direkten Angehörigen oder diejenigen, denen die Fürsorge für die Person des Kranken zusteht,
c) alle anderen Personen, die ein berechtigtes Interesse glaubhaft nachweisen können.

§ 26. In den Fällen der §§ 20—22 prüft die Behörde vor ihrer Entscheidung die Sachlage, möglichst unter persönlicher Vernehmung des Unterzubringenden, unter Berücksichtigung der angebotenen Beweismittel, gegebenenfalls unter Vernehmung der benannten Zeugen; ein beamteter, sachverständiger Arzt muß gutachtlich gehört werden.

Falls Dringlichkeit vorliegt, oder wenn die persönliche Vernehmung des Unterzubringenden nach dem Zeugnisse eines sachverständigen Arztes für den Zustand des Kranken schädlich sein könnte, darf auch kurzer Hand entschieden werden.

Die Entscheidung ist gegebenenfalls der Heilanstalt, jedenfalls aber dem Kranken selbst sowie der beantragenden Dienststelle oder Person zuzustellen nebst Belehrung über die Rechtsmittel.

§ 27. Alle Mitglieder und Hilfskräfte der betreffenden Behörden gelten in diesem Verfahren als „Gehilfen des Arztes“ im Sinne des § 300 StGB.

§ 28. Gegen jede Entscheidung gemäß § 20—22 ist innerhalb von 14 Tagen Klage bei dem zuständigen Amtsgerichte zulässig. Die Frist läuft vom Tage der Zustellung des Beschlusses. Berechtigt zur Klage ist der Unterzubringende selbst und die in §§ 24 und 25 genannten Behörden und Personen, in den Fällen der §§ 44/I, 48, 50, 51 auch die Direktion der betreffenden öffentlichen Heilanstalt. Die Klage ist zu richten auf Herbeiführung oder Aufhebung eines Beschlusses nach §§ 20—22. Gegen die Entscheidung des Gerichts steht der übliche Rechtsweg offen.

Die Klage und etwaige weitere Rechtsmittel haben keine aufschiebende Wirkung bezüglich der Verbringung in eine öffentliche Heilanstalt.

Bei der Berufung an die ordentlichen Gerichte regeln sich die Kosten nach den dort geltenden Bestimmungen. Im Zweifelfalle ist das Armenrecht zu gewähren.

§ 29. Das Verfahren im Falle des § 28 ist nicht öffentlich, doch kann das Gericht auf Antrag Öffentlichkeit beschließen. Berufung gegen diesen Beschluß ist zulässig und muß zunächst entschieden werden.

§ 30. Psychisch erkrankte Untersuchungs- oder Strafgefangene können durch den Leiter des betreffenden Untersuchungsgefängnisses bzw. der Strafanstalt auf einfaches Zeugnis des betreffenden Strafanstaltsarztes in jede öffentliche Heilanstalt oder auf die Krankenabteilung (Adnexabteilung) der betreffenden Strafanstalt verlegt werden.

§ 31. Die Regelung der Kostendeckung für die Verpflegung eines Kranken in einer öffentlichen Heilanstalt bleibt besonderen verwaltungsrechtlichen Verfügungen überlassen. Doch darf die Tatsache, daß die Frage der Zahlungsverpflichtung im einzelnen Falle vielleicht noch nicht geklärt ist, nie die Aufnahme eines Kranken in eine öffentliche Heilanstalt verzögern oder verhindern.

Im Zweifelfalle hat die für das Gebiet der Heilanstalt zuständige Fürsorgebehörde zunächst die Kosten zu übernehmen.

§ 32. Die Überführung eines Kranken in eine öffentliche Heilanstalt hat unter Berücksichtigung der Grundsätze des § 1 dieses Gesetzes zu erfolgen. Personal der betr. Heilanstalt darf dazu nicht verwandt werden.

C.

Die Aufnahme in private Heilanstalten und in die staatliche Familienpflege.

§ 33. Aufnahmen in private Heilanstalten sind nur unter den Voraussetzungen der §§ 16—18 möglich. Bei regelrechten Aufnahmen kann jedoch ein Arzt der betreffenden privaten Heilanstalt das Zeugnis nicht ausstellen.

Über die Zulässigkeit der Aufnahme entscheidet zunächst der leitende Arzt der betreffenden Heilanstalt.

§ 34. Bei Verlegungen aus einer öffentlichen Heilanstalt ist nach §§ 16 oder 17 sinngemäß zu verfahren.

§ 35. Innerhalb 24 Stunden nach jeder Aufnahme ist unter Beifügung der Aufnahmepapiere und eines kurzen ärztlichen Berichtes Meldung zu erstatten an das ständige ärztliche Mitglied des zuständigen örtlichen Überwachungsausschusses (§ 69b). Dieser Arzt hat, sofern er es für notwendig hält, eine nähere Prüfung des Sachverhaltes und eine persönliche Untersuchung des betr. Kranken vorzunehmen und darüber an den Überwachungsausschuß zu berichten.

§ 36. Für die Überführung eines Kranken in eine private Heilanstalt gelten sinngemäß die Bestimmungen des § 32.

§ 37. Die Verpflegung eines Kranken in der staatlichen Familienpflege ist nur zulässig, wenn eine Aufnahme oder wenigstens eine Beobachtung gemäß § 22 in einer öffentlichen Heilanstalt vorausgegangen war. Eine Versetzung in die staatliche Familienpflege erfolgt dann ohne weitere Förmlichkeit durch den leitenden Arzt der betr. Heilanstalt nach dessen eigenem Ermessen, ebenso, wenn erforderlich, die Rückversetzung in die Heilanstalt.

Weitere Einzelheiten bleiben besonderen Verordnungen überlassen.

III. Die Behandlung und Verpflegung in der Heilanstalt.

§ 38. Die Behandlung und Verpflegung in jeder öffentlichen und privaten Heilanstalt und in der staatlichen Familienpflege geschieht auf Grund besonderer Verordnungen und Dienstanweisungen, die dem Sinne des § 1 dieses Gesetzes entsprechen und von dem zuständigen örtlichen Überwachungsausschusse genehmigt sein müssen.

§ 39. Von jeder Aufnahme, die auf Grund der §§ 19—22 und 30 erfolgt, ist der einweisenden Behörde Mitteilung zu machen. Andere Meldungen als diese und die in § 35 genannten, insbesondere also solche an die Heimat-, die Polizei-, die Fürsorgebehörde oder die zuständige Staatsanwaltschaft finden nicht statt.

§ 40. Kranke, die nach §§ 19 b, 20 und 30 in eine öffentliche Heilanstalt aufgenommen wurden, oder solche, gegen die ein Haftbefehl vorliegt, sind unter entsprechenden Vorsichtsmaßregeln unterzubringen.

§ 41. Ebenso wie die Angehörigen eines Kranken hat der leitende Arzt einer öffentlichen oder privaten Heilanstalt das Recht, wenn er es für zweckmäßig oder erforderlich hält, bei jedem unter seiner Obhut stehenden Kranken die Einleitung eines Entmündigungsverfahrens, die Errichtung einer vorläufigen Vormundschaft oder einer Pflegschaft an zuständiger Stelle zu beantragen, ebenso gegebenenfalls auch die Wiederaufhebung einer Entmündigung.

IV. Entlassung und Beurlaubung.

§ 42. Die Entlassung der nach § 16 aufgenommenen Kranken hat zu erfolgen, wenn die Kranken selbst es verlangen.

Ist die Voraussetzung der Geschäftsfähigkeit nicht mehr gegeben oder stellt sich während der Behandlung heraus, daß sie irrtümlich angenommen worden war, so ist rechtzeitig die regelrechte Aufnahme nach § 17 in die Wege zu leiten oder gegebenenfalls die Aufnahme nach §§ 20—22 zu beantragen.

§ 43. Die Entlassung der nach §§ 17 und 18 aufgenommenen Kranken steht im Ermessen des leitenden Arztes.

Im allgemeinen soll jedenfalls eine Entlassung erfolgen, wenn der Zustand des Kranken nicht mehr derartig ist, daß eine Anstaltsbehandlung weiterhin nötig erscheint, und der Kranke selbst oder seine Angehörigen bzw. gesetzlichen Vertreter es verlangen.

§ 44. Verlangt ein Kranker, der nach §§ 17—18 aufgenommen ist, oder verlangen seine gesetzlichen Vertreter usw. die Entlassung, hat sich aber im Laufe der Behandlung herausgestellt, daß die Voraussetzungen des §§ 20 oder 21 vorliegen, so hat der leitende Arzt sofort einen diesbezüglichen Antrag zu stellen und bis zur Erledigung desselben die Entlassung zu verweigern.

Liegen diese Voraussetzungen zwar nicht vor, hegt der leitende Arzt aber trotzdem gewisse Bedenken, so kann er die Entlassung des Kranken abhängig machen von der Unterzeichnung einer Erklärung durch die Angehörigen usw. des Inhaltes, daß sie auf die ärztlichen Bedenken und auf die Bestimmungen der §§ 80 und 81 dieses Gesetzes aufmerksam gemacht worden seien und alle Verantwortung für etwaige schädliche Folgen auf sich nähmen.

§ 45. Ein Kranker ist zu entlassen, wenn ein dementsprechendes rechtskräftiges Urteil gemäß § 28 oder eine Entscheidung des Überwachungsausschusses gemäß § 75 c vorliegt und dagegen keine

Klage nach § 76 erhoben oder sonst ein zulässiges Rechtsmittel ordnungsgemäß eingelegt worden ist.

§ 46. An Stelle der Entlassung kann nach dem Ermessen des leitenden Arztes auch eine Beurlaubung bis zu 3 Monaten oder eine versuchsweise Entlassung bis zu 2 Jahren treten. Beurlaubte und versuchsweise entlassene Kranke können jederzeit ohne weitere Förmlichkeit wieder aufgenommen werden. In den Entlassungspapieren des Kranken ist die versuchsweise Entlassung nicht als solche zu kennzeichnen.

§ 47. Die Angehörigen usw. eines beurlaubten Kranken haben die Direktion der Heilanstalt über den jeweiligen Aufenthaltsort des Kranken auf dem laufenden zu halten und monatlich über den Zustand des Kranken einen kurzen mündlichen oder schriftlichen Bericht an den behandelnden Arzt zu erstatten. Die Direktion ist berechtigt, außerdem durch den Arzt der Familienpflege desjenigen Bezirks, in dem sich der Kranke aufhält, einen sachverständigen Bericht einzuholen bzw. durch Vermittlung der Direktion der dortigen Anstalt einholen zu lassen.

§ 48. Kranke, die sich nach § 19 a in der Heilanstalt befinden, sind nach Ablauf der gesetzlichen Beobachtungsfrist zu entlassen, sofern nicht rechtzeitig auf Grund der Beobachtung von dem leitenden Arzte ein Antrag gem. §§ 20 oder 21 gestellt worden war. Bis zur Entscheidung über diesen Antrag verbleibt der Kranke noch in der Heilanstalt.

§ 49. Kranke, die sich nach § 19 b, nach den §§ 20, 21 oder 30 in der Heilanstalt befinden, können nur mit Zustimmung der einweisenden Behörde entlassen werden, falls nicht § 45 zutrifft.

§ 50. Einen Antrag auf Wiederaufhebung des Einweisungsbeschlusses nach §§ 20 und 21 können alle in den §§ 24 und 25 genannten Behörden und Personen, aber auch der Kranke selbst und der leitende Arzt der Anstalt stellen.

Gegen die Entscheidung ist Klage gem. § 28 zulässig.

Im Falle der Ablehnung und nach Erschöpfung der Rechtsmittel kann der Antrag nur nach 6 Monaten wiederholt werden, es sei denn, daß der leitende Arzt der Heilanstalt es befürwortet oder selbst den Antrag stellt.

§ 51. Kranke, die sich nach § 22 in der Heilanstalt befinden, sind nach Ablauf der Beobachtungsfrist zu entlassen, falls nicht vorher eine Aufnahme nach §§ 16, 17, 19, 20 oder 21 stattgefunden hat.

V.
Überwachung und Beschwerde.

§ 52. Um die sachgemäße Durchführung der Bestimmungen dieses Gesetzes sicherzustellen, werden folgende Körperschaften errichtet:

a) Der Gesamt-Reichsausschuß („Gesamtausschuß")
b) Die einzelnen Reichsausschüsse
c) Die örtlichen Überwachungs- und Beschwerdeausschüsse. („Überwachungsausschuß".)

A. Der Gesamtausschuß.

§ 53. Der Gesamtausschuß ist die höchste sachliche Instanz in allen grundsätzlichen Fragen der Pflege und Behandlung psychisch Erkrankter und in allen strittigen Fragen, die sich bei der Durchführung oder in der Auslegung dieses Gesetzes ergeben.

Er besteht aus der Gesamtheit aller Reichsausschüsse und tritt zusammen, wenn wenigstens ein Reichsausschuß es beantragt. Sein Sitz ist an dem Orte, an dem sich das Reichsgericht befindet.

Er wählt sich seinen Vorsitzenden selbst und gibt sich seine Geschäftsordung; jedoch ist zu jedem seiner Beschlüsse die Zustimmung von wenigstens der Hälfte der ihm angehörenden fachärztlichen Mitglieder (§ 55 a) erforderlich.

B. Reichsausschüsse.

§ 54. Es wird zunächst für die 6[1]) unten genannten Gebiete je ein Reichsausschuß gebildet.

Das Reichsministerium des Innern kann, wenn erforderlich, die Zahl der Reichsausschüsse vermehren und die dazu nötigen Stellen in seinen Haushaltungsplan einstellen, ebenso kann es unter Zustimmung oder auf Antrag des Gesamtausschusses den Wirkungsbereich der einzelnen Reichsausschüsse anders umgrenzen.

Reichsausschüsse werden zunächst gebildet für[1]):

a) Ostpreußen, Pommern, Brandenburg, Berlin (Sitz in Berlin).
b) Schlesien, Provinz Sachsen, Freistaat Sachsen, Anhalt-Bernburg und Thüringen (Sitz in Leipzig).
c) Schleswig-Holstein, Hannover, Mecklenburg, Oldenburg, Braunschweig und die Hansestädte (Sitz in Hamburg).
d) Rheinland, Westfalen, Hessen-Nassau, Lippe und Waldeck (Sitz in Köln)[1]).

---

[1]) Vgl. Anm. S. 219.

e) Württemberg, Baden, Hessen (Sitz in Stuttgart).

f) Bayern (Sitz in München).

§ 55. Jeder Reichsausschuß besteht aus folgenden Mitgliedern:

a) einem hauptamtlich tätigen, erfahrenen Facharzte für psychische Erkrankungen als Vorsitzender.

Er wird von der Reichsregierung ernannt und als Reichsbeamter in gehobener Gehalts- (Sonder-) Gruppe festangestellt. Er hat das richterliche Recht der Unabsetzbarkeit.

Er muß vor seiner Ernennung wenigstens 10 Jahre als Leiter von öffentlichen Heilanstalten oder als Ordinarius für Psychiatrie an deutschen Hochschulen tätig gewesen sein. Die Ausübung von Privatpraxis ist ihm nicht gestattet.

b) einem Mitglied des Reichsgerichts als Beisitzer. Er wird von der Reichsregierung auf 5 Jahre ernannt, Wiederernennung ist zulässig; er übt seine Tätigkeit nebenamtlich aus, er ist dafür in entsprechender Weise bezügl. seines übrigen Dienstes zu entlasten;

c) einem Mitglied einer aus allgemeinen Wahlen hervorgegangenen Volksvertretung als Beisitzer. Er wird von dem Landtage bzw. der Volksvertretung eines der betr. Länder für die Dauer der Wahlperiode aus ihren Reihen gewählt und übt seine Tätigkeit ehrenamtlich aus.

Gehören mehrere Länder zu dem Bereiche eines Reichsausschusses, so stellen die Volksvertretungen dieser Länder abwechselnd diesen Beisitzer. Die einzelnen preußischen Provinzen zählen in dieser Reihenfolge als Länder.

§ 56. Der Vorsitzende jedes Reichsausschusses führt die laufenden Geschäfte und beruft den Reichsausschuß nach Bedarf, wenigstens aber einmal monatlich.

Die erforderlichen Räumlichkeiten und das nötige Hilfspersonal sind ihm zur Verfügung zu stellen.

Der Reichsausschuß gehört zum Haushaltungsplane des Ministeriums des Innern.

§ 57. Der Reichsausschuß hat für seinen Wirkungsbereich die Durchführung der Bestimmungen dieses Gesetzes zu überwachen hinsichtlich aller grundsätzlichen Fragen. Solche sind unter anderem: die in §§ 1, 5, 7 bis 10 dieses Gesetzes niedergelegten Bestimmungen, ferner der ganze dienstliche Betrieb der öffentlichen und privaten Heilanstalten, insbes. auch die Gestaltung der Dienstanweisungen für das ärztliche und Pflegepersonal, die dienstliche, soziale und wirtschaftliche Stellung der Ärzte und des Pflegepersonals der Heilanstalten, die Vermeidung veralteter Behandlungsweisen, die Einrichtung und den Ausbau der Familienpflege u. a. m. Die Entscheidung darüber, ob es sich im Einzelfalle um eine grundsätzliche Frage handelt, trifft der Ausschuß selbst.

Ferner obliegt ihm die Einführung, Durchführung und Verarbeitung einer zweckentsprechenden Statistik für alle einschlägigen Fragen.

§ 58. Jeder Reichsausschuß stellt zur Durchführung der grundsätzlichen Fragen Richtlinien auf und kann diese dem jeweiligen Stande der Wissenschaft entsprechend ändern.

Die Einheitlichkeit der Richtlinien aller Reichsausschüsse ist anzustreben unter Mitwirkung des Gesamtausschusses.

Die Grundlagen der Statistik sind einheitlich zu gestalten.

§ 59. Jeder in Deutschland approbierte Arzt, jeder Beamte oder Angestellte einer öffentlichen oder privaten Heilanstalt, jede diesbezügliche Standesorganisation, jeder psychisch Erkrankte sowie seine gesetzlichen Vertreter und Angehörigen, ferner jeder, der ein berechtigtes Interesse nachzuweisen vermag, ist befugt, sich beschwerdeführend an den zuständigen Reichsausschuß zu wenden, wenn er glaubt, daß in einer grundsätzlichen Frage den Bestimmungen oder dem Geiste dieses Gesetzes zuwidergehandelt werde. —

Jede dienstliche Anordnung, die eine solche Beschwerde verbietet oder erschwert, ist ungültig.

Über die Person des Beschwerdeführers ist Amtsverschwiegenheit zu bewahren, insbesondere denjenigen Personen oder Dienststellen gegenüber, gegen die sich die Beschwerde richtet.

§ 60. Alle Beschwerden, die sich auf einzelne Fälle oder auf einzelne Vorkommnisse beziehen, übergibt der Reichsausschuß zur weiteren Erledigung dem zuständigen örtlichen Überwachungsausschuß (§ 67 ff.). Hat die betr. Angelegenheit jedoch zugleich auch grundsätzliche Bedeutung, so hat sich der Reichsausschuß nach oder neben der Erledigung des Einzelfalles auch seinerseits mit der Frage befassen.

§ 61. Der Reichsausschuß hat das Recht, nach eigenem Ermessen unangemeldet alle zu seinem Bezirk gehörenden öffentlichen und privaten Heilanstalten und Krankenhäuser zu besichtigen, ebenso alle Stellen, an denen psychisch Erkrankte, oder Kranke, bei denen die Vermutung einer psychischen Erkrankung besteht, sich in Pflege befinden; er hat das Recht über alles Auskunft zu verlangen, alle Akten einzusehen, alle Räume zu betreten, alle Kranken persönlich zu untersuchen, sowie Zeugen zu vernehmen, wenn er es für erforderlich hält, unter Eid. Die Vereidigung wird von dem richterlichen Mitgliede des Ausschusses vorgenommen.

§ 62. Wenigstens einmal im Jahre erstattet der Reichsausschuß über seine Tätigkeit einen Bericht an den Gesamtausschuß.

Ein von dem Ausschusse selbst abgefaßter Auszug aus diesem Berichte wird in der Fachpresse veröffentlicht.

§ 63. Glaubt der Ausschuß, daß irgendwo den Bestimmungen oder dem Geiste dieses Gesetzes zuwiderhandelt werde, insbesondere auch, daß die von ihm aufgestellten Richtlinien in wichtigen Fragen nicht beachtet würden, so versucht er zunächst in vertraulichen Verhandlungen mit den betreffenden Dienststellen oder Personen Abhilfe zu schaffen.

§ 64. Gelingt es hierdurch oder durch die Veröffentlichung eines entsprechenden Berichtes in der Fachpresse gem. § 62 nicht, innerhalb einer angemessenen Frist den gerügten Mißstand zu beseitigen, so übergibt der Ausschuß die Angelegenheit dem Gesamtausschuß. Im gegebenen Falle stellt er Strafantrag gem. § 89 dieses Gesetzes bei der zuständigen Staatsanwaltschaft.

§ 65. Der Gesamtausschuß prüft die Sachlage nochmals und fordert dann die betr. Person oder Dienststelle schriftlich auf, in einer angemessenen Frist Abhilfe zu schaffen. Bleibt auch dieser Schritt erfolglos, so übergibt der Gesamtausschuß die Angelegenheit mit einem entsprechenden Antrage der Reichsregierung.

§ 66. Die Reichsregierung hat dann zur Durchführung der Bestimmungen dieses Gesetzes Klage bei dem Reichsgerichte zu erheben.

C. Die örtlichen Überwachungs- und Beschwerdeausschüsse.

§ 67. In Preußen wird für jede Provinz, in Bayern für jeden Kreis, im übrigen für jedes Land ein örtlicher Überwachungs- und Beschwerdeausschuß gebildet.

Kleinere Länder, die weniger als 1500 Betten in öffentlichen Heilanstalten zur Verfügung haben, können sich einem benachbarten Überwachungsausschusse unterstellen und haben im Verhältnis der Bettenzahl der öffentlichen Heilanstalten zu dessen Kosten beizutragen. Ebenso können sich mehrere kleinere Länder zur Errichtung eines gemeinsamen Überwachungsausschusses vereinigen.

Städte, die über mehr als 3000 Betten in öffentlichen Heilanstalten verfügen, haben einen eigenen Überwachungsausschuß zu bilden.

§ 68. Der Überwachungsausschuß untersteht in Preußen der Provinzialverwaltung, in Bayern der Kreisverwaltung, im übrigen der betr. Landesregierung und ist in dem entsprechenden Haushaltungsplane zu führen.

Ein gemeinsamer Ausschuß untersteht derjenigen Verwaltung, die über die meisten Betten (§ 67 II) verfügt.

§ 69. Jeder Überwachungsausschuß besteht aus folgenden Mitgliedern:

a) Einem höheren Juristen als Vorsitzenden.

Er wird von der betr. Landes- bzw. Kommunal- oder Kreisverwaltung ernannt und als Staats- bzw. Kommunalbeamter in Gehaltsgruppe XIII[1]) fest angestellt.

b) Einem psychiatrisch vorgebildeten Facharzte, der ebenso wie der Vorsitzende angestellt und besoldet wird.

Er muß vorher wenigstens 20 Jahre als beamteter Arzt in öffentlichen Heilanstalten tätig gewesen sein.

c) Dem leitenden Arzte einer psychiatrischen Universitätsklinik oder einer öffentlichen Heilanstalt, die nicht in dem Bezirke des betr. örtlichen Ausschusses liegt. Er wird von der gleichen Behörde auf die Dauer von 5 Jahren ernannt. Wiederernennung ist zulässig. Er übt seine Tätigkeit nebenamtlich aus und erhält dafür eine entsprechende Vergütung.

d) Zwei Mitgliedern des betr. Provinzial- oder Kreislandtages bzw. der Volksvertretung des betr. Landes usw., die von der betr. Körperschaft für die Dauer ihrer Wahlperiode gewählt werden.

Bei einem gemeinsamen Ausschuß stellen die einzelnen Länder diese Mitglieder, gegebenenfalls abwechselnd.

Sie üben ihre Tätigkeit ehrenamtlich aus.

§ 70. Der Vorsitzende führt zusammen mit dem zuständigen ärztlichen Mitgliede die laufenden Geschäfte. Er beruft den Ausschuß, wenn eine Beschwerde vorliegt, wenigstens aber einmal im Monat.

§ 71. Das ständige fachärztliche Mitglied (§ 69b) ist zugleich bei der Regierung seines Verwaltungsbezirkes Referent für alle Angelegenheiten, die mit der Pflege und Fürsorge für psychisch Erkrankte und

[1]) oder in Sondergruppe

mit dem Heilanstaltswesen zusammenhängen, sowie Personalreferent über alle beamteten Fachärzte für psychisch Erkrankte.

In den Fällen des § 35 verfährt er demgemäß.

§ 72. An den Ausschuß sind sämtliche Beschwerden weiterzuleiten, die von psychisch Erkrankten über einzelne Vorkommnisse, Handlungen oder Unterlassungen, insbesondere auch über die Unterbringung in einer Heilanstalt erhoben werden, mit Ausnahme der Fälle des § 75 b.

Ebenso sind die in § 59 I genannten Personen usw. zu einer Beschwerde berechtigt. § 59 II und § 61 gelten sinngemäß, § 59 III nach dem Ermessen des Ausschusses.

Vernehmungen von Angestellten einer Pflegeanstalt oder eines Krankenhauses sind nur in Gegenwart des leitenden Arztes oder dessen Vertreters zulässig.

§ 73. Durch die Beschwerde eines Kranken sind die behandelnden Ärzte von der Schweigepflicht des § 300 StGB. dem Ausschusse gegenüber entbunden. —

Die nicht ärztlichen Mitglieder des Ausschusses gelten jedoch ihrerseits dabei als Gehilfen des Arztes im Sinne des § 300 StGB.

§ 74. Der Ausschuß ist verpflichtet, in jeder Beschwerdeangelegenheit den leitenden Arzt der betr. Heilanstalt bzw. des betr. Krankenhauses oder einen von diesem benannten Stellvertreter, bei anderen Kranken den behandelnden Arzt, gutachtlich zu hören und darf keine Entscheidung fällen auf Grund eines Materials, zu dem dieser nicht hatte Stellung nehmen können.

§ 75. Der Ausschuß kann bei einer Beschwerde folgende Entscheidungen treffen:

a) Abweisung der Beschwerde.
b) Innerhalb eines bestimmten Zeitraumes von höchstens einem Jahre sollen keine Beschwerden desselben Kranken an den Ausschuß weiter gereicht werden. Diese Entscheidung ist jedoch erst nach der dritten abgewiessenen Beschwerde desselben Kranken zulässig.
c) Überweisung des Materials an die zuständige Staatsanwaltschaft zur Prüfung der Frage, ob die Einleitung eines Entmündigungsverfahrens oder die Wiederaufhebung einer Entmündigung in Erwägung zu ziehen sei.
d) Zurückstellung der Entscheidung auf höchstens 3 Monate zur weiteren Klärung der Sachlage.

e) Entlassung oder Beurlaubung des Kranken aus der betr. Heilanstalt oder dem Krankenhause oder Überführung in eine andere Heilanstalt oder in die staatliche Familienpflege.

f) Antrag an die zuständige Behörde auf Einleitung eines Disziplinarverfahrens gegen einen beamteten Arzt oder einen Beamten.

g) Antrag an die zuständige Behörde oder Stelle auf Verwarnung, Kündigung oder sofortige Entlassung eines Angestellten oder einer Pflegeperson.

Stimmt der zuständige Betriebs- oder Angestelltenrat einer derartigen Bestrafung nicht zu, so ist der Schlichtungsausschuß anzurufen, dem der begründete Antrag des Überwachungsausschusses zur Kenntnis zu geben ist. Bei den Verhandlungen vor dem Schlichtungsausschuß wird der Überwachungsausschuß durch seinen Vorsitzenden oder durch das fachärztliche Mitglied vertreten.

h) Überweisung des Materials an die zuständige Staatsanwaltschaft zur Prüfung der Frage, ob ein Strafverfahren einzuleiten sei.

i) Bei Verstößen gegen die Gewerbeordnung durch Privatanstalten: Überweisung des Materials an die zuständige Behörde zur weiteren Prüfung und Veranlassung.

k) Bei Kranken, die sich nicht in einer Heilanstalt oder in staatlicher Familienpflege befinden: Überweisung des Materials an die zuständige Fürsorgebehörde zur weiteren Prüfung und Veranlassung.

l) Überweisung des Materials an den zuständigen Reichsausschuß, gegebenenfalls mit entsprechenden Anträgen.

m) Stellung eines Strafantrages bei der zuständigen Staatsanwaltschaft auf Grund der §§ 88 oder 89 dieses Gesetzes.

Die Entscheidung des Ausschusses kann auf Grund eines oder mehrerer dieser Punkte a) bis m) fallen.

Die Entscheidung ist dem Beschwerdeführer, dessen gesetzlichem Vertreter sowie der Direktion der betr. Heilanstalt, bzw. derjenigen Dienststelle oder Person, gegen die sich die Beschwerde richtete, zuzustellen.

§ 76. Gegen Entscheidungen gemäß § 75 a, b, d, e ist innerhalb 14 Tagen Klage bei dem zuständigen Amtsgerichte zulässig. Berechtigt zur Klage ist außer den Personen gemäß § 72, auch die Direktion der betreffenden Heilanstalt oder des Krankenhauses. Die Klage ist auf Herbeiführung oder Zurücknahme eines Beschlusses nach § 75 zu richten; sie hat aufschiebende Wirkung.

Die übrigen Bestimmungen der §§ 28 und 29 gelten sinngemäß.

§ 77. Anrufung und Entscheidung des Überwachungsausschusses ist kosten- und gebührenfrei, Zeugengebühren oder sonstige Auslagen trägt die Staatskasse.

§ 78. Der Überwachungsausschuß hat die Pflicht, alle öffentlichen Heilanstalten wenigstens einmal im Jahre, alle privaten Heilanstalten wenigstens zweimal jährlich, – er hat das Recht, alle anderen Krankenhäuser und alle Stellen, an denen sich psychisch Erkrankte in Pflege befinden, nach eigenem Ermessen, — unangemeldet zu besichtigen, gegebenenfalls Beschwerden entgegenzunehmen oder von sich aus Beschlüsse nach § 75 zu fassen.

Die Bestimmungen des § 61 gelten sinngemäß.

§ 79. Der Überwachungsausschuß erstattet wenigstens einmal im Jahre einen Bericht an den zuständigen Reichsausschuß.

VI. Strafbestimmungen.

§ 80. Wenn die gesetzlichen Vertreter, wenn Angehörige oder sonstige Personen, denen die Sorge für einen psychisch Erkrankten obliegt, den Kranken gegen ausdrücklichen Rat des leitenden Arztes aus einer Heilanstalt herausgenommen oder gegen den dringenden Rat eines in Deutschland approbierten Arztes nicht rechtzeitig in eine Heilanstalt verbracht haben, oder wenn nachgewiesen wird oder den Umständen nach angenommen werden muß, daß sie von dem Ernste der Erkrankung Kenntnis hatten, so werden sie, im Falle der Kranke Selbstmord begeht oder wenn er sich oder einen anderen Menschen tötet oder verletzt und für diese Handlungsweise strafrechtlich nicht verantwortlich gemacht werden kann, wegen fahrlässiger Tötung bzw. fahrlässiger Körperverletzung bestraft.

§ 81. Unter den gleichen Voraussetzungen werden sie, wenn der Kranke sonst irgend eine strafbare Handlung begeht, so bestraft, als ob sie die strafbare Handlung selbst fahrlässig begangen hätten.

§ 82. Nicht nur wenn die oben genannten Personen wußten, daß ein Kranker geschäftsunfähig oder beschränkt geschäftsfähig ist, sondern auch wenn sie dies den Umständen nach annehmen oder vermuten mußten, haften sie für allen Schaden, den der Kranke anderen Personen zufügt, zivilrechtlich nach § 832 BGB.

§ 83. Wer einen Menschen, von dem er weiß oder den Umständen nach annehmen muß, daß er psychisch erkrankt ist, absichtlich und ohne Notwehr, wenn auch nur leicht verletzt, mißhandelt, oder wenn er ihn durch mangelnde oder unzweckmäßige Pflege oder durch Verhinderung, Unterlassung oder Verzögerung zweckmäßiger Pflege körperlich schädigt, wird wegen Körperverletzung, gegebenenfalls wegen schwerer Körperverletzung bestraft.

§ 84. Wird unter den gleichen Umständen der psychische Zustand wesentlich verschlimmert, so tritt Bestrafung nach § 224 StGB. ein so, als ob die dort genannte strafbare Handlung fahrlässig begangen worden wäre.

§ 85. Im übrigen gilt bei jeder strafbaren Handlung die Tatsache, daß sie unter den Voraussetzungen des § 83 begangen wurde, als strafverschärfender Umstand.

§ 86. Wer als Beamter oder Angestellter einer Heilanstalt oder eines Krankenhauses oder überhaupt als Pflegeperson eine Handlung gemäß §§ 83—85 begeht, wird besonders hart, u. U. mit der höchsten zulässigen Strafe bestraft.

§ 87. Wer unter den Voraussetzungen des § 83 dieses Gesetzes einem psychisch Erkrankten einen vermögensrechtlichen Schaden zufügt, wird, — auch wenn die Handlungsweise so ist, daß an sich strafrechtlich eine Bestrafung oder zivilrechtlich ein Schadenersatz nicht in Frage kommt, — wegen Betrugs bestraft und ist zu Schadenersatz verpflichtet.

§ 88. Wer einem Alkohol-, Morphium-, Kokainsüchtigen oder einem ähnlichen Kranken das von diesem gebrauchte Gift verschafft, verkauft oder anbietet, oder ihn zu neuem Mißbrauch verführt, wird mit Geldstrafe bis .... oder mit Gefängnis bestraft. (Da die betreffende Erkrankung in diesem Falle möglicherweise auch eine „Notlage" ist, kann daneben auch eine Bestrafung wegen Wuchers eintreten.)[1])

§ 89. Wer eine Beschwerde gemäß §§ 59 oder 72 dieses Gesetzes verbietet oder eine solche Beschwerde verhindert oder zu verhindern sucht, oder den Beschwerdeführer nachträglich wegen einer solchen Beschwerde bestraft, zur Rede stellt, oder ihm durch Handlungen oder Worte seine Mißbilligung oder Mißachtung ausdrückt, wird mit Geldstrafe bis zu ...., im Wiederholungsfalle oder in besonders schweren Fällen mit Geldstrafe bis zu .... oder mit Gefängnis bis zu .... bestraft.

---

[1]) s. Anm. S. 219.

§ 90. Wer einen Reichsausschuß oder einen Überwachungsausschuß verhindert oder zu verhindern sucht, eine zu deren Obliegenheiten gehörende Handlung vorzunehmen, oder ihm seine Tätigkeit absichtlich erschwert, wird mit Geldstrafe bis zu .... im Wiederholungsfalle oder in besonders schweren Fällen mit Geldstrafe bis zu .... oder mit Gefängnis bis zu .... bestraft.

§ 91. Wer über Heilanstalten unwahre oder tendenziös entstellte Nachrichten veröffentlicht oder mündlich verbreitet, oder wer in Form von Erzählungen, Romanen, Theater- oder Kinostücken oder in Rundfunkhörspielen Geschehnisse erdichtet, die geeignet sind, ganz allgemein gegen die Heilanstalten das Gefühl des Grauens, Mißtrauens oder des Geheimmnisvoll-Unheimlichen zu erwecken, wird mit Geldstrafe bis zu .... bestraft.

§ 92. Die Staatsanwaltschaft ist verpflichtet, in allen ihr zur Kenntnis kommenden Fällen der §§ 80—91 dieses Gesetzes auch ohne besonderen Antrag von sich aus einzuschreiten.

[§ 93. Bei einer Änderung des allgemeinen Strafgesetzbuches tritt eine sinngemäße Änderung der entsprechenden Paragraphen dieses Gesetzes ein.]

X. Material.

Wortlaut einiger Verordnungen und Gesetze Deutschlands u. ä.

Es wäre sehr verlockend und war ursprünglich auch geplant, hier als Teil X, wenn auch nicht das gesamte, so doch den wichtigsten Teil desjenigen Materials an Gesetzen und Verordnungen über das Irrenwesen in Deutschland mehr oder weniger ungekürzt zum Abdruck zu bringen, so wie es sich etwa als Ergebnis der Rundfrage der Reichsregierung vom 4. VI. 1918 dargestellt hätte, und wie es Verfasser dieser Zeilen durch persönliche Rundfrage glaubt, ziemlich lückenlos gesammelt zu haben. Doch wäre dies allein schon ein dicker Band geworden, für den wohl kaum ein den Kosten entsprechendes allgemeines Interesse vorausgesetzt hätte werden können. Sollte sich durch die Aufnahme dieses Buches ein Bedürfnis nach diesem ganzen Materiale wider Erwarten doch herausstellen, so könnte das diesmal Unterlassene bei einer etwaigen Neuauflage ja leicht nachgeholt werden.

Vorläufig aber war dies alles aus naheliegenden Gründen nicht möglich. Wir mußten uns darauf beschränken, einige ganz wenige Beispiele hier anzuführen, namentlich solche, die sonst nicht allgemein zugänglich sein dürften; im Übrigen sei auf die betreffenden Literaturangaben im Text und in dem Literaturverzeichnis verwiesen.

Solchen Kollegen, die für den einen oder anderen Punkt ein besonderes Interesse haben, stehen auf persönliche Anfrage selbstverständlich auch weitere Einzelheiten des Materials gerne zur Verfügung.

Als erstes Beispiel bringen wir den berüchtigten Kreuzzeitungsaufruf vom 9. VII. 1892[1]).

Als Typus der Regelung in Preußen sei ein Auszug aus den Bestimmungen der Provinz Hessen-Nassau (Regierungsbezirk Wies-

[1]) Die Erwiderung hierauf, die Stellungnahme des deutschen Vereins für Psychiatrie, s. Allg. Zeitschr. f. Psychiatrie Bd. 50, S. 335.

baden), wiedergegeben, die kurz, klar und verständlich das ausdrücken, was in dem Reglement der übrigen Provinzen vielfach wesentlich umständlicher gesagt ist.

Es folgt die Geschäftsanweisung für die Provinzialkommission zur Beaufsichtigung der Provinzialanstalten der Provinz Sachsen, eine Anweisung, die sich ebenfalls durch wohltuende Kürze auszeichnet. Hier liegen die Dinge allerdings, wie in Teil II ausgeführt, in den einzelnen Provinzen recht verschieden, sodaß diese eine Anweisung keineswegs als typisch für alle übrigen gelten kann[1]).

Es folgen weiterhin die für uns in Betracht kommenden Artikel des bayrischen Polizeistrafgesetzbuches und des bayrischen Entwurfes vom Jahre 1914.

Und schließlich sei seines historischen Interesses wegen das Gesetz von Sachsen-Weimar wiedergegeben, das seinerseits auf dem mir nicht zugänglichen ältesten Irrengesetz des Festlandes überhaupt beruht und sich von ihm nicht allzusehr unterscheiden dürfte.

Von der Wiedergabe weiterer Gesetze und Verordnungen mußte leider, wie gesagt, einstweilen Abstand genommen werden.

Aufruf der Kreuzzeitung vom 9. VII. 1892.

Auf keinem Gebiet unseres Rechtslebens ist dem Irrtum, der Willkür und der Absicht ein solcher Spielraum gewährt, als auf dem der Irrsinnserklärung. Eine Anzahl Fälle sind in den letzten Jahren ans Tageslicht gekommen, in welchen Leute, die nach der Auffassung weiter Kreise durchaus bei Verstand waren, für geisteskrank erklärt oder gar ins Irrenhaus gesperrt worden sind, z. B. Fürst Sulkowski, Herrmann, Dr. Struwe, Ahrens, Dr. Brozeit, Draak, Powitz, de Jonge und andere.

Dem als geisteskrank Angeschuldigten ist die Verteidigung so gut wie unmöglich gemacht, dem im Irrenhaus Begrabenen ist sie vollständig genommen. In unserer durch die wichtigsten Fragen fortwährend bewegten Zeit können diejenigen, welche nach schweren Kämpfen dem offiziellen geistigen Tode entgangen sind, als Kämpfer für das in ihnen geschädigte allgemeine Recht naturgemäß nur wenig oder gar nichts ausrichten. Desto nötiger ist es, daß sich zum Schutze der durch die jetzige Praxis bedrohten staatsbürgerlichen Rechte Männer vereinigen, welche aus den in die Öffentlichkeit gedrungenen Fällen oder aus der über dies Gebiet vorhandenen Literatur[2]) die Überzeugung gewonnen haben, daß hier ein Schutz und eine Änderung der Gesetzgebung dringend erforderlich ist. Die unschätzbaren Güter des Verstandes, der Rechtsfähigkeit und der Freiheit bedürfen eines wirksameren Schutzes als das freie Ermessen des Richters und das Gut-

---

[1]) Vgl. auch die diesbezüglichen Bestimmungen für Schlesien. Psych.-neurol. Wochenschr. Bd. 25, S. 151.

[2]) !! — vergl. *Beyer*! (s. S. 7, 8 u. a. m.).

achten der von ihm oder von der Polizeibehörde beauftragten „Sachverständigen". Einen solchen Schutz können wir nur darin erblicken, daß hierbei nicht juristische und medizinische, sondern lediglich die praktischen Gesichtspunkte, die erwiesene Hilfslosigkeit oder Gefährlichkeit, ausschlaggebend sein dürfen. Es muß die Entscheidung über jede Entmündigung wegen Geisteskrankheit und über jede Internierung in eine Irrenanstalt, bei der es sich nicht um einen plötzlich in gefahrdrohender Weise hervortretenden Ausbruch von Geistesstörung handelt, in die Hand einer Kommission unabhängiger Männer gelegt werden, die das Vertrauen ihrer Mitbürger genießen. In den erwähnten dringenden Notfällen der sofortigen von der Polizei oder den Nächstbeteiligten vorzunehmenden Überführung in ein Irrenhaus wird eine nachträgliche Prüfung stattzufinden haben. Endlich halten wir eine schärfere Kontrolle der Irrenanstalten, insbesondere der privaten, für dringend geboten.

Da gegen eine solche Reform eine starke Strömung vorhanden ist, so müssen wir auf die öffentliche Meinung zu wirken suchen, denn sie ist großenteils noch blind gegen Gefahren, vor denen bei irgendwelchen Kollusionen doch niemand sicher ist. Wir beabsichtigen daher, Bestrebungen in Literatur und der Presse, welche auf eine Reform der Gesetzgebung in der angegebenen Richtung zielen, zu unterstützen, sowie durch Petitionen an die gesetzgebenden Faktoren auf eine solche hinzuwirken. Dazu bitten wir alle, denen eine solche Reform wünschenswert erscheint, um ihre Mithilfe." —

Es folgen dann 111 Unterschriften, unter denen Namen von sehr gutem Klange in der damaligen Gelehrtenwelt sind. —

Hessen-Nassau.

Auszug aus den Bestimmungen über die Aufnahme geisteskranker Personen in die Landes-Heil- und Pflege-Anstalten des Bezirksverbandes für den Regierungsbezirk Wiesbaden vom 2. VII. 1915.

§ 1.

Der Antrag auf Aufnahme eines Geisteskranken in eine Anstalt des Bezirksverbandes ist von dem gesetzlichen Vertreter (Vater, Vormund, Pfleger) oder von dem Ehegatten oder einem sonstigen nahen Angehörigen bei der Ortsbehörde des Aufenthaltsortes des Kranken zu stellen.

Dem Antrag ist beizufügen:

1. Ein ärztliches Attest mit Krankheitsgeschichte (Fragebogen Form. II).
2. Der Geburtsschein des Kranken.
3. Eine beglaubigte Verpflichtungserklärung dessen, der die Zahlung der reglementsmäßigen Kosten übernimmt, nebst einer Bescheinigung der zuständigen Ortsbehörde, daß er zur Erfüllung der übernommenen Verpflichtung im Stande ist.

In dem Antrag ist anzugeben, welcher Verpflegungsklasse (s. § 8) der Kranke zugewiesen werden soll.

§ 2.

Die Ortsbehörde hat den Aufnahmeantrag zu prüfen und den Fragebogen Form. III auszufüllen. Sie hat ferner zu bescheinigen, daß der Aufnahme in die Anstalt polizeiliche Bedenken nicht entgegenstehen. — Ist der Antrag nicht von den in § 1 bezeichneten Personen gestellt, so hat die Ortspolizeibehörde deren Genehmigung nachzuholen.

§ 4.

Die Ortsbehörde reicht die Verhandlungen zur weiteren Prüfung an den zuständigen Landrat, oder in den Stadtkreisen Frankfurt a.M. und Wiesbaden an den Polizeipräsidenten ein. Diese haben ebenfalls zu bescheinigen, daß der beantragten Aufnahme polizeiliche Bedenken nicht entgegenstehen. Sie geben sodann die Verhandlungen an die Anstaltsdirektion weiter.

§ 5.

Soll ein Geisteskranker unmittelbar aus einer anderen öffentlichen Irren-Anstalt in eine Anstalt des Bezirksverbandes aufgenommen werden, so bedarf es der in den §§ 2—4 vorgeschriebenen Prüfung durch die Behörde nicht.

§ 6.

Die Anstaltsleitung legt die Verhandlungen mit ihrer Begutachtung und einem bestimmten Antrage dem Landeshauptmann vor, von dem die Aufnahme verfügt oder abgelehnt wird. Gegen die Verfügung des Landeshauptmannes ist die Beschwerde an den Landesausschuß zulässig.

§ 7.

In dringenden Fällen kann die Anstaltsleitung einen Kranken auf Grund eines ärztlichen Attestes über die Geisteskrankheit des Aufzunehmenden und der Zusicherung, daß die übrigen vorgeschriebenen Unterlagen schleunigst nachgebracht werden, auch ohne Genehmigung des Landeshauptmannes vorläufig aufnehmen. Die Genehmigung ist alsbald einzuholen. Bei den in die Anstalt Eichberg aufzunehmenden Kranken ist in solchen Fällen außerdem noch eine Zahlungszusicherung beizubringen. —

§ 8. — —

§ 9.

Durch Pflegepersonal der Anstalten werden Kranke grundsätzlich nicht abgeholt. — Geisteskranke, die an abscheuerregenden äußeren Übeln z. B. Krebs, ausgedehnten syphilitischen Degenerationen usw. leiden, werden in der Anstalt nicht aufgenommen (!), falls nicht die Aufnahme von den Anstaltsärzten als dringend anerkannt wird. Auch kann bei Schwangerschaft die Aufnahme zeitweise abgelehnt werden (!) —

Provinz Sachsen.

Geschäftsanweisung für die Provinzialkommission zur Beaufsichtigung der Provinzial-Anstalten.

1. Die Kommission hat die Aufgabe, sämtliche Provinzialanstalten zu beaufsichtigen, von ihren Einrichtungen Kenntnis zu nehmen, Aus-

künfte von den Anstaltsleitern zu erfordern, Beschwerden entgegenzunehmen und Abstellungen von Mißständen beim Provinzialausschuß oder beim Landeshauptmann anzuregen.

Alljährlich findet für die Landesheilanstalten wenigstens eine Revision der Anstalten statt.

2. Die Kommission tritt auf Einladung ihres Vorsitzenden zusammen. An jeder Zusammenkunft oder Besichtigung ist der Landeshauptmann oder sein Beauftragter teilzunehmen berechtigt; es ist ihm deshalb davon vorher so zeitig Anzeige zu machen, daß die Teilnahme möglich ist. Den Leitern der Provinzialanstalten ist die Besichtigung vorher nicht anzukündigen; jedoch hat die Kommission sich mit ihnen bei jedem Besuche vor Beginn der Besichtigung in Verbindung zu setzen. Einzelne Mitglieder sind zur Ausübung der Aufgaben der Kommission nicht befugt.

3. Die über jede Besichtigung von der Kommission anzufertigende und von allen an der Besichtigung teilnehmenden Kommissionsmitgliedern zu unterzeichnende Niederschrift ist dem Landeshauptmann einzusenden, der sie dem Provinzialausschuß zur Kenntnis bringt.

Merseburg, den 15. April 1921.
Der Provinzialausschuß.
gez. *Beims.*

Bayerisches Polizeistrafgesetzbuch.

Art. 80.

I. Wer mit Gefahr für Personen oder Eigentum oder für die öffentliche Sicherheit Blödsinnige oder Geisteskranke, deren Aufsicht ihm obliegt, frei auf Straßen oder an öffentlichen Orten herumgehen läßt, wird an Geld bis zu fünfundvierzig Mark bestraft.

II. Hat eine solche Person einen Angriff gegen Personen oder fremdes Eigentum verübt oder die öffentliche Sittlichkeit verletzt, und ist wegen Unzurechnungsfähigkeit des Beschuldigten entweder ein Strafverfahren gar nicht eingeleitet worden oder ein das Strafverfahren einstellendes Erkenntnis erfolgt, oder ist die Gemeingefährlichkeit einer solchen Person in sonstiger Weise festgestellt, so ist die Polizeibehörde berechtigt, auf Grund bezirksärztlichen Gutachtens deren Unterbringung in einer Irrenanstalt oder deren sonstige genügende Verwahrung anzuordnen.

Art. 81.

I. Wer ihm angehörige oder anvertraute Kinder, Kranke, Gebrechliche, Blödsinnige oder andere dergleichen hilflose Personen in bezug auf Schutz, Aufsicht, Verpflegung oder ärztlichen Beistand verwahrlost, wird an Geld bis zu neunzig Mark oder mit Haft bis zu vier Wochen bestraft.

II. Im Strafurteile kann ausgesprochen werden, daß die Polizeibehörde ermächtigt sei, in anderer Weise für die Unterbringung der betreffenden Person auf Kosten des Pflichtigen zu sorgen. Die Ermächtigung ist, wenn es sich um eine Maßregel handelt, zu der eine Anordnung des Vormundschaftsgerichts erforderlich ist, von der Erlassung dieser Anordnung abhängig zu machen.

Entwurf eines neuen bayerischen Polizeistrafgesetzbuches vom Jahre 1914.

Art. 80.

An Geld bis zu einhundertfünfzig Mark oder mit Haft bis zu sechs Wochen wird bestraft, wer bei einem Geistesschwachen oder Geisteskranken, der einer besonderen Aufsicht oder Pflege oder einer ärztlichen Behandlung bedarf, die ihm obliegende Aufsicht oder Fürsorge in einer Weise schuldhaft vernachlässigt, daß hieraus eine Gefahr für die Allgemeinheit oder für das Leben oder die Gesundheit des Geistesschwachen oder Geisteskranken entsteht.

Der gleichen Strafe unterliegt, wer den oberpolizeilichen Vorschriften über die privaten Anstalten für Geistesschwache oder Geisteskranke und über die ärztliche Beaufsichtigung der aus Anstalten entlassenen Geistesschwachen und Geisteskranken zuwiderhandelt.

Ein Geistesschwacher oder Geisteskranker darf ohne seine Zustimmung auf Antrag einer Person, Körperschaft oder Behörde, der die Fürsorge für ihn obliegt, in einer Heil- oder Pflegeanstalt verwahrt werden, wenn und solange eine Anstaltsfürsorge notwendig ist.

Die Verwahrung eines Geistesschwachen oder Geisteskranken kann von der Polizeibehörde verfügt werden, wenn und solange er einer Anstaltsfürsorge zum Schutze seiner Person oder zum Schutze der Allgemeinheit bedarf.

Über die Zulässigkeit der Verwahrung entscheidet auf Antrag das Amtsgericht, in dessen Bezirke sich der Geisteschwache oder Geisteskranke aufhält; den Antrag kann der Geistesschwache oder Geisteskranke selbst sowie jeder stellen, der ein berechtigtes Interesse hieran hat. Das Amtsgericht hat den Geistesschwachen oder Geisteskranken persönlich zu vernehmen. Die Vernehmung darf nur unterbleiben, wenn sie mit besonderen Schwierigkeiten verbunden oder nicht ohne Nachteil für die Gesundheit des Geistesschwachen oder Geisteskranken ausführbar ist, oder wenn sie schon in einem früheren Verfahren stattgefunden hat und seitdem nicht mehr als sechs Monate verflossen sind. Die gerichtliche Entscheidung wird dem Antragsteller, demjenigen, welcher die Verwahrung veranlaßt hat, sowie dem etwaigen gesetzlichen Vertreter des Geisteskranken oder Geistesschwachen zugestellt. Gegen eine Entscheidung, welche die Verwahrung für unzulässig erklärt, findet die sofortige Beschwerde statt; sie steht nur dem gesetzlichen Vertreter des Geisteskranken und Geistesschwachen, sowie demjenigen zu, der die Verwahrung veranlaßt hat. Gegen eine Entscheidung, welche die Verwahrung für zulässig erklärt, findet die einfache Beschwerde statt. Sie steht dem Geisteskranken und Geistesschwachen selbst sowie jedem zu, der ein berechtigtes Interesse hieran hat. Das gerichtliche Verfahren bestimmt sich im übrigen nach den Vorschriften für Vormundschaftssachen; die weitere Beschwerde kann jedoch formlos eingelegt werden. Die Zuständigkeit und das Verfahren der Verwaltungsbehörden werden vom Staatsministerium des Innern geregelt.

Art. 81.

An Geld bis zu einhundertfünfzig Mark oder mit Haft bis zu sechs Wochen wird bestraft, wer bei Kindern, Kranken, Gebrechlichen oder anderen hilflosen Personen, die einer besonderen Aufsicht oder Pflege oder einer ärztlichen Behandlung bedürfen, die ihm obliegende Aufsicht oder Fürsorge in einer Weise schuldhaft vernachlässigt, daß hieraus eine Gefahr für das Leben oder die Gesundheit dieser Personen entsteht.

Art. 81 a.

Im Urteil auf Bestrafung nach Art. 80 Abs. 1 oder Art. 81 kann ausgesprochen werden, daß die Polizeibehörde ermächtigt ist, in anderer Weise für die Unterbringung der vernachlässigten Person auf Kosten des Pflichtigen zu sorgen. Wenn es sich um eine Maßregel handelt, zu der eine Anordnung des Vormundschaftsgerichts erforderlich ist, muß die Ermächtigung von der Erlassung dieser Anordnung abhängig gemacht werden.

Das Gesetz von Sachsen-Weimar.

Gesetz über die Irren-Heil- und Pflegeanstalt zu Jena vom 29. Mai 1847.

Da das Gesetz vom 23. Februar 1821, die Irrenanstalt zu Jena und die Verpflegung der Irren überhaupt betreffend, in vielen Beziehungen den jetzigen Verhältnissen nicht mehr entspricht, so haben wir die Erlassung eines neuen Gesetzes für angemessen erachtet und verordnen daher, nach vorgenommenem Beirate und erlangter Zustimmung des getreuen Landtages, folgendes:

§ 1. In der Irrenheil- und Pflegeanstalt, welche in Berücksichtigung des im Eingange des Gesetzes vom 23. Februar 1821 ausgesprochenen Zweckes auch künftig ihren Sitz in Jena haben soll, finden Geistes- und Gemütskranke aller Art, welche dem Großherzogtum angehören, Aufnahme, wenn sie

a) entweder Heilung hoffen lassen, oder wenn
b) deren Unterbringung zur Sicherheit des Kranken oder im öffentlichen Interesse notwendig erscheint.

§ 2. Ist eine der unter a und b angegebenen Voraussetzungen vorhanden, so haben sowohl die Verwandten, als der Vormund des Kranken, und subsidiarisch auch die Vertreter des Heimatbezirks, das Recht, die Aufnahme desselben zu verlangen.

§ 3. Zwangsweise und gegen den Willen der in § 2 bezeichneten Berechtigten darf die Einlieferung nur in dem in § 1 unter b erwähnten Falle, oder wenn die Heilung in der Heimat entweder gar nicht oder in ganz unangemessener Weise versucht wird, stattfinden.

§ 4. Ausländer[1]) dürfen in die Irrenanstalt nur dann aufgenommen werden, wenn dieses der Raum gestattet und vollständige Vergütung des Aufwandes gewährt wird. Tritt nach ihrer Aufnahme eine Überfüllung ein, so ist dafür zu sorgen, daß sie möglichst bald aus der Anstalt wieder entfernt werden.

---

[1]) D. h. Nicht-Weimaraner.

§ 5. Ohne ausdrückliche Genehmigung Unseres Staats-Ministeriums, Departement des Innern, darf Niemand in die Irren-Anstalt aufgenommen werden.

Nur in besonderen dringenden Fällen darf eine provisorische Aufnahme von dem Direktor der Anstalt verfügt werden; derselbe hat jedoch davon bei Unserem Staatsministerium sofort Anzeige zu machen, und dessen nachträgliche Genehmigung einzuholen.

§ 6. Die Kosten des Aufwandes für inländische Pfleglinge werden nach Maßgabe des Heimatgesetzes vom 23. Februar 1830 und nach festgesetzten Tarifen für die verschiedenen Klassen der Pfleglinge beigebracht.

Es bleibt in den Fällen, in denen die Beibringung der Kosten nicht möglich ist, ohne die Substanz des Vermögens des Kranken anzugreifen, dem Ermessen Unseres Staatsministeriums überlassen, diese zu erhalten, wenn dieses der Direktor der Anstalt aus Rücksichten auf den Heilzweck oder die Erhaltung der Gesundheit für wünschenswert ansieht und deshalb gutachtlich berichtet.

In solchem Falle wird der fehlende Beitrag bis zur Höhe des Betrages des Vermögens, welches der Kranke besitzt, ganz aus der Staatskasse bezahlt, und etwa vorhandene alimentationspflichtige Verwandte treten erst dann ein, wenn und insoweit der Aufwand diesen Betrag übersteigt. Der Staatskasse verbleibt der Anspruch auf Ersatz des bestrittenen Aufwandes an das Vermögen des Pfleglings. Die Verwendung des Arbeitsverdienstes der Pfleglinge bleibt dem Ermessen der betreffenden Verwaltungsbehörden überlassen.

§ 7. Die Entlassung geheilter Pfleglinge wird von dem Direktor selbständig verfügt, die Entlassung Ungeheilter darf nur mit Genehmigung Unseres Staatsministeriums erfolgen.

Dagegen darf der Direktor, wenn er dieses für den Heilzweck förderlich und sonst unbedenklich erachtet, auch ungeheilte und genesende Kranke aus der Anstalt beurlauben; er hat jedoch mindestens acht Tage zuvor den Direktor des betreffenden Verwaltungsbezirkes und dem betreffenden Gemeindevorstande davon Anzeige zu machen, und es darf eine Beurlaubung nicht über 2 Jahre dauern.

§ 8. Das Gesetz vom 23. Februar 1821 ist aufgehoben.

Urkundlich haben Wir dieses Gesetz höchsteigenhändig vollzogen und mit Unserem Großherzoglichem Staatssiegel bedrucken lassen.

So geschehen und gegeben Weimar am 29. Mai 1847.

Carl Friedrich.

Ausführungsverordnung zum Gesetze vom 29. Mai 1847.

Zur Ausführung des Gesetzes vom 29. Mai d. Js., die Irrenheil- und Pflegeanstalt zu Jena betreffend, machen sich verschiedene Vorschriften nötig, welche Wir in Folgendem mitteilen:

§ 1. Alle amtlichen Verhandlungen zur Ausführung des Gesetzes vom 29. Mai 1847 gehören, insoweit sie durch dasselbe oder durch gegenwärtige Verordnung nicht anderen Behörden oder Personen ausdrücklich zugewiesen worden sind, zunächst zur Kompetenz der Gemeindevorstände.

§ 2. Die von dem Großherzoglichen Staatsministerium, Departement des Innern, zu erteilende Genehmigung zur Aufnahme eines Geisteskranken in die Anstalt, ist stets bedingt durch die vorausgehende Begutachtung des Falles durch einen Geistlichen und einen Arzt. Von diesen hat jeder sein Gutachten besonders und mit genauer Beachtung der diesfalls von dem Großherzoglichen Staatsministeriums gegebenen oder noch zu gebenden Vorschriften schriftlich abzufassen. Bei jedem Gemeindevorstande befindet sich schon jetzt ein Exemplar gedruckter Fragen, welche von dem Arzte vorkommenden Falles notwendig beantwortet werden müssen, und zu diesem Behufe daselbst von ihm einzusehen sind.

Hat der Kranke einen Beichtvater und einen Arzt, so sind zunächst diese zur Abgabe eines Gutachtens verpflichtet. Außerdem hat aber der Gemeindevorstand denjenigen Geistlichen oder Arzt dazu aufzufordern, von welchem er über den fraglichen Krankheitszustand und dessen Entwickelung die zuverlässigste Auskunft erwarten darf.

§ 3. Die bei der Einlieferung eines Geisteskranken in die Anstalt beteiligten Behörden, Geistlichen und Ärzte haben ihren diesfallsigen Obliegenheiten stets mit möglichster Beschleunigung nachzukommen und auch sonst besonders durch Hinweisung auf die davon sehr abhängige leichtere und schnellere Heilbarkeit eifrig dahin zu wirken, daß nicht der Hauptzweck der Aufnahme, — Wiederherstellung des Kranken, — durch Verzögerung der Einlieferung erschwert oder gar vereitelt werde.

§ 4. Der aus der Anstalt beurlaubte Geisteskranke ist sofort unter spezielle ärztliche Aufsicht zu stellen. Ohne Not ist hierbei hinsichtlich der Person des Arztes die freie Wahl der Angehörigen des Kranken nicht zu beschränken. Arme Beurlaubte, deren Behandlung nicht ein anderer Arzt aus Menschenliebe übernimmt, sind dem Bezirksphysikus zuzuweisen. Letzterer hat übrigens in allen Fällen seine Aufmerksamkeit darauf zu richten, daß nicht durch beurlaubte Geisteskranke die Gesundheit Dritter beeinträchtigt werde. Erhebliche Wahrnehmungen deshalb hat er dem Gemeindevorstande anzuzeigen.

§ 5. Die von dem Direktor der Anstalt bei Beurlaubung Geisteskranker oder deren Entlassungen erteilten Vorschriften über die fernere Behandlung sind zunächst von den dabei zugezogenen Ärzten und von den Angehörigen des Kranken möglichst genau zu beachten.

§ 6. Auf Erfordern des zuständigen Gemeindevorstandes hat der Arzt eines Beurlaubten jederzeit über den Zustand desselben genaue Auskunft, auch schriftliche, zu gewähren.

§ 7. Die Wiedereinlieferung Beurlaubter vor Ablauf der Urlaubszeit darf der Gemeindevorstand nur auf gehörig begründeten ärztlichen Antrag verfügen. Haftet auf dem Verzuge keine Gefahr, so ist über den Antrag unter Mitteilung der Akten vorerst der Direktor der Anstalt zu hören. Dieser wird übrigens dem betreffenden Gemeindevorstand die Fälle, in welchen er die Wiedereinlieferung der Beurlaubten vor Ablauf der Urlaubszeit wünscht, immer im Voraus möglichst bestimmt bezeichnen.

§ 8. Hegt der betreffende Gemeindevorstand in irgend einem Falle Bedenken, dem Begehren des Direktoriums der Anstalt zu entsprechen, so ist die Entscheidung des Direktors des betreffenden Verwaltungsbezirkes einzuholen und danach zu verfahren.

§ 9. Die Kosten des Transportes eines Geisteskranken in die Anstalt oder aus derselben sind, sofern sie nicht aus Privatmitteln bestritten werden müssen, aus der betroffenen Heimatsbezirkskasse zu bezahlen, vorbehaltlich der Bestimmung im § 51 des Heimatges. vom 23. Februar 1850.

Beides (Gesetz und Verordnung) wurden durch ein Nachtragsgesetz vom 11. Januar 1854 auf das Landeshospital zu Blankenhayn ausgedehnt.

XI. Literaturübersicht.

Eine erschöpfende Zusammenstellung ist nicht beabsichtigt, die gesamte juristische Literatur insbesondere und die ausländische konnte nicht mit berücksichtigt werden.

Bezüglich der früheren Zeit sei auch auf das ausführliche Literaturverzeichnis von *Schultze* (s. d.) verwiesen, ferner auf *Schwabe* und *Hirschfeld*, (hier namentlich Ausland).

Abkürzungen.

A. Ps. = Archiv für Psychiatrie.
A. Z. = Allgemeine Zeitschrift für Psychiatrie.
Groß A. K. = Groß, Archiv für Kriminalanthropologie.
Jahrb. = Jahrbücher für Psych. und Neurol.
M. Ps. N. = Monatsschrift für Psychiatrie und Neurologie.
M. K. St. = Monatsschrift für Kriminalpsychologie und Strafrechtsreform.
M. m. W. = Münchner medizinische Wochenschrift.
Ps. W. = Psychiatrisch-neurolog. Wochenschrift (bei Bd. I und II. „Psychiatrische Wochenschrift").
Zeitschr. = Zeitschrift für die gesamte Neurologie und Psychiatrie.
Zentralbl. = Zentralblatt für die gesamte Neurologie und Psychiatrie.

Alt, Das heutige Gheel. Ps. W., Bd. 1, S. 10.
Anfosso, s. Mongeri.
Anne, St., Bericht aus der dortigen Irrenanstalt. Ps. W. Bd. 11, S. 308.
Antonini, L'assistance des aliénés et les asiles d'aliénés en Italie. Ps. W., Bd. 8, 1906, S. 211.
Antwerpener Kongreß für Irrenfürsorge. Bericht. Ps. W., Bd. 4, S. 277 ff.
Aschaffenburg, Wortlaut des italienischen Irrengesetzes. M. K. St. Bd. 3, S. 239.
—, Zum Irrenfürsorgegesetz. Ps. W., Bd. 28, S. 213.
Azemar, Les garanties de la liberté individuelle dans la loi de 1838 et dans la nouvelle loi adoptée par la chambre des Députés. Archives de Neurologie. 1907, S. 326.

Baumann u. Rein, Zur bevorstehenden preußischen Irrengesetzgebung. Ps. W. Bd. 27, S. 11.
Becker, Der Andere. Ps. W. Bd. 14. S. 541.
Belgien, s. *Alt*, *Bresler*, *Bulletin*, *G.*, *Laehr*, *Lentz*, *Lomer*, *Marie*, *Méeus*, *Pandy*, *Reuß*, *Werner*, *Weygandt*, *Wyler*.

Belmondo, Der Entwurf eines Irrengesetzes in Italien. Ps. W. Bd. 2, S. 17.
Berger, Zur Familienverpflegung der Irren in Holland. Ps. W. Bd. 4, S. 545.
Bericht des Vereins der deutschen Irrenärzte. I. F. Lehmann, München 1893.
Berze, Dubief und die französischen Anstaltsärzte. Ps. W. Bd. 11, 1909, S. 245.
—, Die neue Entmündigungsordung und die Irrenanstalten. Ebenda Bd. 19, S. 305.
—, Die Entmündigungsordnung und die Irrenanstalten. Jahrb. Bd. 39, S. 47.
Beyer, Alfred, Die Irrengesetzgebung, Volkswohlfahrt. Bd. 4, S. 103 und Bd. 5, S. 394.
—, Irrengesetzgebung. Ps. W. Bd. 26, S. 3.
—, Zu dem Artikel „drohende Rückschritte im Irrenwesen Deutschlands". Ps. W. Bd. 26, S. 151.
—, Bemerkungen zu den von dem Verfasser dieses Artikels gemachten Vorschlägen zu einem Fürsorgegesetz für Geistes- und Gemütskranke. Ps. W. Bd. 27, S. 59.
Beyer, Bernhard, Zur Irrengesetzgebung in Bayern. Ps. W. Bd. 11, S. 61.
—, Antipsychiatrische Skizze. Ebenda, S. 275.
—, Die Bestrebungen zur Reform des Irrenwesens. Material zu einem Reichsirrengesetz. Für Laien und Ärzte. C. Marhold, Halle 1912.
Bischoff, E., Die wirtschaftliche Lage der Assistenzärzte an den Irrenanstalten der Stadt Berlin. Ps. W. Bd. 11, S. 29.
Bischoff, E. u. *Handl*, Die österreichische Entmündigungsordnung. Psychiatrische Bemerkungen. M. K. St. Bd. 12, 1921/22, S. 7.
Bonfiglio, Die neue Provinzialirrenanstalt San Onofrio in Campagna bei Rom. A. Z. Bd. 80, S. 137.
Bourdin, La révision de la loi du 30. Juni 1838. Archives de Neurologie. 1907, S. 97.
Bourneville, Révision de la loi de 30. Juni 1838 sur les aliénés. Unité de direction des asiles. Médicins-directeurs. Arch. du Neurologie. 1907, S. 389.
Bresler, Sammelatlas über den Bau von Irrenanstalten. C. Marhold, Halle 1910.
—, Deutsche Heilanstalten in Wort und Bild. C. Marhold, Halle 1912 und 1914.
—, Gegenwärtiger Stand des Irrenwesens. Zusammenfassender Bericht, erstattet dem III. internationalen Kongreß für Irrenpflege in Wien 7. X. 1908. Ps. W. Bd. 10, S. 253.
—, Referat über Elmer, „Geld und Irrenhaus". Ps. W. Bd. 15, S. 571.
—, Gegenwärtiger Stand der Familienpflege. Ebenda Bd. 23, S. 31 u. 121.
—, Gutachtliche Äußerung zum Irrenschutz-Gesetzentwurf. Ebenda B. 25, S. 195.
—, Bemerkungen zu den Vorschlägen zu einem Fürsorgegesetz für Geistes- und Gemütskranke von Dr. *Beyer*, Oberregierungsrat im Ministerium für Volkswohlfahrt. Ebenda Bd. 26, S. 173.
Bühne und Irrenanstalt. Ps. W. Bd. I., S. 359.

Bulletin de la société de Médicin Mentale de Belgique Nr. 149, 1910 und Nr. 151. 1910. Brüssel. H. Larmertin.

Cabello, Irrengesetzgebung (Argentinien). Zentralbl. Bd. 42, S. 234.
Chile, Santiago de. — Anstaltsbericht. Ps. W. Bd. 4, S. 142.
Chyzer, Die Fortschritte der Irrenpflege in Ungarn. Ps. W. 1909, S. 197, Bd. 11.

Dänemark: *S. Haff*, *Dedichen*, *Geil*, *Laehr*, *Lomer*, *Pandy*, *Reuß*, *Wyler*.
Dalmas u. *Vinchon*, Familienpflege in Frankreich. Ref. Zentrbl. 26., S. 302.
Dedichen, Die Heil- und Pflegeanstalten für psychisch Kranke in den skandinavischen Ländern im Jahre 1900. Berlin 1901. G. Reimer. Ref. A. Z. Bd. 58, S. 520.
—, Kulturhistorisches aus Norwegen. A. Z. Bd. 84, 1926, S. 94.
Deventer, van, Die soziale Stellung des Anstaltsarztes. A. Z. Bd. 71, S. 945.
Deutscher Verein für Psychiatrie: Bericht des Vereins der deutschen Irrenärzte. Lehmann, München 1893. und A. Z. Bd. 50, S. 335 ff. Ebenda Bd. 52, S. 818 ff. u. a. m.
Dietz, Ein Besuch in einer französischen Kreisirrenanstalt. Ps W. Bd. 9, S. 150.
Dubbers, Über das neue Irrenschutzgesetz. A. Ps. Bd. 70, S. 648.
Dutoit, Das Irrenwesen in Frankreich. M. Ps. N. Bd. 25, S. 182.

Eisath, Die Anstaltsärzte und die Vorlage für ein Entmündigungs- und Fürsorgegesetz in Österreich. Ps. W. Bd. 11, S. 418.
—, Ergebnis aus dem Vergleiche ausländischer Irrengesetze. Ps. W. Bd. 13, S. 397.
Elmer, s. *Bresler* und Ps. W. Bd, 15. S. 621.
Enge, Zum 25 jährigen Amtsjubiläum von Herrn Direktor Dr. *Wattenberg*, Heilanstalt Strecknitz-Lübeck. Ps. W. Bd. 20, S. 153.
Engelken, Psychiatrisches aus England und Schottland. Deutsch. Ver. f. Psych. April 1905. Dresden. Ref. Ps. W. Bd. 7, S. 104.
England: s. *Bresler*, *Engelken*, *Fehlinger*, *Hockauf*, *Jacobsen*, Journal of mental Science, *Kornfeld*, *Laehr*, *Mapother*, *Meyer*, *Pandy*, *Robertson*, *Reuß*, *Sauermann*, *Schwabe*, *Tuke*, *Werner*, *Weygandt*, *Wyler*, ferner *Hirschfeld*.
Entmündigungsordnung: *österreichische*, Ps. W. Bd. 12, S. 235. Bd. 19, S. 234, Wortlaut Ps. W. Bd. 18, S. 200, 217, 247, 261 s. auch Österreich.
Epstein, Die Entwicklung der Psychiatrie und des Irrenwesens in Ungarn. Ps. W. Bd. 11, S. 202.
Erp Taalmann Kip, van, Das holländische Irrenwesen. Ps. W. Bd. 1, S. 69 und 226.
Eskuchen, Entgegnung auf die Arbeit von *W. Mayer*: „Bemerkungen". Zeitschr. Bd. 46, S. 155.

Falkenberg, Anstaltsbehandlung von Alkoholisten und Irrenfürsorgegesetz. Ps. W. Bd. 28, S. 63.
Faltlhauser, Bericht über die Irrenfürsorge in Erlangen. Ps. W. Bd. 24, S. 110.

Faltlhauser, Der externe Dienst. Ebenda Bd. 27, S. 153, 169, 175, 201.
Fehlinger, Das englische Gesetz über die Internierung geistig minderwertiger Personen. Groß. A. K. Bd. 66, 1916, S. 333.
Fischer, Das badische Irrenfürsorgegesetz in der Bewährung. M. K. St. Bd. 14, S. 231.
—, Irrengesetzgebung. Ps. W. Bd. 27, S. 1. u. 429.
—, Die Fürsorge im Großherzogtum Baden. Ebenda Bd. 12, S. 298.
—, Neue Aufgaben der Psychiatrie in Baden. A. Z. Bd. 69, S. 34.
Förster, Psychiatrische Streifzüge durch Paris. M. m. W. 1905, 21. Ref. Ps. W. Bd. 8, S. 20.
Försterling, Zum neuen Irrenschutzgesetzentwurf. Ps. W. Bd. 25, S. 183.
Frankreich: siehe *Anne, St.*, *Azemar*, *Berze*, *Bourdin*, *Bourneville*, *Dalmas*, *Dietz*, *Dutoit*, *Dubief*, *Förster*, *Gilbert-Ballet*, *Heß*, *Knur*, *Laehr*, *Legrain*, *Londres*, *Marie*, *Pandy*, *Paetz*, *Parant*, *Raviart*, *Raynaut*, *Raynier*, *Reuß*, *Sérieux*, *Toulouse*, *Vinchon*, *Vullien*, *Wahl*, *Wittermann*, *Wyler*.
Friedländer, Bemerkungen zu dem Artikel „Was soll werden?“ Ps. W. Bd. 10, S. 44.
—, Die soziale Stellung der Psychiatrie. Ps. W. Bd. 12, S. 258.

G. —, Irrenwesen Belgiens. Ps. W. Bd. 7, S. 130. u. S. 189.
Gahagan, Einweisung und Behandlung von Geisteskranken. Zentrbl. 1926, S. 547.
Galant, Die Grundlagen der neuen Organisation der Irrenpflege in Sowjetrußland. A. Z. Bd. 82, S. 81.
Gallus, Das Personal in Meerenberg. Ps. W. Bd. 3, S. 447.
Geill, Das Irrenwesen Dänemarks. A. Z. Bd. 59, S. 345.
Gerlach, Reichstagsrede am 26. XI. 1912. Ps. W. Bd. 15, S. 9/27.
Gesetzestexte siehe Irrengesetze.
Gilarowski, Über den Zustand der psychiatrischen Krankenhäuser in Rußland. A. Z. Bd. 80, 1924, S. 295.
Gilbert-Ballet, La revision de la loi de 1838 sur les aliénés. Annales médico-psychologiques 1914, S. 149.
Groß-Britannien: siehe England.
Groth, Die gesetzliche Regelung der Irrenfürsorge in Preußen. Zeitschr. f. d. ges. Krankenhauswesen. Bd. 22, S. 394.
Grundzüge zu einem Irrenschutzgesetz. Über die —. Kritischer Bericht, erstattet auf Ersuchen des Wohlfahrtsministers vom geschäftsführenden Vorstande des Reichsverbandes beamteter deutscher Irrenärzte. Ps. W. Bd. 25, S. 191.

Haberda-Hoffmann, siehe *Wagner v. Jauregg*.
Haff, Dänisches Recht. Handwörterb. d. Rechtswissenschaft. Stier-Somlo u. Elster. W. de Gruyter & Co. Berlin-Leipzig 1926.
Handl u. Bischoff, Die österreichische Entmündigungsordnung. M. K. St. Bd. 12, 1921/22, S. 1.
Hartmann, Rechtsschutz der Irren. Deutsche Juristenzeitung Bd. 17, S. 87.
Haymann, Irrenärztliche Bemerkungen zu *Heinrich Manns* neuem Buche. Zeitschr. Bd. 39, S. 225.

Haymann, Offener Brief an Herrn Dr. *Eßkuchen* in München-Schwabing. Ebenda Bd. 46, S. 164.
Hellwig, Der Stand der Irrenpflege in Mähren, ein Notstand. Ps. W. Bd. 5, S. 209.
Herschmann, Psychiatrische Abhandlungen zur Strafrechtsreform. III. u. IV. Jahrb. Bd. 42, 1922.
Heß, Ein Besuch in Pariser Irrenanstalten. Ps. W. Bd. 2, S. 27.
—, Die gesetzliche Schadenersatzpflicht der geschäftsunfähigen heimlichen Geisteskranken. Ps. W. Bd. 8, S. 325.
Hjertström, Das schwedische Irrengesetz. Ps. W. Bd. 2, S. 195.
Hirschfeld, Jahresbericht über die ges. Neurol u. Psych. J. Springer, Berlin. Bd. 5, S. 667, Bd. 6, S. 527, Bd. 7, S. 621, Bd. 8, S. 590.
Hockauf, Eine Studienreise zum Besuche der Irren- und verwandten Anstalten in den Vereinigten Staaten Nordamerikas. Ps. W. Bd. 8, S. 371 ff.
—, Ein Besuch der Epileptikerkolonie Ewell und der Irrenanstalten Lona Grove und Hanwell in London. Ebenda S. 162.
—, Ein Besuch der Familienpflegestationen in Fife, der Anstalten Bangour-Village, des Royal Edinburgh Asylum und der Aufnahmestation in Glasgow in Schottland. Ps. W. Bd. 11, S. 253 ff.
—, Referate über englische und schottische Kommissionsberichte. Ps. W. Bd. 12, S. 73 und S. 138, Bd. 13 ff.
—, Referate über amerikanische Kommissionsberichte z. B. Ps. W. Bd. 12, S. 50 ff., Bd. 13 ff.
Hösel, Über das neue Irrenfürsorgegesetz und die Neuordnung des Irrenwesens im Königreich Sachsen vom Jahre 1912. A. Z. Bd. 69, S. 369.
Holland, siehe *Berger*, *Gallus*, *Erp-Talmann-Kip*, *Hoppe*, *Lier*, *Pandy*, *Reuß*, *Schnitzler*, *Stuurmann*, *Vos*, *Wyler*.
Holub, Offener Brief. Ps. W. Bd. 10, S. 45.
Hoppe, Irrenärztliches aus Holland. Ps. W. Bd. 9, S. 285.
—, Psychiatrisches aus Nordamerika. A. Z. Bd. 64, S. 320.
Hudovernig, Der Entwurf des neuen ungarischen Irrengesetzes. Zeitschr. Bd. IV, S. 494.

Jacobsen, Das englische Irrenwesen. Zeitschr. f. Medizinalbeamte. Bd. 7, 1894, S. 341 u. 365.
Ilberg, Die der Irrenanstalt angereihte Nervenheilanstalt. A. Z. Bd. 77, S. 305.
Journal of mental science, Juli 1900, zitiert nach Ps. W. I, S. 255.
Irland, siehe England.
Irrengesetz, a) Badisches: Ps. W. Bd. 12, S. 231, 275, 287, 298, 309, 315.
b) Österreichisches: siehe *Entmündigungsordnung*.
c) Sächsisches, Ps. W. Bd. 14, S. 493, Bd. 15, S. 417. Beschluß der sächsischen Direktorenkonferenz dazu: ebenda Bd. 14, S. 493 u. 620; siehe auch *Hösel*.
d) Sachsen-Weimar siehe Reuß. u. S. 241.
Irrengesetze außerdeutscher Länder (Wortlaut): siehe A. Z. Bd. 20, 1863. Supplementheft u. *Reuß*.

Italienisches siehe *Aschaffenburg* u. Zentrbl. Bd. 34, S. 503.
[Belgisches, Französisches, Schwedisches, Genfer siehe *Reuß*. Spanisches siehe *Schmitz*.]
Irrenrechtsreform, die, Zeitschrift des Bundes für Irrenrecht und Irrenfürsorge e. V. (Schutzbund gegen Freiheitsberaubung und ungerechte Entmündigung.) Paul Elmer, Berlin.
Italien, siehe *Anfosso*, *Antonini*, *Belmondo*, *Bonfiglio*, *Bresler*, *Laehr*, *Mongeri*, *Pandy*, *Reggio-Emilia*, *Reuß*, *Tamburini*, *Weygandt*, *Wyler*, s. auch ferner *Hirschfeld*.
Juliusburger, Psychiatrische Tagesfragen. A. Z. 1912, Bd. 69, S. 121.
—, Zur sozialen Bedeutung der Psychiatrie. Medizinische Reform. November 1911.

Kahl siehe *Schultze*.
Knur, Bericht über französische Irrenanstalten. Ps. W. Bd. 5, S. 433.
Kolb, Irrengesetz und offene Fürsorge. Ps. W. Bd. 28, S. 113.
Kornfeld, Englische Gesetzgebung bezüglich der Geistesstörungen. Ps. W. Bd. 1, S. 208.
Kreuser, Das Irrenhaus als Gefahr. Nationalzeitung Nr. 159, 1905.
Kreuzzeitungsaufruf, der, in Wien. Ps. W. Bd. 2, S. 437.
Krömer, Beratungsstellen für Psychopathen und Entlassene und offene Nervenabteilungen. Entlassungsfürsorge. Ps. W. Bd. 24, S. 157.
—, Reichsirrengesetz. Ebenda S. 175.
—, Dezernentenfrage. Ebenda S. 177.
—, Zur Frage der fachärztlichen Vertretung bei den Behörden. Ebenda Bd. 22, S. 311.
Kunowski v., Der Fall Lubecki. Ps. W. Bd. 10, S. 37.
—, Abwehr. Ebenda Bd. 11, 1909, S. 312.

Laehr, Gedenktage der Psychiatrie. Berlin 1889, G. Reimer.
—, Zur Reform des Irrenwesens in Preußen. Deutsche med. Wochenschr. 1893, S. 829, 853, 903, u. 929.
Lemos, Magelhães, Irrenpflege in Portugal. Ps. W. Bd. 11, S. 309.
Legrain, Der Gesetzentwurf Grinda. (Frankreich) ref. Zentrbl. Bd. 30, S. 339.
Lentz, Irrenfürsorge in Belgien. Ps. W. Bd. 6, S. 293.
Leppmann, Irrenärztliche Tagesfragen. Berl. klin. Wochenschr. Bd. 48, 1911, S. 46 u. 47, S. 2053.
Licmann, Die Irrenpflege am Lande vom Standpunkte des Amtsarztes. Ps. W. Bd. 13, S. 419.
Lier, Geisteskrankenfürsorge. Zentrbl. Bd. 25, S. 152.
Lomer, Klerikale Einflüsse im belgischen Irrenwesen, mit einem Ausblick auf deutsche Verhältnisse. Ps. W. Bd. XI, S. 281.
—, Neues vom Klerikalismus im belgischen Irrenwesen. Ebenda Bd. 12, S. 161.
—, Ein antipsychiatrisches Zentralorgan. Ebenda S. 271.
—, Ein Ausflug nach Ebberödgaard. Ps. W. Bd. 11, S. 156.
Londres, Albert, Chez les fous (in Irrenhäusern). Ref. Prager Tageblatt. 12. VI. 1926.

Lubecki, Der Fall, siehe *Kunowski* und *Gerlach*.
Lustig, Zur Irrengesetzgebung. Fortschritte der Med. Bd. 42, S. 103.

Mapother, Die Münchener psychiatrische Klinik und die gegenwärtigen Strömungen für die Gründung ähnlicher Einrichtungen in England. A. Z. Bd. 84, (Kraepelin-Festschr.) S. 321.
Marie, P., Festsitzung der Société médico-psychologique 26. V. 02. Ref. Ps. W. Bd. 5, S. 259.
—, A propos du congrès d'Anvers. Ps. W. Bd. 4, S. 325.
—, Lettre ouverte à Ms. Le Président de la Société de médecine mentale belge. Ps. W. Bd. 12, S. 106.
Marthen, Grundzüge zu einem Schutzgesetz für Geisteskranke. Ps. W. Bd. 25, S. 197.
Matthias, Bemerkungen zu den Vorschlägen des Herrn Oberregierungsrates Dr. *Beyer* zu einem Fürsorgegesetz für Geistes- und Gemütskranke. Ps. W. Bd. 26, S. 187.
Mayer, W., Bemerkungen eines Psychiaters zu dem Angriffe auf die Psychiatrie in der neueren Literatur. Zeitschr. Bd. 44, S. 106.
—, Bemerkungen zu Eßkuchens Entgegnung. Ebenda Bd. 46, S. 160.
Méeus, La loi sur l'assistance des aliénés, son histoire et ses résultats. Gent. A. van der Haeghen. 1907.
—, Gheel, Staatskolonie voor de vrije Gezinsverpleging van Gemoeds en Geesteskranken. I. E. Buschmann, Antwerpen.
Medizinalbeamtenverein, deutscher, Tagung am 14. IX. 03 in Leipzig. Ref. Ps. W. Bd. 5, S. 274.
Mercklin, Psychiatrische Fälschungen auf Lichtbildbühnen. Ps. W. Bd. 14, S. 193.
—, Ref. über Ssokolski (s. d.) ebenda Bd. 5, S. 16.
—, Psychiatrisches aus Rumänien. Ref. über Mileticin. Ps. W. Bd. 7, S. 349.
Meyer, Fürsorge für die Geisteskranken in England und Schottland. A. Ps. Bd. 39, S. 1201.
—, Fürsorge für die Geisteskranken außerhalb der Anstalten. A. Ps. Bd. 66, S. 437.
—, Gerichtlich-psychiatrisches Kuriosum. A. Ps. Bd. 73, S. 358.
Mileticin, siehe *Mercklin*.
Möckel, Sozialärztliche und sozialpsychiatrische Tätigkeit an der Heil- und Pflegeanstalt Wiesloch (Baden). Ps. W. Bd. 23, S. 220.
Moeli, Die Fürsorge für Geisteskranke und geistig Abnorme. C. Marhold, Halle. 1915.
Mongeri und *Anfosso*, Die gesetzliche Irrenpflege in Italien. Ps. W. Bd. 11, 1909. S. 310. (Siehe auch *Bischoff*.)
Mönkemöller, Der Entwurf zu einem preußischen Irrenfürsorgegesetz. Ps. W. Bd. 27, S. 479.
Mörchen, Die Entmündigungssache *Peill-Schillings*. Ps. W. Bd. 14, S. 445 u. 545.
Moreira, Gesetz über Irrenfürsorge in Brasilien. (22. XII. 03.) Ps. W. Bd. 7, S. 307.

Narrentragödie, eine, Leipziger Neueste Nachrichten 22. VI. 1926.
Neißer, Diskussionsbemerkung. Zentrbl. Bd. 25, S. 525.
Norwegen, siehe *Dedichen*, *Laehr*, *Pandy*, *Reuß*, *Vogt*, *Wingard*, *Wyler*; siehe auch Ps. W. Bd. 3, S. 469.

Oesterreich, siehe *Berze*, *Bischoff*, *Eisath*, Entmündigungsordnung, *Haberda-Hoffmann*, *Handl*, *Herschmann*, *Laehr*, *Licmann*, *Pandy*, *Reuß*, *Ruzika*, *Schweighöfer*, *Starlinger*, *Sternberg*, *Wagner v. Jauregg*, *Wyler*. Außerdem siehe Ps. W. Bd. 12, S. 235, Bd. 18, S. 200 ff. und Bd. 19, S. 234.
Olàh, Stacheldrahtschutzgesetz und Irrenwesen. Brief aus Ungarn. Ps. W. Bd. 27, S. 64.
Obarrio, Argentinischer Gesetzentwurf. Ref. Zentrbl. Bd. 40, S. 838.

Paetz, Die Familienpflege in Dun sur Auron. Ps. W. Bd. 2, S. 1 und 19.
Pandy, Die Irrenfürsorge in Europa. Berlin. Georg Reimer, 1908.
—, Das Irrenwesen in Finnland. Ps. W. Bd. 9, S. 365.
—, Das Irrenwesen Ungarns von 1917 bis 1921. Ps. W. Bd. 26, S. 95.
Parant, La loi sur le régime des aliénés devant le Senat. Annales médico-psychologiques. 1914, S. 129.
—, Les moyens d'investigation de l'autorité judiciaire sur l'état et l'internement des aliénés. (IV. Les nouveaux projets de loi sur le régime des aliénés.) Ebenda S. 169.
Peill-Schillings, der Fall. Ps. W. Bd. 14, S. 454/545, Bd. 15, S. 138, 572, 621.
Petrén, Schwedische Irrenpflege. — Ref. Zentrbl. Bd. 40, S. 845.
Pelman und *Zinn*, Zur Reform des Irrenwesens in Preußen. A. Z. Bd. 50, 1894, S. 344 und Bericht des deutschen Vereins f. Psych. München. Lehmann, 1893.
Polizeistrafgesetzbuch, bayrisches, Ps. W. Bd. 16, S. 412. und deutsche Juristenzeitung 1/I. 1915. S. auch S. 239.
Polligkeit, Kommissionsberatungen. M. K. St. Ref. Bd. 14, S. 68.
Portugal, siehe *Laehr*, *Lemos*, *Magelhães*, *Pandy*, *Wyler*.
Prager Landesirrenanstalt, Mißstände. Ps. W. Bd. 9, S. 301. (Kölnische Zeitung 1. XI. 07.) Desgleichen Bd. 8, S. 475.
Presseangriffe siehe u. a. Ps. W. Bd. 3, S. 410, Bd. 4, S. 25, 107, Bd. 13, S. 160, 214, 234, 251 u. a. m., außerdem *B. Beyer*, *Juliusburger*, *Kunowski*, *Lomer*, *Mörchen*, *Peill*, *Rein*, *Rittershaus* usw.
Provinzialkommission Schlesische, Geschäftsordnung. Ps. W. Bd. 25, 1923, S. 151.

Quaet-Faslem, Irrenschutzgesetz. Zentrbl. Bd. 41, S. 862.

Raecke, Die Frankfurter Fürsorgestelle für Gemüts- und Nervenkranke. Ps. W. Bd. 27, S. 484.
Raviart und *Vullien*, Entwicklung der offenen Behandlungsmethoden I. Ref. Zentrbl. 42 S. 234.
Raynaud, Entwicklung der offenen Behandlungsmethoden II. Ref. ebenda S. 236.
Raynier, Irrenwesen. Ref. Zentrbl. Bd. 42, S. 576.

Recktenwald, Zur Ankündigung des preußischen Landesirrengesetzentwurfes. Ps. W. Bd. 27, S. 4.
Rehm, Psychiatrie und Presse. Ps. W. Bd. 11, S. 1 und S. 179.
Reggio-Emilia, Irrenanstalt in —, Ps. W. Bd. 4, S. 542.
Reichsgerichtsentscheidungen: siehe *Voß* und Ps. W. Bd. 12, S. 415 u. a. m.
Reichsverband beamteter deutscher Irrenärzte, Schriftwechsel mit Behörden betr. das Reichsirrengesetz. Ps. W. Bd. 25, S. 62.
—, Mitteilungen. Ebenda Bd. 28, S. 148 u. a. m.
Rein, Psychiatrische Aufklärungsarbeit. Ps. W. Bd. 25, S. 13.
—, Zur Frage der Irrengesetzgebung. Ebenda S. 86.
—, Zur bevorstehenden preußischen Irrengesetzgebung. Ebenda Bd. 27, S. 11.
—, Ärztliche Versorgung und ärztliche Leitung der öffentlichen Irrenanstalten. A. Z. Bd. 84, S. 347.
—, siehe auch *Baumann*.
Reißner, Die Zwangsunterbringung in Irrenanstalten und der Schutz der persönlichen Freiheit. Berlin-Wien. Urban & Schwarzenberg. 1905.
Reuß, Der Rechtsschutz der Geisteskranken. Leipzig 1888.
Rieger, Die Psychiatrie in Würzburg seit 300 Jahren. Würzburg, Stahel, zit. nach *Schultze*.
Rinne, Heinrich Hansjakob als Sachverständiger zum Irrenschutzgesetz. Ps. W. Bd. 28, S. 108.
Rittershaus, Irrsinn und Presse. (G. Fischer, Jena 1913.)
—, Stellungnahme des Landesverbandes der Hansestädte (R. V.) zu dem Entwurf eines Reichsirrengesetzes. Ps. W. Bd. 25, S. 227.
—, Zur Frage der Irrengesetzgebung. Ps. W. Bd. 27, S. 79.
—, Zur Frage der rechtlichen Stellung des Entmündigten. A. Ps. Bd. 73, S. 312.
Rixen, Die gemeingefährlichen Geisteskranken. Zentrbl. Bd. 26, S. 299.
Robertson, Umwandlung der schottischen Anstalten. Ref. Zentrbl. Bd. 32, S. 54.
Roemer, Die sozialen Aufgaben des Irrenarztes in der Gegenwart. Ps. W. Bd. 22, S. 343.
—, Besprechung der Vertreter der Hilfsvereine für Geisteskranke. Ebenda Bd. 24, S. 272.
Runderlaß des preußischen Ministers für Volkswohlfahrt vom 27. I. 1920 T. M. II. 226 betr. amtsärztliche Besichtigung der preußischen Provinzialkrankenanstalten. Ps. W. Bd. 23, S. 99.
Rusack, Über die reichsgesetzliche Regelung des Irrenwesens. Ebenda Bd. 5, S. 389.
Rußland siehe *Galant*, *Gilarowski*, *Pandy*, *Ssokalski*, *Weygandt*, *Wyler*.
Ruzicka, Die gerichtliche Kontrolle der Aufnahmen in die Irrenanstalten und ihr Verhältnis zum Entmündigungsverfahren. Ps. W. Bd. 14, S. 579.

Sacristàn, Die Fürsorge für Geisteskranke in Spanien. A. Z. Bd. 80, 1924, S. 469.
Sánz, Die Reform der spanischen Irrenhäuser. Ref. Zentrbl. Bd. 25, S. 436.
Sauermann, Von einem Besuche in England. Ps. W. Bd. 12, S. 443.

Schäfer, Diskussionsbemerkung. A. Z. Bd. 50, S. 342.
Schillings, siehe *Peill.*
Schlöß, Über das numerische Verhältnis der Ärzte zur Anzahl der Kranken. A. Z. Bd. 71, S. 938.
Schmitz, Das Irrenwesen in Spanien. A. Z. Bd. 41, S. 366.
—, Weitere Mitteilungen über das Irrenwesen in Spanien. Ebenda Bd. 43, S. 211.
Schnitzler, Die Sorge für unsere Geisteskranken. Ref. Zentrbl. Bd. 25, S. 151
Schottland siehe England.
Schultze, E., Das Irrenrecht, in *Aschaffenburg*, Handb. d. Psychiatrie, Franz Deuticke, Leipzig-Wien (dort auch weitere Literatur).
—, Ist der beamtete Arzt verpflichtet, den Versorgungsbehörden Krankengeschichten ohne Zustimmung des Betroffenen auszuhändigen? M. K. St. Bd. 17, S. 447.
—, Schaffung eines neuen Irrengesetzes. A. Z. Bd. 77 S. 367.
—, Über den Entwurf eines preußischen Irrenfürsorgegesetzes. Dtsch. Verein f. Psych. Kassel 1925. Ref. Zentralbl. Bd. 42, S. 328 (auch Diskussion).
—, Vergleichende psychiatrische Kritik neuzeitlicher in- und ausländischer Entwürfe zu einem Strafgesetzbuch. A. Ps. Bd. 68, S. 568.
Schultze und *Kahl*, Schaffung eines neuen Irrengesetzes. Dtsch. Ver. f. Psych. Dresden 1921. Zentrbl. Bd. 25, S. 522. Ebenda auch Diskussion S. 524.
Schwabe, Hill end, eine moderne englische Irrenanstalt. Ps. W. Bd 3, S. 1 (dort auch ältere Literatur).
—, Zur Irrenfürsorgegesetzgebung. Ps. W. Bd. 28, S. 39.
Schweden, s. *Dedichen*, *Hjertström*, *Laehr*, *Pandy*, *Petrén*, *Reuss*, *Wigert*, *Wollenberg*, *Wyler.*
Schweighofer, Der österreichische Gesetzentwurf über Entmündigung und die Befangenheit der Ärzte an den öffentlichen Irrenanstalten. Ps. W. Bd. 13, S. 407.
—, Die Vorlage des österreichischen Entmündigungsgesetzentwurfes. Ps. W. Bd. 14, S. 83.
—, Aufnahme und Entlassung. Ebenda. S. 432.
Sérieux, Die Behandlung der Geisteskranken im 18. Jahrhundert. Zentrbl. Bd. 42, S. 237.
Siemens und *Zinn*, Psychiatrie und Seelsorge. A. Z. Bd. 50, S. 335, und Bericht des deutschen Vereins für Psychiatrie Lehmann, München 1893.
Simon, Zu den Grundzügen zu dem Schutzgesetz für Geisteskranke. Ps. W. Bd. 25, S. 215.
Sommer, Bericht über die III. Konferenz deutscher evangelischer Irren-Seelsorger. Centralbl. f. Nervenheik. u. Psych. Bd. 16, S. 438.
—, Diskussionsbemerkungen. A. Z. Bd. 50, S. 339.
Spanien siehe *Bresler*, *Pandy*, *Reuß*, *Sacristàn*, *Sánz*, *Schmitz*, *Weygandt*, *Wyler.*
Ssokalski, Bericht über die Landesirrenanstalt des Gouvernements Ufa 1901. Ref. *v. Mercklin.* Ps. W. Bd. 5, S. 16.

Starlinger, Die Stellung der Heil- und Pflegeanstalten und ihre Kontrolle. Ps. W. Bd. 13, S. 325.
—, Referat über das neue Entmündigungsgesetz in Österreich. Ps. W. Bd. 18, S. 189.
Sternberg, Entmündigungsordnung. M. Breitenstein. Wien, 1917.
Stitzenberger, Grundkauf für eine neue Irrenanstalt in Lichtenstadt bei Karlsbad. Ps. W. Bd. 15, S. 422.
Struve, Reichstagsrede siehe *Gerlach*.
Stuurmann, Schwierigkeiten in der holländischen Irrenpflege. Ps. W. Bd. 25, S. 211.

Tamburini, Ref. über den III. internationalen Kongreß f. Irrenpflege in Wien 1908. Ps. W. Bd. 11, S. 310.
Tille, Was soll werden? Ps. W. Bd. 10, S. 42.
Tschechoslowakei: s. *Hellwig*, *Hrase*, *Narrentragödie*, *Österreich*, *Pandy*, *Prag*, *Stitzenberger*.
Tuke, Das Irrenwesen in England. Ps. W. Bd. 1, S. 268.
Toulouse, Die Entwicklung der offenen Behandlungsmethode III. (s. *Raviart* u. *Vullien I.*, *Raynand II.*). Zentrbl. Bd. 42, S. 236.

Ungarn, siehe *Bresler*, *Chyzer*, *Epstein*, *Hudovernig*, *Laehr*, *Oláh*, *Pandy*, *Wyler*.

Verordnung des preuß. Ministers für Volkswohlfahrt vom 2. IX. 1920. N. II. 1704 (Betr. Fürsorge). Ps. W. Bd. 23, S. 108.
Vierhaus, Justizminister, Entgegnung im preuß. Herrenhause. A. Z. Bd. 52 S. 833.
Vinchon s. *Dalmas*.
Vogt, Ragnar, Psychiatrisches aus Norwegen. (Irrenwesen, Irrenrecht). A. Z. Bd. 84, S. 408.
Voß, Wichtige Entscheidungen auf dem Gebiete der gerichtlichen Psychiatrie. VIII. Ps. W. Bd. 11, S. 1.
—, Desgleichen. Bd. 12, S. 1.
—, Desgleichen. Bd. 20, S. 194, u. a. m.
Vos, W., Ein und das andere über „offene“ Abteilungen. Ref. Zentrbl. Bd. 27, 412.
Vullien s. *Raviart*.

Wagner v. Jauregg, Forensische Psychiatrie, in Lehrb. d. gerichtl. Medizin, Hoffmann-Haberda.
Wahl, Die leichten Geisteskranken und ihre Internierung (Frankreich). Ref. Zentrbl. Bd. 30, S. 340.
Wattenberg, Aufnahme von Geisteskranken in Irrenanstalten. Ps. W. Bd. 20, S. 223.
Weber, Zur fachärztlichen Vertretung bei den Behörden. Ps. W. Bd. 23, S. 20.
Werner, G., Über die Fortschritte des Irrenwesens. Ps. W. Bd. 13, S. 297.
—, Über das belgische Irrenwesen. Ps. W. Bd. 16, S. 211.
—, Über englisches Irrenwesen. Ebenda S. 330.

Werner (Heppenheim), Die Heil- und Pflegeanstalten als Träger sozialhygienischer Bestrebungen. Ps. W. Bd. 24, S. 199.
Weygandt, Die venezianische Anstalt San Servolo. Ps. W. B. 2 S. 188.
—, Eindrücke von den Kongressen in London und Gent und von den Anstaltsbesichtigungen in Großbritannien und Belgien. Ebenda S. 489.
—, Psychiatrisches aus Spanien. Ebenda Bd. 5, S. 155.
—, Bericht über den internationalen Irrenfürsorgekongreß in Moskau vom 8. bis 13. I. 1914. Ps. W. Bd. 16, S. 8, 20, 33, 50.
Wigert, Hilfsbüro für psychisch Kranke in Stockholm. Ref. Zentrbl. Bd. 27, S. 412.
Wingard, Die Entwicklung der familiären Irrenpflege in Norwegen. P. W. Bd. 13, S. 317.
Wittermann, Pariser Reiseeindrücke. Ps. W. Bd. 14, S. 431.
Wollenberg, Eine schwedische Irrenanstalt. Ps. W. Bd. 15, S. 543.
Wyler, Beiträge zu einem Grundriß des vergleichenden Irrenrechtes. C. Marhold, Halle 1906 (der erste Teil auch Ps. W. Bd. 7, S. 25 ff.).
—, Über die Garantien der Freiheitsrechte bei den in Anstalten befindlichen oder unterzubringenden Geisteskranken. Ebenda. 1907.

Zinn und *Pelman*, Zur Reform des Irrenwesens in Preußen. Ref. im dtsch. Ver. f. Psych. 1894, A. Z. Bd. 50, S. 344.
Zinn und *Siemens*, Psychiatrie und Seelsorge. Ebenda. S. 335.

Nachtrag.

Während des Druckes dieser Zeilen gingen wiederum einige Meldungen von angeblichen widerrechtlichen Internierungen durch die Presse, die Fälle Schwarz (Rheinpfalz), Pabst (Bayreuth) und v. Gunten (Berlin). Keiner dieser Fälle betraf einen psychisch völlig normalen, geistig gesunden Menschen.

Bei *Schwarz* handelte es sich um einen offensichtlich Geisteskranken, der schon einmal im Streite seinen Gegner mit einer Hacke niedergeschlagen hatte, der dann im Jahre 1917 bereits in der Anstalt war, später gebessert entlassen wurde, und der schließlich bei einer erneuten Verschlimmerung seines Leidens in querulierender Weise sein Kind dem Bürgermeister über das hohe Hoftor werfen wollte und es dann hilflos in einem Weinberg aussetzte. Als er gegen seine erneute Internierung sich beschwerte, wurde er nach nochmaliger amtsärztlicher Untersuchung in ordnungsgemäßer Weise durch Beschluß des Bezirksamtes für gemeingefährlich erklärt. Er entwich später, hielt sich verborgen und querulierte weiter; das Attest eines praktischen Arztes, der ihn ohne Fachkenntnis und ohne Berücksichtigung der Akten in naiver Weise für gesund erklärte, beweist selbstverständlich nicht das Geringste. Bei dem weiteren Verlauf der Angelegenheit kamen dem Kranken — leider sehr mit Unrecht — die Einzelheiten des nächsten Falles wohl etwas zugute. —

Auch bei *Pabst* handelte es sich um einen erregbaren, zum Querulieren neigenden Hypomanicus; diesmal aber ist ein gewisses Verschulden — nicht der Ärzte, wohl aber der Verwaltungsbehörden — nicht von der Hand zu weisen, wie offen zugestanden sei. Der Bürgermeister seines kleinen, abgelegenen Wohnortes, in dem er als Ortsfremder zugezogen war, die gesamte Bevölkerung sowie die lokale Forstbehörde haben ihn nachgewiesenermaßen jahrelang derartig schikaniert, daß der nervöse Mann schließlich in Erregung geriet und — dazu noch in ganz ungehöriger Weise — als gemeingefährlich zur Anstalt verbracht wurde. Aber gerade die Ärzte erkannten in kürzester Zeit, daß Gemeingefährlichkeit und Anstaltspflegebedürftigkeit bald nicht mehr vorlagen. Doch das Bezirksamt blieb hartnäckig. Erst auf Grund eines Obergutachtens der psychiatrischen Klinik in Erlangen, das nichts beschönigte, wurde seine Entlassung genehmigt.

Grade in diesem Falle haben die Laieninstanzen, die eine widerrechtliche Internierung verhindern sollten, versagt, — der „gesunde Menschenverstand“, die Verwaltungsbehörde und sogar der Bezirksarzt ließen sich durch die tendenziös gefärbten Berichte täuschen — und erst die Fachärzte haben die wirkliche Sachlage erkannt. Wenn also ein Fall klar beweist, wie unzweckmäßig die jetzigen voreingenommenen Bestimmungen sind, und wie nötig es ist, die Entscheidung allein in die Hände der wirklich Sachverständigen zu legen —, so ist es dieser Fall. —

In dem Falle v. *Gunten* in Berlin handelte es sich, — soweit die Sachlage sich bis jetzt überblicken läßt, — um einen groben Kunstfehler eines praktischen Arztes, der zufällig einen Assistenzarzt der betr. Privatanstalt vertrat, und der sich ebenfalls täuschen ließ. In ganz unzulässiger Weise hat er den angeblich schwer Geisteskranken durch einen fingierten Brief — (Urkundenfälschung?) — in die Anstalt gelockt, nach anscheinend nur oberflächlicher Untersuchung zurückgehalten und die begreifliche Erregung des, wie gesagt, psychisch wahrscheinlich keineswegs intakten Mannes als hinreichende Begründung zu einem Dringlichkeitsattest angesehen. — Der Vorfall wird sicherlich noch weitere Folgen für den betr. Arzt haben. —

Am nächsten Vormittag stellte dann der Anstaltsleiter fest, daß eine Dringlichkeit und überhaupt die Notwendigkeit einer sofortigen Anstaltsaufnahme nicht unbedingt vorhanden waren, und er entließ den Kranken sofort, der mit Worten des Dankes für die gute Behandlung schied. —

Über die nachträgliche Untersuchung durch den sicherlich nicht sachverständigen Arzt der Schweizer Gesandtschaft, der völlige geistige Gesundheit festgestellt haben soll, gilt sinngemäß das gleiche, was oben über die entsprechende Unvorsichtigkeit eines praktischen Arztes im Falle Schwarz gesagt wurde. — Wahrscheinlich wird ja noch eine gerichtliche Klärung erfolgen, was sehr wünschenswert wäre.

Jedenfalls aber haben sich hier die vorhandenen Sicherungseinrichtungen durchaus bewährt: schon die II. Instanz, der fachärztliche Leiter der Anstalt, entließ den Kranken wieder nach kaum 12stündiger Internierung, die III. Instanz, der Kreisarzt (vergl. S. 41) brauchte überhaupt nicht in Tätigkeit zu treten.

XII. Namenverzeichnis.

Druck von
Walter de Gruyter & Co., Berlin

FSC
www.fsc.org
MIX
Papier | Fördert
gute Waldnutzung
FSC® C083411

Kolibri 360 GmbH
Ferdinand-Jühlke-Straße 7
99095 Erfurt, Deutschland
produktsicherheit@kolibri360.de